Anne M. Schüller und Alex T. Steffen

Fit für die Next Economy

Anne M. Schüller und Alex T. Steffen

Fit für die Next Economy

Zukunftsfähig mit den
Digital Natives

WILEY-VCH Verlag GmbH & Co. KGaA

1. Auflage 2017
Alle Bücher von Wiley-VCH werden
sorgfältig erarbeitet. Dennoch übernehmen Autoren, Herausgeber und
Verlag in keinem Fall, einschließlich des
vorliegenden Werkes, für die Richtigkeit
von Angaben, Hinweisen und Rat-
schlägen sowie für eventuelle Druck-
fehler irgendeine Haftung.

© **2017 Wiley-VCH Verlag & Co. KGaA,**
Boschstr. 12, 69469 Weinheim, Germany

Bibliografische Information
der Deutschen Nationalbibliothek
Die Deutsche Nationalbibliothek
verzeichnet diese Publikation in
der Deutschen Nationalbibliografie;
detaillierte bibliografische Daten sind
im Internet über http://dnb.d-nb.de
abrufbar.

Printed in the Federal Republic
of Germany

Umschlaggestaltung: Torge Stoffers
Graphik-Design, Leipzig und
Alex T. Steffen, Berlin
Umschlagfoto: hunthomas – fotolia.com
Gestaltung: pp030 – Produktionsbüro
Heike Praetor, Berlin
Satz: inmedialo Digital- und
Printmedien UG, Plankstadt
Druck und Bindung: CPI books GmbH, Leck

Gedruckt auf säurefreiem Papier.

Print ISBN: 978-3-527-50911-9
ePub ISBN: 978-3-527-81216-5
mobi ISBN: 978-3-527-81215-8

10 9 8 7 6 5 4 3 2 1

Inhalt

Geleitwort – Die neue digitale Wirklichkeit gehört Ihnen

Millennials, Ypsiloner, Digital Natives nennt man sie gern. Sie leben in der Zukunft. Ihnen gehört die Welt von übermorgen. Sie schmieden Pläne, erkennen Chancen, machen Fehler und fangen wieder von vorn an. Alles kein Problem. Ihre Freunde sehen das genauso. Die Welt steht ihnen offen. Sie wollen noch viel erreichen. Sie haben noch unglaublich viel Zeit vor sich.

Und dann Sie, liebe Leserin, lieber Leser: Sie sind seit vielen Jahren erfolgreich. Sie sind anerkannter Experte in Ihrem Fach. Sie haben sich eine enorme Menge Wissen erarbeitet. Ihre Erfahrung zählt. Das Bestehende zu optimieren ist Ihre Stärke. Die Steigerungslogik ist Ihre Philosophie. Evolution statt Revolution bestimmt Ihre Motivation. Sie haben schon viel Zeit in Ihren Beruf investiert.

Lebensabschnitte prägen unser Weltbild. Standpunktlogik kann Entwicklungen beschleunigen, aber auch bremsen. Dieses Buch von Anne M. Schüller und Alex T. Steffen vernetzt die Perspektiven zweier Generationen, um pragmatische Vorschläge zur Zukunft der Unternehmen zu machen. Es ist ein hervorragender Leitfaden für die Next Economy, die Netzökonomie. Hier finden Sie klare Antworten auf die Herausforderungen von Unternehmen im digitalen Umgang mit Kunden, Technologien, Mitarbeitern und eigenen Strukturen.

Die Spielregeln von der Industrie- zur Netzgesellschaft ändern sich radikal. Statt Massenprodukte möglichst effizient zu produzieren, steht jetzt der Nutzen des individuellen Kunden im Zentrum der neuen Geschäftsmodelle. Der Einzelne zählt, und das weltweit. Unternehmen wie Google, Amazon, Alibaba, Facebook oder Uber setzen auf das Geschäftsmodell der Customer Centricity. Ihr Erfolg basiert auf der digitalen Vernetzung von

Milliarden Menschen. Sie nutzen bereits Künstliche Intelligenz, um massenhaft individuelle Angebote machen zu können.

Es handelt sich um eine fundamentale Rationalisierung der Wirtschafts- und Arbeitswelt. Die Rechnerleistung für einen Euro wird in zehn Jahren um den Faktor 100 wachsen, in zwanzig Jahren beträgt der Faktor bereits 10 000. Sie bekommen also 10 000 Mal mehr Leistung für den gleichen Preis. Die Produktion, Analyse, Lagerung und der Vertrieb von Daten wird auf absehbare Sicht immer preiswerter werden. Daten sind die Ressource erfolgreicher Unternehmen der Netzökonomie. Das erzeugt den Druck auf etablierte Geschäftsmodelle der Industriekultur. Die Arbeitswelt wird sich neu erfinden. Jobs werden verschwinden, Arbeit aber wird bleiben.

Die Stehaufmännchen bestimmen die Zukunft der Netzökonomie. Sie brauchen klare Ziele und die Fähigkeit, Störungen im System als Chance zu begreifen. Die Geschwindigkeit der Veränderung bringt es mit sich, dass Resilienz zur wichtigsten Tugend wird. Produkte und Dienstleistungen sind in einer vernetzten und globalisierten Welt so austauschbar geworden, dass die Identität des Unternehmens zur entscheidenden Frage wird. Wer sind wir? Wofür existiert unser Unternehmen? Was bieten wir?

Make the World a Better Place: Gelebte Werte können das Vakuum der Beliebigkeit schließen. Allerdings zeigt das Konzept des Shared Value, dass Authentizität keine Worthülse bleiben darf, sondern zur gelebten Identität werden muss. Wer sich seiner eigenen Wertigkeit nicht bewusst ist, wird auch seine Mitarbeiter, Lieferanten und Kunden nicht von seiner Leistung überzeugen können. Die Innovationsfähigkeit entscheidet über die Wettbewerbsfähigkeit. Die Resilienz bestimmt den langfristigen Erfolg. Kooperation erzeugt Moral. Und Moral gehört zu den Grundtugenden einer vernetzten Gesellschaft.

Wenn Sie und Ihr Unternehmen aus der Blüte der Industriekultur kommen, und natürlich auch dann, wenn Sie als Jungunternehmer oder im Mittelstand tätig sind, brauchen Sie Inspiration und Kreativität. Anne M. Schüller und Alex T. Steffen verraten in diesem Buch, wie effektiv die Generationen die Digitale Transformation gemeinsam erfolgreich meistern können. Lesen lohnt sich!

Prof. Peter Wippermann

Gründer Trendbüro, Beratungsunternehmen für Gesellschaftlichen Wandel

Professor für Kommunikationsdesign an der Folkwang Universität der Künste, Essen

Vorwort

»Lass es, Alex«, hörte ich ihn sagen. »Du bist kreativ, aber so eine Idee kommt hier nicht besonders gut an. Glaub mir, ich mach den Job seit 40 Jahren.« Michael Groß war in kürzester Zeit zu einem Mentor für mich geworden. Auf meinen Erkundungstouren durch den Firmenkomplex hatte ich ihn eigentlich eher zufällig kennengelernt. Er arbeitete in einer ganz anderen Abteilung. Trotzdem war Michael schon bald auch an meiner Meinung interessiert. Mehrmals die Woche rief er mich in sein Büro, um mir Konzepte, Grafiken und Lösungen zu präsentieren, die er sauber auf einer Tafel an der Wand skizziert hatte. Damals waren noch keine acht Wochen vergangen, seit ich bei einem multinationalen deutschen Industrieunternehmen mein Praktikum im Marketing begonnen hatte.

Die Firma ist weltweit bekannt für ihre Technologie. Und für ihre Qualität. Doch ich lernte auch die Produkte der Konkurrenz aus Frankreich, Kanada und China kennen. In China, so erfuhr ich, konnte man EU-zertifizierte Rauchmelder schon zu einem Fünftel des hiesigen Preises beziehen. Ade, Wettbewerbsvorteil. Durch Forschung konnte mein Arbeitgeber nicht mehr punkten. Deshalb wurde auf bestehende Vertriebsnetzwerke gesetzt. Doch wie lange würde es noch dauern, bis auch der letzte Handwerker bemerkte, dass sich eine chinesische Brandschutzanlage zum halben Preis besser verkaufen ließe? Also präsentierte ich Verbesserungsvorschläge. Und der (Noch-)Vorreiter in einer Branche, die vom technologischen Fortschritt lebt, erteilte mir prompt einen Tadel. Zu innovativ würde ich denken, zu weit »out of the box«. In diesem Moment wurde mir klar: Innovationen würden mich für den Rest meines Lebens begleiten.

Meinen Weckruf hatte ich, Anne, 2015 auf der »Co-Reach« in Nürnberg. Der damals 13-jährige Lorenzo Tural Osorio hielt dort einen Vortrag mit anschließendem Ping-Pong-Thinking,

Nachdenklich gestimmt haben mich die, wie soll ich sagen, teils befremdlichen Fragen, die man ihm stellte. Fasziniert haben mich die Antworten, die der junge Mann gab: »Meine Generation ist ein wichtiger Akteur der Digitalisierung. Wenn Unternehmer mit uns reden würden, könnten sie sich schon jetzt Gedanken über neue Produkte, neue Marktchancen und neue Herangehensweisen machen.«

Er hatte so recht.

Aber: Spricht man mit ihnen, den Digital Natives? Dort, wo das Management die unternehmerische Zukunft bestimmt? Wichtiger noch: Hört man ihnen auch ernsthaft zu? Und bezieht man sie strategisch mit ein? Die Antwort ist ernüchternd: In den Medien tauchen sie höchstens als Startups auf, nicht aber als Meinungsmacher bei den Themen von morgen. Auf den Bühnen herkömmlicher Managementtagungen sieht man sie gar nicht – man bleibt unter sich. Während der Podiumsdiskussionen debattieren die grauen Schläfen am liebsten mit ihresgleichen. Und in den Büchern etablierter Managementgurus? Ja, dort schreibt man gerne darüber, wie sie so sind, die Generation Y und die Generation Z, doch selbst zu Wort kommen lässt man sie nicht.

Davon zu hören, wie die Millennials ticken, ist sowieso nur der erste Schritt. Viel entscheidender ist die Frage, wie diese hochintelligente, längst durchdigitalisierte und bestens vernetzte Internetgeneration dabei helfen kann, die Unternehmer des Landes für die Next Economy fit, also zukunftsfähig zu machen. Wenn nicht mit uns gemeinsam, dann machen die Youngsters das nämlich an uns vorbei: auf ihre Art, sehr agil, was für viele Anbieter das Aus bringen kann. Dann doch besser mit den Digital Natives zusammen. Schauen, was man von ihnen lernen kann, und passende Jung-Alt-Miteinander-Initiativen entwickeln. Darüber müsste man schreiben, natürlich zu zweit.

Gesagt, getan.

Ich wollte als Co-Autor keinen Startup-Hero, keinen Star der Szene und natürlich keinen Unicorn-Chef, was will ein »Normalunternehmer« von denen schon lernen? Ein durch und durch typischer Vertreter der neuen Generation sollte es sein. Ich wollte jemanden, der sowohl in und mit »jungen« als auch in und mit »alten« Organisationen gearbeitet hat. Jemanden, der schon angestellt und auch schon selbstständig war. Kurz, jemanden, der beide Seiten der jeweiligen Medaillen gut kennt.

Nichts lag näher, als Alex zu fragen. Alex wurde 1990 in Landsberg geboren, hat Abi in England gemacht, war ein Jahr lang in Florida bei Disney beschäftigt und hat dann in Wien studiert. Bei verschiedenen Internetfirmen rund um den Globus war er nicht nur mit digitalen Themen befasst, sondern auch mit neuen Formen der Arbeit in sich selbst organisierenden Teams. Seit Kurzem hat er seine eigene Firma im Herzen Berlins.

Gemeinsam verstehen wir uns als Brückenbauer und Trittsteinleger. Wir wollen die wachsende Kluft zwischen der Old und der Next Economy überwinden helfen und mit diesem Buch Ihnen, dem Leser, Schnellstraßen in die Wirtschaftswelt von morgen aufzeigen. Vor allem aber wollen wir Sie ermuntern, gemeinsam mit den Millennials Passendes gleich in die Tat umzusetzen. Die Zukunft wartet schon auf Sie.

München, Anfang 2017   *Anne M. Schüller*
                               Managementdenker, Keynote Speaker,
                               Business Coach

Berlin, Anfang 2017   *Alex T. Steffen*
                               Unternehmensberater für Innovation
                               und Digitale Transformation

AUFBRUCH –
SIND SIE FIT FÜR DIE ZUKUNFT?

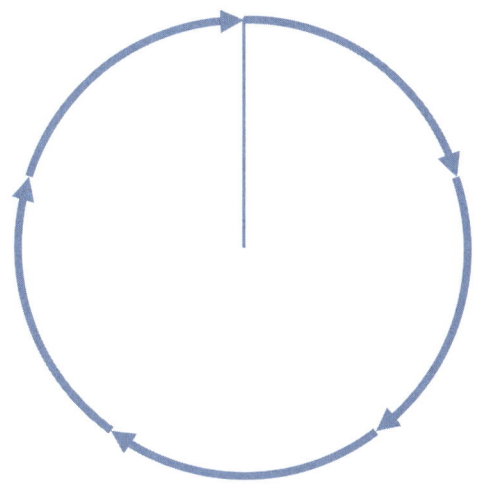

Online und offline verschmelzen, Arbeit und Freizeit verschmelzen, Mensch und Maschine verschmelzen, Grenzen zwischen oben und unten, drinnen und draußen gibt es nicht mehr. Und alles ist mit allem vernetzt. Nur in den traditionellen Unternehmen ist die Zeit stehen geblieben. Verstaubte Managementmoden, Top-down-Organigramme, Silostrukturen, Command & Control-Mechanismen, Hierarchiegehabe, tradierte Karrierewege, eine antiquierte Führungskultur und anderes Uraltzeugs sind der Beleg.

»Die jungen Leute lassen sich zunehmend schlecht in unsere Arbeitswelt integrieren«, jammern uns bisweilen die Manager vor. »Aber das treiben wir denen schon noch aus«, ergänzen sie sogleich augenzwinkernd. Und genau *das* wird nicht klappen. Natürlich lassen sich die »Jungen« schlecht in eine veraltete Arbeitswelt integrieren, warum sollten sie auch? Ganz egal, ob das der alten Garde nun passt oder nicht: Die junge Generation definiert unsere Zukunft – und auch den Handlungsspielraum, den ein Unternehmen darin hat. Unternehmen müssen also fit und attraktiv sein für die Lebenswelt dieser Generation. Es ist deren Welt, in die wir uns hineinbewegen.

Anstatt also über das Jungvolk zu schimpfen, es sich gefügig zu machen oder Generationenkonflikte heraufzubeschwören, sollte die Wirtschaft das besser als Chance begreifen. Die Digitalisierung schaltet gerade den Turbo ein. Der größte Umbruch aller Zeiten steht an. Aber wie können Unternehmen den schaffen? Indem sie die Talente derjenigen nutzen, denen die Zukunft gehört. Sie heißen Millennials, die ins Internetzeitalter hineingeborenen Digital Natives. In ein paar Jahren werden mehr als die Hälfte der Arbeitskräfte Millennials sein. 2020 wird ihr Anteil zum Beispiel in den USA auf knapp 50 Prozent und bis 2025 sogar auf 75 Prozent steigen.[1] Mit hohem Tempo, digitaler Kernkompetenz und einem Riecher für Innovationen treiben sie neue Geschäfts-, Vertriebs-, Marketing-, Organisations-, Arbeits-, Finanzierungs-, Kommunikations-, Kauf- und Lebensmodelle voran. So haben sie, von tradierten Modellen völlig entkoppelt, längst eine Parallelwelt erschaffen, die sich der Old Economy, wenn überhaupt, nur ansatzweise erschließt.

So sind die wahren Gründe, weshalb Unternehmen hierzulande womöglich den Anschluss verpassen, genau zwei: Erstens, weil sie die junge Generation unterzubuttern versuchen, anstatt sie gezielt als Zukunftsgestalter zu nutzen, und zweitens, weil sie in ihren alten Strukturen verharren. Und beides hängt eng miteinander zusammen.

Organisationen brauchen eine Metamorphose. Das ist längst jedem klar. Doch leider wird bei der omnipräsenten Diskussion um Digitales gerne vergessen, dass jeder Transformationsprozess immer zugleich auch eine unternehmenskulturelle Herausforderung ist. Das Heil ist nicht nur in Technologien zu finden. Wem es nicht gelingt, die Menschen mitzunehmen, wird scheitern. Das Digitale macht vielleicht 20 Prozent aus, 80 Prozent sind Transformation. Zwingend trifft der Veränderungsdruck auch die Organisationsstrukturen und Führungsprozesse. Wie sich der notwendige Umbau akut und konkret bewerkstelligen lässt, ist ein entscheidender Punkt. Und zwar bei laufendem Betrieb: Ein Unternehmen kann ja nicht, wie ein Gebäude, bis auf die Grundmauern zerschlagen, kernsaniert und dann mit großem Tamtam wiedereröffnet werden.

Hier tritt die Millennial-Generation auf den Plan. Sie ist die bestausgebildete und zugleich kreativste Generation, die es je gab. Sie will nicht herrschen, sondern gestalten. Der Wandel, den sie technologisch und kulturell bereits in Gang gesetzt hat, kann als der größte aller Zeiten gelten. Sie wird futuristisches Neuland besiedeln und Science Fiction vor unseren Augen wahr werden lassen. Als digital fitte, vielseitig interessierte und global geprägte Generation erkennen Millennials Potenziale blitzschnell, können Marktdifferenzen identifizieren und Lösungen ganz neu kombinieren. Mit ständiger Veränderung umzugehen, darin sind sie erprobt. Komplexität meistern sie bestens. Sie besitzen eine ausgeprägte emotionale Intelligenz – und haben im Dschungel der Optionen immer einen Plan B. Sie sind Teamplayer, dialogbereit und bestens vernetzt. Kurzum: Sie sind das Fundament für die Zukunftsfähigkeit eines Unternehmens.

Millennials lehnen sich, und das ist der wohl größte Unterschied zur Transformationsgeneration der 68er, nicht gegen Altes auf. Sie machen, ganz unaufgeregt, einfach alles neu. Aber digitale Transformation? Da reiben sie sich verwundert die Augen. Was sollen sie da transformieren? In einem digital transformierten Kosmos leben sie längst. Und wenn sie Arbeitswelten schaffen, dann sind diese daran adaptiert. Domänen, in die sich tradierte Unternehmen erst noch mühsam hineindenken müssen, sind für sie seit Langem vertrautes Terrain. Ihre Grundversorgung heißt Essen, Trinken, Schlafen, WiFi. Und sie bewegen sich ständig in Schwärmen, die in den Weiten des Web ihre Heimat haben. Das für sich zu nutzen, sich von jungen Gedanken und frischen Ideen inspirieren zu lassen, genau das macht den Unterschied zwischen den zukünftigen Überfliegern der Wirtschaft und dem traurigen Rest.

Silicon-Valley-Tourismus indes, der in den Chefetagen derzeit sehr angesagt ist, reicht ganz und gar nicht. Man lernt ja auch nicht malen, indem man den Louvre besichtigt. Besser, man holt sich Millennials als Coaches ins Unternehmen. Noch besser: Man profitiert von denen, die dort bereits sind. Natürlich ist die Erfahrung älterer Semester nach wie vor wertvoll. Und zweifellos können die Juniors vom Wissen der Seniors sehr profitieren. Doch wirklich vorankommen wird ein Unternehmen nur dann, wenn es von den »New Business Gurus«, den Treibern des ökonomischen Wandels, lernen will. Mehr als jemals zuvor kann die junge Generation den etablierten Marktplayern helfen, sich auf die immer schnelleren Zyklen der Zukunft vorzubereiten, also: agiler zu werden, digitaler zu denken, collaborativer zu handeln und Disruptives zu wagen. Genau das werden die Erfolgsparameter der Next Economy sein.

#ADCD: Zauberformel für Transformation

Den meisten ist wohl inzwischen bewusst, dass ihre Organisation agiler, digitaler, collaborativer, disruptiver werden muss, um in einer ungewissen Zukunft erfolgreich zu sein. Ansätze für diesen Wandel finden Sie in diesem Buch. Schauen wir zunächst auf die Begriffe:

- *Agil*: Agil ist der Gegenspieler von schwerfällig, träge, unbeweglich. Agile Konzepte versuchen, verkrustete Strukturen aufzubrechen, behäbige Planungen dynamisch zu machen, leichtfüßige Abläufe einzuführen und überbordende Bürokratie auf ein sinnvolles Maß zu begrenzen. Ursprünglich stammt die agile Bewegung aus der IT-Welt. Methoden wie Design Thinking, Kanban oder Scrum, die wir später näher kennenlernen, dienen dazu, Flexibilität, Kreativität und Schnelligkeit zu gewinnen.
- *Digital*: Das digital vernetzte Leben bestimmt längst unseren Alltag und wird es in Zukunft in einem immer stärkeren Ausmaße tun. Die Digitalisierung ist ein Stresstest für jede Firma. Doch sie ist keine rein technologische Herausforderung, mit der sich die IT- und Produktionsleute befassen. Im Unternehmen werden vor allem Innovationen von der Art benötigt, wie wir arbeiten, managen und führen.
- *Collaborativ*: Collaborativ meint ein Miteinanderarbeiten im Innen und Außen, also über Bereichs- und Unternehmensgrenzen hinweg, ein Vernetzen statt Isolieren, um mithilfe der »Weisheit der Vielen« bessere Ergebnisse zu erzielen. In unserem Buch schreiben wir dieses Wort in Anlehnung an die englische Schreibweise durchgängig mit c. Der Kollaborateur hat im Deutschen aus unrühmlicher naher Vergangenheit noch immer ein sehr negatives Geschmäckle.
- *Disruptiv*: So nennt man einen Prozess, bei dem ein bestehendes Geschäftsmodell, eine Technologie, eine Dienstleistung oder ein gesamter Markt durch eine plötzlich auftau-

chende Neuheit abgelöst wird. Im Gegensatz zu einer Innovation, die Existierendes maßgeblich weiterentwickelt, bezeichnet die Disruption eine radikale, bahnbrechende Verdrängung bestehender Modelle, vor allem im Kontext der umwälzenden Neuerungen in der Digitalwirtschaft.

Bei alldem ist eines ganz klar: Auf der Reise in die Zukunft braucht es nicht nur helle junge Köpfe, sondern auch leichtes Gepäck, weil die Märkte, wie die Hasen, immer neue Haken schlagen. Für Planzahlspiele, Budgetierungsexzesse und Irrläufe im Regulierungsgeflecht bleibt keine Zeit. Je schwerfälliger eine Organisation, desto anfälliger ist sie für Überholmanöver. Von daher ist zunächst eine Transformation in einen fluideren Zustand vonnöten. Alles, was eine Organisation langsam macht, muss weg. Und alles, was sie schnell macht, muss her.

Um das schaffen zu können, muss radikal umgebaut werden. Mit Werkzeugen von gestern kann die Zukunft nicht geschaffen werden. Ein Ende des Managements, wie wir es kennen, steht an. Denn klassische Managementformationen sind die meiste Zeit damit beschäftigt, sich selbst zu organisieren, anstatt sich ums Geschäft und die Kunden zu kümmern. Prozessbesessenheit, Zielfetischismus und verkrampfte Regelwerke sind eine kolossale Verschwendung von Zeit, Geld, Engagement und Talenten. Das kann sich niemand mehr leisten. Bürokratie macht ein Unternehmen langsam und dumm, weil alles einem vordefinierten Weg folgen muss und in starren Verfahrensweisen versinkt. Standards erzeugen zudem Isomorphie: Alles gleicht sich immer mehr an. Doch nur das Besondere, Faszinierende, Bemerkenswerte hat eine Zukunft. Bei Vergleichbarem hingegen entscheidet am Markt der Preis. Dann soll es wenigstens billig sein.

Im Eilschritt die Zukunft erreichen heißt also zuallererst: rigide Strukturen lockern, Altlasten entsorgen und Hürden entfernen, um flotter laufen zu können. Alles Unkraut, das die jungen Triebe am Wachsen hindert, muss weg. Die Schnelligkeitslücke muss eiligst geschlossen werden. 50 Prozent weniger Bürokratie, Administration, Hierarchie, Regelwerke, Reportings und Planungsmanie sind dabei eine vernünftige Zielzahl. #minus50 heißt dieses Programm, mit dem wir uns in Etappe 4 näher befassen. Dabei können nicht nur die altgedienten, erfahrenen Mitarbeiter helfen, sondern vor allem die jüngeren Beschäftigten mit ihrem unverstellten Blick und dem immanenten Drang, die Dinge agiler, digitaler und collaborativer zu machen.

Wir plädieren nicht für komplette Zerschlagung und Anarchie, sondern für niedrighierarchische Systeme und genügend Struktur, um unerlässliche Qualität sicherzustellen und Irrwege frühzeitig auszuschließen. Wer versucht, Hierarchien mit Gewalt einzuebnen, sorgt für ein Vakuum, in dem sogleich wieder Hierarchien entstehen. Außerdem brauchen Gemeinschaften Ordnungssysteme. Was sie nicht brauchen, ist ein Wasserkopf. Ferner müssen die Mitarbeiter an collaborative Formen der Arbeit herangeführt werden. Aus dem Stand heraus klappt so was nicht. Unser Hirn muss üben, um zu brillieren. Was nicht trainiert wird, verwildert wie Trampelpfade im Wald.

Herrschende entfachen keine Palastrevolution

Disruptive Zeiten erzeugen nicht nur Rasanz, sondern auch permanente Vorläufigkeit. Alles steht ständig zur Disposition. Das bedeutet: Die Unternehmen müssen sich zunächst drinnen verändern, damit sie draußen am Markt überleben können. Doch sie sind in maroden Denkmodellen von Erfolg und Karriere, Führung und Management verhaftet. Viele werden nicht am Markt, sondern an ihren Strukturen scheitern. Junge Leute wollen nicht in alten Strukturen arbeiten. In einem alten Arbeitsumfeld kann man nicht auf neue Gedanken kommen. Exponentielle Entwicklungen können sich nicht in linearen Organisationsmodellen entfalten und zentrale Steuerung funktioniert nicht in komplexen Systemen. Sich selbst organisierende

Strukturen sind dazu wesentlich besser geeignet. Vom zentralistischen Pyramidalunternehmen zum dezentralen Netzwerk, so lautet also der Weg. Wenn anweisungsbasierte Top-down-Formationen nämlich auf vernetzte Organisationen treffen, wird es langfristig für erstere eng.

Natürlich kommen Ankündigungen, wortgewaltig und satt, wenn Führungseliten über Innovationsbereitschaft, digitalen Wandel und Umbaumaßnahmen schwadronieren. Doch das meiste davon bleibt folgenlos. Zwangsläufig muss, wenn etwas Neues entsteht, etwas Altes beiseitetreten. Die »Alten« sehen dabei vor allem das, was sie verlieren. Die »Jungen« stecken nicht in diesem Dilemma. Sie haben nichts zu verlieren, keinen Firmenwagen, keine Senator Lounge und auch keine Statussymbole, die Krücken der Macht. Sie haben keine Kompetenzen zu verteidigen und keinen veralteten Kram im Gepäck, der erst mal entlernt werden muss. Und sie haben nichts aus der »Früher war alles besser«-Zeit zu betrauern. Sie können bei dem, was die Zukunft bringt, nur gewinnen. Sie sehen die Chancenlücken, weil ihr Blick nicht verstellt ist von Konventionen und Mindsets aus der Vergangenheit.

Doch können die notwendigen Impulse überhaupt aus den eigenen Reihen kommen? In einem an Plänen orientierten Umfeld, in dem man vor allem mit Sofortresultaten und Maximalrenditen punkten kann, ist das schwierig. »Innovation ist innerhalb einer Organisation höchst unwahrscheinlich«, bekräftigt der Managementautor *Reinhard K. Sprenger*.[2] Bezeichnenderweise werden Innovationslabs, Digital Acceleration Teams und Inkubatorprogramme in der Konzernwelt meist ausgesiedelt und räumlich von der Stammorganisation getrennt, damit sie effizient arbeiten können. Eingepfercht in einen hierarchiegebundenen Konformismus ist der Blick über den Tellerrand nämlich gar nicht so leicht. Zudem sehen die Etablierten das Neue durch den Filter ihrer eigenen Wahrnehmungen, Erfahrungen und Vorgehensweisen.

Vor allem aber zetteln Herrschende keine Palastrevolution an. Status, Macht und Kontrolle, um die amtierende Führungskräfte lange kämpfen mussten, freiwillig wieder abzugeben, ist ja auch verdammt schwer. Es kommt einem Identitätsverlust gleich. Besitzstandswahrung ist deshalb ein riesiges Thema. Durch einen letztlich vom Kunden zu finanzierenden Verwaltungsapparat und eine aufgeblähte Mess- und Steuerungsbürokratie sorgt das Management ja überhaupt erst für seine Existenzberechtigung. Und viele Altvordere sitzen »die paar Jahre« bis zur Frühpensionierung einfach aus. *Nicht* innovativ zu sein, ist in etablierten Organisationen meist die bessere Wahl. Quer denken? Muster brechen? »Kann ich mir nicht erlauben, habe zwei Kinder und gerade ein Haus gebaut. Schön dumm wäre ich, mich groß aus dem Fenster zu lehnen«, raunen uns die Manager zu. »Ein Unternehmen wird immer versucht sein, neue Ideen in vorhandene Schemata zu pressen«, konstatiert *Christer Windeløv-Lidzélius*, CEO der dänischen Managementschule *KaosPilot* im *Harvard Business Manager*.[3] Genau das macht statische Marktplayer auch so leicht angreifbar.

Leider gibt es nicht nur interne Zwänge, sondern auch Restriktionen, die einem Unternehmen durch Gesetze, Behörden, Börsenvorschriften, Investoren, Anteilseigner oder Banken auferlegt werden. Gewerkschaften und Betriebsräte boykottieren dringend notwendige Veränderungen und beharren auf Vorschriften von anno dazumal, berichtet Executive Coach *Roswitha van der Markt* auf *berufebilder.de*. Sie bespitzeln Mitarbeiter und brüskieren die Führungskraft so: »Der Mann ist Mechaniker. Warum muss er digitale Aufgaben ausführen. Er hat nichts mit IT zu tun. Das hat nichts mit seiner Stellenbeschreibung zu tun.«[4] So wird sich die Kluft zwischen Technologiesprintern und Schneckentempo-Institutionen immer weiter vergrößern.

In traditionellen Unternehmen sind die Manager keine Rebellen, sondern allenfalls Optimierer. Ideenlosigkeit, Mutlosigkeit und Zögerlichkeit sind die Folge. Wer Sicherheit will, wird den

Trippelschritt-Modus wählen: Hier noch ein paar PS, da mehr Design, dort ein neues Feature, die Verpackung größer, das Etikett bunter und dann das Zeugs billig in den Markt geworfen, um es der Konkurrenz mal so richtig zu zeigen. Linear heißt: mehr vom Gleichen – aber auch mehr vom Falschen – und zunehmende Belanglosigkeit. Disruptiv ist der Sprung durch die Feuerwand der Unsicherheit.

Angst ist der größte Fortschrittskiller

Jede Veränderung – und damit auch jede Innovation – bedeutet zunächst, dass etwas bislang Unbekanntes entsteht, von dem niemand ganz sicher weiß, ob es besser oder schlechter sein wird als das davor. »Hilfe, hoffentlich nicht«, hören wir von den Bewahrern, wenn wir darüber berichten, was die durchdigitalisierte Zukunft uns bringt. Ja, wir können den Wandel ignorieren oder bekämpfen. Besser ist es jedoch, ihn zu umarmen. Den Fortschritt aufhalten wollen? Nie und nimmer. Er kommt, mit Ihnen oder ohne Sie. Wer seine Verweigerungshaltung nicht aufgibt, verschwindet in der Bedeutungslosigkeit.

Genügend Menschen werden es kaum abwarten können, jede technologische Neuerung auszuprobieren. Aus den positiven Erfahrungen solcher Early Adopter, Vorreiter und Pioniere erwachsen dann neue Anforderungen an alle Player im Markt. So wird das Neue zu einem unverzichtbaren Teil unseres Lebens. Was menschenmöglich ist, erweitern wir, seitdem es uns Menschen gibt. Selbstoptimierung heißt der Nutzen. Vorsprung ist das Ziel. Und FOMO (fear of missing out), also die Angst, bei etwas, das gerade abgeht, nicht dabei zu sein und damit den Anschluss zu verpassen, wird selbst die Nachzügler dazu bringen, der digitalen Vorhut schnellstens nachzueifern.

Doch Angst regiert die Büroetagen. Im Rahmen einer Studie des Thinktanks *2bAhead* nannten 52 Prozent der daran teilnehmenden Manager die Angst, Entscheidungen auf unsicherer

Basis zu treffen, als den Innovationsverhinderer Nummer eins. 35 Prozent der insgesamt 202 befragten Innovationschefs gaben sogar zu, dass sie selbst schon Innovationen aus Angst verhindert haben.[5] Eine Schande.

Die gefährlichste – und zugleich am meisten tabuisierte – Angst von allen ist aber wohl die, dass die alten (Männer) von den jungen (Männern und Frauen) verdrängt werden könnten. »Uns ist klar, dass dort nicht das nächste Blockbuster-Medikament entsteht, aber das erwarten wir auch gar nicht«, erklärt ein Manager des Pharmariesen *Bayer* der *Wirtschaftswoche* über ein hauseigenes Startup-Konzept.[6] Ach ja? Wieso eigentlich nicht? Schon allein durch solch eine Haltung ist Scheitern vorprogrammiert. Auf diese Weise verkommen Innovationslabs in vielen Konzernen zu reinen PR-Shows. Es ist ja gerade so chic, auch eines zu haben. In Wirklichkeit stellen »diese verpickelten Jünglinge«, die dort laborieren, eine Bedrohung für das Selbstverständnis der um Erhalt bemühten etablierten Elite dar. Interessanterweise stand dieses Alt-Jung-Dilemma ständig im Raum, wenn wir mit Leuten über das Thema unseres Buchs diskutierten.

Alles in allem ist es zuvorderst die Angst, und speziell auch die Angst vor Fehlern beim Tun, die aus den Unternehmen verschwinden muss. Angst ist der größte Leistungskiller. Dass Menschen unter Druck geistige Großtaten vollbringen, ist eine gefährliche Mär. Das Gegenteil ist der Fall. Dauerdruck und anhaltende Missstimmung sabotieren die Fähigkeit des Gehirns, sein Bestes zu geben, weil die im Angstzustand ausgeschütteten Botenstoffe Synapsen blockieren. Doch für kognitive Arbeit in rasanten Zeiten sind schnelle Synapsen bitter vonnöten. Kreativität, die Schlüsselressource für Innovationen, ist wie eine launische Diva, die die richtigen Umstände braucht. Heiterkeit, Muße und Stress-Abstinenz gehören dazu. Miteinander – statt gegeneinander – und ein kameradschaftlicher Stil schaffen Austausch und angstfreie Räume. Deshalb wird in florierenden New-Economy-Firmen auch so viel Wert auf ein Wohlfühlklima gelegt.

Die Erschütterung der Macht

Macht und Angst sind ein Paar. So kommt es, dass Machtbesessene sich von »Fußvolk« abgrenzen wollen, ihren Zuständigkeitsbereich hermetisch abriegeln, im autistischen Silodenken verharren und ihre Befugnisse hüten wie einen Schatz. Verstehen sich Führungselite und Belegschaft als »wir hier oben« und »die da unten«, dann ist der Verfall vorprogrammiert. Wie bitte soll Außergewöhnliches geschehen, wenn stromlinienförmige Vorgänge-Abarbeiter und eine maultote Meute von Mitläufern das Unternehmen bevölkern? Wie bitte kann Zukunftsweisendes gelingen, wenn alle immer nur abwartend nach oben schauen, anstatt nach draußen zum Kunden und Markt? Das »Machtwort« des Chefs lässt wertvolle Initiativen oft einfach versanden.

Gerade die jungen Talente mit hohem Potenzial lernen auf diese Weise, dass ihre Meinung nicht zählt. Und sie wandern in Scharen ab. Sie sind kompromisslos, wenn die Bereitschaft fehlt, sie konsequent einzubeziehen. Denn sie wissen: Der Fortschritt ist auf ihrer Seite. Und sie steigen nur mit denen ins Boot, die dies erkennen.

Der Chef als Ansager und Aufpasser ist sowieso ein Auslaufmodell, weil Software das in Zukunft erledigt. Die Oberen können heutzutage nicht einmal ahnen, wohin der richtige Weg führt. »Ihre neue Aufgabe ist es, das Finden von Antworten zu organisieren«, bekräftigt *Christoph Keese* in seinem Buch *Silicon Germany*. Außerdem wird institutionalisierte Autorität von den Millennials sofort hinterfragt. Insignien der Macht sind für sie im Allgemeinen von wenig Belang. Wertvoll ist nicht der, der einen dicken Dienstwagen fährt, sondern derjenige, der die Community durch seine Impulse bereichert. Der Beitrag zählt, nicht das Schild an der Tür. Wer den wertvollsten Content liefert, wird von ihnen am meisten geschätzt und findet sich im Zentrum ihrer Netzwerke wieder. Für sie hat *derjenige* Einfluss, dem die Menschen freiwillig folgen.

Wer das Neuland der Zukunft betritt, muss also von klassischen Machtthemen Abschied nehmen, mit Gewohnheiten brechen, seine Komfortzone verlassen und ehemals gültige Glaubenssätze über Bord werfen können. Allerdings wiederholen Menschen gern Aktivitäten, in denen sie einmal siegreich waren. »Self-Herding« wird dieses Verhalten in Fachkreisen genannt. Ähnlich dem Herdentrieb folgen wir hier der »Herde« unserer eigenen früheren Entscheidungen. Solch ewig Gestrigen ruft der Managementvorausdenker *Gary Hamel* zu: »Die Zukunft macht leicht Narren aus den Unbelehrbaren, die sich zu lange an alte Gewissheiten klammern.«[7]

Sind Organisationen alten Schlags also überhaupt reformierbar? »Das Grauen hat in jedem Managementsystem andere Erscheinungsformen« sagt der Managementphilosoph Gunter Dueck.[8] Doch Gott sei Dank: Immer häufiger lernen wir Manager kennen, die mit neuen Formen der Zusammenarbeit experimentieren. Sie haben altbackenen Führungskonzepten abgeschworen, Planungsexzesse eliminiert und Machtstrukturen auf den Kopf gestellt. Verbrannte Erde widert sie an. Und für verheiztes Personal wollen sie nicht verantwortlich sein. Sie suchen nach neuen, kooperativen und sich selbst organisierenden Businessmodellen, um mit Mitarbeitern, Kunden und Partnern gemeinsame Werte zu schaffen. Andere wären veränderungsoffen, sind aber Teil eines korrodierten Systems, das sie aus eigener Kraft nicht wandeln können. Der Erneuerungswille muss deshalb von der Unternehmensspitze her kommen. Und damit es im Führungsbereich keine fortschrittsscheuen Bremsklötze mehr gibt, können die jungen Wilden als Helfershelfer für das Neue fungieren. Das Reverse Mentoring und viele weitere Methoden, die wir weiter hinten betrachten, zeigen den Weg.

Game Changer, Growth Hacker, Internetkrieger

»Welche Branche hacken wir denn diese Woche?«, so lautet der weltweite Schlachtruf der digitalen Bohème. Aus vernetzten Startup-Schmieden und von wagemutigen Jungunternehmern kommen Ideen, die nicht nur alles digitalisieren, sondern die Welt so schnell und umfassend verändern wie niemals zuvor. Gegen ihr schlankes, smartes, findiges und unverfrorenes Vorgehen haben die Old-School-Apparatschiks mit ihrer Absicherungsmentalität, ihren langatmigen Expertenrunden und ihren behäbigen Entscheidungsprozessen nicht den Hauch einer Chance.

So ist »being kodaked« zu einem festen Begriff in der Wirtschaft geworden. Was dahinter steckt? Die Digitalfotografie wurde ursprünglich von einem *Kodak*-Mitarbeiter entwickelt. Doch die Geschäftsleitung lehnte es kategorisch ab, sich damit zu befassen, weil sie darin eine Bedrohung für ihr angestammtes Business sah. Und *Kodak* ist nur ein Beispiel von vielen. In Zeiten der digitalen Transformation ist niemand vor Angriffen sicher. »Disrupt yourself before you get disrupted« heißt die neue Parole. Treiber und nicht Vertriebener gilt es zu sein. Wer nicht innoviert, wird weginnoviert. »There is an *Uber* in every business«, warnt Digitalanalyst *Brian Solis*.[9]

Disruptoren betreten keinen bestehenden Markt, sie erzeugen einen neuen. So hocken Horden von Digital Natives vor ihren Bildschirmen und hauen hoffnungsvoll in die Tasten. Ihre Schlagzahl ist unglaublich hoch. Furchtlos und frech machen sie vor niemandem halt. Sie sind wagemutig. Sie sind angriffslustig. Sie sind siegesgewiss. Game Changer, Growth Hacker und Internetkrieger nennen sie sich. Der versierte Umgang mit Online-Medien und das Meistern von Bits, Bytes und Code ist ihr wichtigstes Kapital. Digitale Berührungsängste kennen sie nicht. Mit Nischengespür packen sie jede Chance beim Wickel, die sich durch die fortschreitende Digitalisierung ergibt. Natürlich schlägt vieles von dem, was sie machen, abgrundtief fehl. Aber auch in etablierten Unternehmen sind die Flopraten hoch. Bei klassischen Produktneueinführungen betragen sie bis zu 90 Prozent. Und immer öfter floppen Unternehmen als Ganzes. Auch für die hier im Buch lobend erwähnten Firmen können wir keine Garantie übernehmen.

Wissenschaftler gehen davon aus, dass bis zum Jahr 2025 rund 40 Prozent der heutigen Fortune-500-Firmen verschwunden sein werden.[10] Der häufigste Grund dafür: Managementirrtümer – allen voran das Festhalten an veralteten Strukturen, Geschäftsmodellen und Wertschöpfungsketten. Neben daraus resultierenden Veränderungsblockaden ist auch der unerschütterliche Glaube an die unternehmerische Überlegenheit oder persönliche Unersetzlichkeit, also Selbstüberschätzung und Selbstherrlichkeit, höchst gefährlich. So was macht blind und taub für mögliche Angriffe von außen. Und intern züchtet man damit einen hypergefährlichen Jasager-Kult.

Klassische Unternehmen sind geschlossene Systeme, in denen jeder sein Wissen hortet. Die Vertreter der jungen Generation hingegen, die in der Sharing-Economy groß geworden sind, haben längst verstanden, wie arm man bleibt, wenn man alles für sich behält, und wie reich man wird, wenn man teilt. Konkurrenz hat für sie einen geringen Stellenwert. Vielmehr sind sie offen für alles und jeden. Co-kreativ nutzen sie die »Weisheit der Vielen« und integrieren dankbar jede hilfreiche Idee, ganz egal, von welcher Seite sie kommt. Herkömmliches wird radikal infrage gestellt und Vorhandenes völlig neu kombiniert. Experimentell suchen sie nach Neuentwürfen und besseren Lösungen als die, die es am Markt bereits gibt. Sie wollen etwas Bedeutungsvolles erschaffen. Dabei sind sie unglaublich flott unterwegs. Sie probieren alles Mögliche aus und kalkulieren das Scheitern mit ein. »Beim nächsten Mal machen wir eben bessere Fehler«, sagen sie heiter. »Start many, try cheap, fail early«, heißt bei *Google* dieses Prinzip: Viele Projekte starten, sie mit kleinen Mitteln im Markt testen, Flops schnell erkennen und eliminieren. Fehler werden in der digitalen Welt als Lernfelder gefeiert. Fuckup-Nights, bei denen Gründer von ihrem epischen Scheitern berichten, sind groß im Trend. Jeder kann dort klüger werden.

Haben die Repräsentanten der Old Economy in diesem Umfeld überhaupt Chancen? Der *Harvard*-Professor *Clayton M. Christensen* meint in seinem Buch *The Innovator's Dilemma*, sie seien Gefangene ihres eigenen Erfolgs. Disrupten sie nämlich ihr Geschäftsmodell, bleiben die Gewinne, die im Dreimonatstakt zu erwirtschaften sind, zunächst aus. Wer den Regeln der Börse oder dem Willen der Anteilseigner unterliegt, favorisiert Effizienz-Innovatiönchen, aber keinen Wiederaufbau nach disruptiver Zerstörung. So hat Bahnbrechendes in tradierten Organisationen sehr schlechte Karten. Es sei denn, man folgt diesem Plan: Man trenne sich erstens ganz konsequent von veralteten Produkten, Methoden und Mindsets, kapitalisiere zweitens die derzeitigen Renditebringer und beginne drittens – abseits des Unternehmenszentrums – vehement mit etwas ganz Neuem. Disruptionen beginnen immer in einer Nische oder an den Rändern einer Organisation. Sich andockende Jungunternehmer können dabei sehr hilfreich sein. Die vielfältigen Kooperationsmöglichkeiten betrachten wir weiter hinten ausführlich.

Obsession für Kundenbelange

Ein weiterer Unterschied zu Old-School-Unternehmen: Startups lieben ihre Kunden. Customer Obsession nennen sie das. Während übliche Manager vor allem an den Wettbewerb, ihre Quartalsziele und die Kosten denken, haben die Jungunternehmer längst verstanden, dass sich alles um die Kunden und ihre Daten dreht. Sie suchen gezielt nach Problemen und einer passenden Lösung dafür. »Vom Kunden her denken« nennen sie das. Die Finessen der Digitaltechnologie sind ihr Werkzeugkasten. Sie organisieren sich nicht in Silos, sondern crossfunktional um Kundenprojekte herum. Sie verbessern sich durch ständigen Dialog mit den Kunden. Und niemand weiß wirklich treffsicher so viel darüber, was Millennial-Käufer wollen, wie die Millennials selbst.

Klassische Anbieter hingegen konzipieren neue Produkte nach eigenem Gusto und drücken sie dann mit teurem Werbegedöns in den Markt. Vieles davon ist aus Konsumentensicht ungewollt, unnötig, lästig. Doch heute ist jeder Anbieter auf das Wohlwollen seiner Kunden angewiesen wie niemals zuvor. Wem was nicht passt, der ist im Web mit einem »Click« oder am Handy mit einem »Swipe« weg. Und online erzählt er der ganzen Welt, warum das so ist. »Alles für den Kunden«, lautet also das Credo. Empathie für Kundenbelange und kundenorientierte Serviceprozesse werden gebraucht.

Aber ist das nicht völlig normal? Ganz und gar nicht. Fast überall sollen sich die Kunden in die vom Unternehmen vorgedachten Prozessabläufe fügen. Beschwerliche, umständliche und kostenintensive Aufgaben laden sie beim Käufer ab. So versuchen Konsumenten zum Beispiel, ihre Fragen an einen Anbieter auf dessen Facebook-Seite loszuwerden. Und was kommt als Antwort? »Hier ist nicht der Ort, an dem wir Ihr Anliegen bearbeiten können. Bitte gehen Sie auf unsere Website und füllen Sie dort das entsprechende Serviceformular vollständig aus.« Und das ist nur ein Vorfall von vielen.

Einer Studie von *Bain & Company* zufolge meinen 80 Prozent aller Unternehmen, ein herausragendes Kundenerlebnis zu bieten, aber nur 8 Prozent ihrer Kunden stimmen dem zu.[11] Wie es dazu kommt? Die meisten Unternehmen agieren vor allem selbstfokussiert, anstatt sich an den wahren Kundenbelangen zu orientieren. So erfordert die zunehmende Komplexität des realdigitalen Lebens einen hohen zeitlichen Aufwand. Anbieter, die einem die Zeit stehlen, weil bei ihnen alles noch immer so umständlich ist, kommen für Millennials nicht in Betracht. Wer mit digitalen Anwendungen groß geworden ist, akzeptiert einfach nicht, dass sich ein Unternehmen damit schwertut. Ältere Generationen gehen mit Serviceproblemen gnädiger um. Früher hatte man einfach keine andere Wahl. Doch diese Zeiten sind längst vorbei. Jetzt liegt die Macht bei den Digital Natives. Mit ihren Aktionen, bei denen sie sich zu virtuellen Schwärmen verbinden, können sie über Leben und Tod eines Anbieters entscheiden.

Wie virtuos die Millennials dabei die Möglichkeiten des Web zu nutzen wissen, hat das Modelabel *Abercrombie & Fitch* zu spüren bekommen. Mit viel Werbegeld hatte man sich als Marke für die Schönen und Reichen positioniert. Ex-CEO *Mike Jeffries* verkündete dreist, er wolle nur junge, schlanke, coole, gutaussehende Leute in seinen Klamotten sehen. Deshalb wurden fehlerhafte Stücke nicht an soziale Einrichtungen weitergegeben, sondern verbrannt. Daraufhin hat der junge Schriftsteller *Greg Karber* in einem Video dazu aufgerufen, Kleidungsstücke von *A&F* an Bedürftige zu verschenken. So solle das Label zur »Nummer eins unter den Marken für Obdachlose« werden. Sein YouTube-Clip »Fitch the Homeless« wurde weit über acht Millionen Mal angeklickt.[12] Ein Shitstorm und herbe Umsatzeinbrüche waren die Folge. Inzwischen zählt *A&F* zu den meistgehassten Marken der Welt und kämpft mit dem Niedergang.

Die Millennials und ihre Folgegenerationen

Ein Blick auf die Jugend ist immer auch ein Blick in die Zukunft. Jede Generation hat ihrer Zeit einen Stempel aufgedrückt, denken wir nur mal an die Baby Boomer oder die statusorientierte Generation X. Doch die Transformation, die die Millennials bereits gestalten und künftig bewirken, wird alles bisher Dagewesene in den Schatten stellen. Deshalb sei zunächst hier kurz erläutert, wer die Millennials überhaupt sind. Die Demographie gab ihnen die Namen Y und Z – sie selbst nennen sich gar nicht so. Natürlich sind solche Bezeichnungen nur Hilfskonstrukte, weil man nicht alle Menschen, die in einem beliebig gewählten Zeitraum geboren wurden, in die gleiche Schublade stecken kann. Dennoch sind gelebte Ereignisse in der Phase der frühen Jugend persönlichkeitsprägend und bilden einen gemeinsamen Sozialcharakter.

Auch die Unterscheidung zwischen Digital Natives und Digital Immigrants ist diskutierbar. Es gibt 80-Jährige, die sehr aktiv mit Smartphones, Tablet-Computern, Facebook & Co. hantieren, und es gibt 30-Jährige, die sich dem Web fast völlig verweigern. Manch 50-Jähriger ist im Umgang mit digitalen Tools geübter als ein 20-Jähriger. So lässt sich sagen: »Den« Digital Native gibt es nicht. Besser sollte man von einem Kontinuum zwischen digital topfit und digital unfit reden.

Im weiteren Verlauf dieses Buchs präferieren wir den Begriff Millennial. Da aber auch die Generationenbezeichnungen Y und Z sehr geläufig sind, hier kurz die Bedeutung:

- Zur Generation Y (GenY), manchmal auch Ypsiloner genannt, zählen – je nach Quelle – alle Jahrgänge zwischen plus/minus 1980 und plus/minus 1999. Sie ist zusammen mit dem World Wide Web groß geworden, das es seit den 1990er-Jahren gibt. Mit digitalen Anwendungen ist diese Alterskohorte bestens vertraut.
- Zur Generation Z (GenZ) werden – je nach Quelle – alle Jahrgänge zwischen plus/minus 2000 und plus/minus 2019 gezählt. Sie wurden in das Zeitalter der Social Networks hineingeboren, die es seit Anfang des neuen Jahrtausends gibt. Internet-Ureinwohner nennt man sie oft. Digitale Anwendungen erschließen sich ihnen meist intuitiv.

Und wie heißt die Folgegeneration? Es scheint so, als ob sich, während wir an diesem Buch schreiben, der Begriff »Generation Alpha« durchsetzen wird. Das klingt passend, wenn man unter Alphas die Vorboten einer ganz neuen Ära versteht. Manche hingegen meinen, dass sich die Dinge fortan mit einer derart hohen Veränderungsgeschwindigkeit weiterentwickeln, dass Generationenschemata irrelevant werden.

Menschen, humanoide Roboter und Künstliche Intelligenz (KI) bewegen sich in Riesenschritten aufeinander zu. Selbstlernende Softwareprogramme können nicht nur von sich aus intelligenter werden, sie sind längst auch kreativ – und intuitiv. Einige beginnen bereits autonom nach Betätigungsfeldern zu suchen, weil man ihnen Belohnungsprogramme eingepflanzt hat. Sie können selbstständig Geschichten schreiben, Symphonien komponieren, eigene Kunstwerke erschaffen, Emotionen interpretieren und Mitgefühl zeigen. Manche Menschen vertrauen ihre tiefsten Gefühle schon lieber Computern als Mitmenschen an.

Neuroprothesen machen uns längst zu Cyborgs. Und der Wille, sich auch ohne Grund zu transformieren, ist unübersehbar. Tattoos, die den Körper komplett überziehen und ihm damit ein neues Aussehen verleihen, sind ein erster auffälliger Schritt. Invasive Eingriffe zur Selbstoptimierung sind höchst populär – nicht nur bei denen, die ästhetisch unterversorgt sind. Immer mehr »Freaks« laufen mit NFC-Chips herum, die sie sich als Fernbedienung unter die Haut implantieren lassen. Solche Chips werden womöglich unseren Denkapparat eines Tages direkt mit dem Internet verbinden können. Bis zur physischen Verschmelzung mit Computern ist es dann nicht mehr weit.

KI-optimierte Gehirne werden denen, die nicht durch Künstliche Intelligenz optimiert worden sind, eines Tages überlegen sein. Schon allein deshalb wird es sie – trotz aller Vorbehalte – dann auch geben. Höher, schneller, weiter, also besser in jeglicher Hinsicht, ist evolutions- und damit existenzimmanent. *Jürgen Schmidhuber*, Scientific Director des Schweizer Forschungsinstituts *IDSIA* und einer der profiliertesten Entwickler künstlicher Intelligenz sagt geradeheraus: »Dieser Prozess läuft unaufhaltsam weiter. Und bald werden eben die klügsten Bestandteile der Zivilisation nicht mehr die Menschen sein.«[13] »Das Erschaffen von künstlicher Intelligenz wäre nichts anderes als das größte Ereignis der Menschheitsgeschichte«, bekräftigt der Astrophysiker *Stephen W. Hawking.* Doch »ebenso könnte es auch das ultimativ Letzte sein, sofern wir nicht lernen, die Risiken zu berücksichtigen«, warnt er auf einem *Google-Zeitgeist-Event.*[14]

Den Zeitpunkt der technologischen Singularität hat der umstrittene Futurologe und Transhumanist *Ray Kurzweil* auf 2045 vorausberechnet.[15] Dies sei das Datum, spekuliert er, zu dem Maschinen mittels künstlicher Intelligenz den technologischen Fortschritt derart beschleunigen könnten, dass uns dies auf eine nächste Zivilisationsstufe katapultiert. So wird in absehbarer Ferne mit nichtbiologisch erweiterten Mensch-Maschine-Wesen eine neue Evolutionslinie entstehen. Und die Millennials werden das alles hautnah erleben.

Wie Sie sich fit für die Next Economy machen

In diesen turbulenten Zeiten die nächste Dekade überhaupt zu erreichen, ist ein hehres Ziel. Unabwendbar und rasch muss sich jeder Unternehmer damit auseinandersetzen, welche Auswirkungen die digital transformierte Zukunft auf das eigene Geschäft haben wird. Wer hierzu die Expertise der Millennials ganz gezielt nutzt, kommt der Sache schnell näher. Dabei geht es keineswegs nur um soziale Netzwerke & Co., das wäre rudimentär. Die junge Generation hält reichlich strategische und operative Unterstützung bereit, um sich einen Weg in die Zukunft zu bahnen. Dies wird aber nur dann wirklich klappen, wenn man die »Juniors« zu Coaches der »Seniors« macht und packende Jung-Alt-Miteinander-Initiativen zügig in Angriff nimmt. So werden am Ende auch Existenzen gesichert. Und ganz nebenbei lernen jüngere Menschen sehr viel darüber, wie die Generationen vor ihnen ticken, weshalb sie das tun und was gut daran ist.

Wie also etablierte Unternehmen mithilfe der Millennials in der Next Economy mitmischen können, darum soll es nun gehen. Zwei logische Schritte bieten sich an:

1. Der erste Schritt heißt immer: Verstehen. Zunächst gilt es, Einblicke in das Leben, Denken und Handeln der Millennials zu gewinnen. Keinesfalls sollte man sich dies von Vertretern älterer Jahrgänge erklären lassen. Das ist nicht aus erster Hand, nicht authentisch und immer gefiltert. Man sollte die jungen Leute schon selbst zu Wort kommen lassen. Was sie zu sagen haben, ist wie ein Blick in die kommende Zeit. Die ersten drei Etappen dieses Buchs sind deshalb von Alex – als Repräsentant und Sprachrohr *der* Generation, die unsere Zukunft modelliert.

2. Verstehen allein bringt natürlich nicht viel. Den Erkenntnissen muss ein fettes Maßnahmenpaket folgen, um sich für die Next Economy fit zu machen. So geht es in der vierten und fünften Etappe darum, die internen Strukturen und Prozesse auf Zukunftsfähigkeit zu trimmen, indem man die junge Generation helfend, beratend, coachend und kooperierend involviert. Die Quick Wins, die wir empfehlen, halten rasche Erfolge bereit. Passende Trittsteine sind ganz gewiss für jeden dabei. Und die Big Wins? Das sind die großen Veränderungsschritte, die Schnellstraßen und Verbindungsbrücken, die geradewegs in die Next Economy führen.

Und nun geht es nur noch um eins: Bloß nicht warten. Am besten gleich starten.

ETAPPE 1 –
MODELLE VON BUSINESS UND
UNTERNEHMERTUM

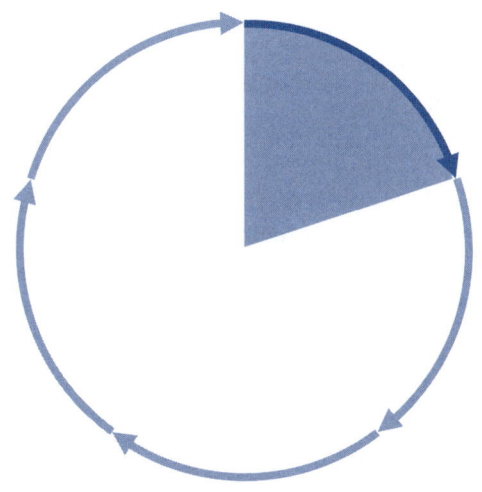

In der digitalen Zukunft zählt nicht, auf das vorbereitet zu sein, was sicher kommen wird, sondern auf das, was kommen könnte. Um dies zu schaffen, müssen Organisationen vor allem agiler werden. Wir Millennials leben Agilität tagtäglich und intuitiv. Wer sich unser Knowhow zunutze macht, hat einen strategischen Wettbewerbsvorteil. Uns zu konsultieren, ist wie eine digitale Expertenberatung, nur günstiger und effektiver, denn in jedem Unternehmen gibt es bereits eine Menge von uns. Das geht aber nur mit Vertrauen – und über Verstehen. In dieser ersten Etappe des Buches geht es deshalb um zentrale Aspekte aus der Realität unserer Generation:

1. Vernetzung und Collaboration: via Technologie und mit dem Ziel des Teilens
2. Flexibilität und Erlebnisse: über den Drang nach Freiheit und Kletterwand
3. Mitbestimmung und Sinn: bedeutungsvolle Arbeit ersetzt Command & Control
4. Alles für den Kunden: kundenorientiert statt prozessfixiert ist heute ein Muss

Entscheidend ist dann, wie man auf diese neue Realität eingeht. Einerseits sind wir Millennials schon bald die größte Konsumentengruppe. Andererseits sind wir potente Mitarbeiter und talentierte Führungskräfte. Unternehmen sollten sich also mit unserem Verständnis von Business und Unternehmertum identifizieren. So wird man als Anbieter *und* als Arbeitgeber hochattraktiv – und fit für die Zukunft.

Wir statt Ich: Vernetzung und Collaboration

Bevor ich über die Aspekte spreche, die wir Millennials für die Treiber der Wirtschaft von morgen halten, möchte ich gern ein paar ganz persönliche Worte über uns sagen:

Wir sind in einer Welt aufgewachsen, in der meist beide Eltern-
teile berufstätig waren und vielfach auch noch sind. Dementsprechend sind wir sehr selbstständig groß geworden und lieben den Freiraum. Wir wurden in familiäre Entscheidungen
maßgeblich eingebunden. Mitspracherecht ist für uns also
selbstverständlich. Kommandierende Manager haben es deshalb nicht leicht, Millennials richtig zu führen. Es wird oft be-
hauptet, wir Millennials könnten mit Autorität schlecht umgehen. Tatsächlich traut die Mehrheit der Millennials ihren Vorgesetzten durchaus zu, solide Entscheidungen treffen zu können. Zudem sind Digital Natives nicht so süchtig nach Lob, wie
es oft dargestellt wird. Wir erwarten stattdessen ein Echtzeit-
Feedback, weil wir das von den sozialen Medien her so gewohnt
sind. Für diejenigen Manager, die das Gefühl haben, Millennials
könnten keine Kritik vertragen, wäre es sicher hilfreich, sich
mit modernen Feedbackregeln vertraut zu machen.

Fairness ist ein wichtiger Punkt für uns Millennials. Dabei wünschen wir uns eine Entlohnung, die im Verhältnis zu unserem
individuellen Beitrag steht. Sich einen Vorteil auf Kosten anderer zu verschaffen, vor allem dann, wenn das in den Teppichetagen der Unternehmen passiert, empört uns Millennials sehr.
Integrität wird wohl immer wichtiger werden, und unsere Generation treibt diesen Trend mit voran. Aus Sicht der Millennials verliert Konkurrenzkampf an Relevanz. Obwohl klar ist,
dass Konkurrenz die Leistung steigern kann, meinen viele Millennials, dass eine Firma nicht vornehmlich ein Ort des Kräfte-
messens sein sollte. Wir bevorzugen eine kollegiale Zusammenarbeit in sich selbst organisierenden Teams. Das zeigt die boo-
mende Startup-Kultur überaus deutlich. Möglichkeiten für
neue Formen der Collaboration, also des produktiven Miteinanders, entstehen durch den technologischen Fortschritt tagtäglich. Und wir jungen Leute sind sehr, sehr gut darin, digital-
basierte Neuerungen zügig in unser Leben und Arbeiten aufzu-
nehmen.

Doch wir haben auch Eigenheiten. Eine große Schwäche vieler Millennials ist die relativ kurze Aufmerksamkeitsspanne. Als junge Arbeitnehmer mangelt es uns außerdem an Erfahrung, was ältere Generationen gerne als Naivität interpretieren. Sie finden, dass es Millennials an Hartnäckigkeit, Überwindungskraft und Rückgrat fehlt. Sie sagen, Millennials arbeiten nicht hart genug. Tatsächlich steht uns ein viel längeres Arbeitsleben bevor als unseren Eltern. Wir müssen also clever mit unseren Ressourcen umgehen. Außerdem scheuen wir uns, bekannte Fehler zu wiederholen, die zu Burnout und anderen negativen Folgeerscheinungen der bisherigen Arbeitskultur führen. Stattdessen blühen Millennials auf, sobald sie Geltung erleben und Gestaltungsmöglichkeiten übertragen bekommen. Dadurch werden wir zu echten Vermögenswerten für unsere Arbeitgeber.

Übrigens schätzen wir die Erfahrungen der Generationen vor uns sehr. Am besten wird es wohl sein, wenn wir die Vorzüge beider Generationengruppen, also die der »jungen Wilden« und die der »alten Hasen«, in einen Topf werfen können. Wir brauchen einen ernst gemeinten Generationenaustausch, um robuste und zukunftsfähige Organisationen zu schaffen. Doch die Stigmatisierung des digitalisierten Jungvolks (»Die hängen bloß noch über ihren Handys, die interessieren sich für nichts und niemanden mehr.«) ist immer noch ausgeprägter als die Bereitschaft zur Collaboration. Erst wenn wir gemeinsam beginnen, Vorurteile ab- und Brücken aufzubauen, werden die Unternehmen nicht von der Zukunft überrollt. Erst dann können sie ihr volles Potenzial entfalten. Wettbewerbsfähigkeit in der digitalen Welt ist ausschließlich durch eine intensive Verknüpfung mit Millennials möglich. Schauen wir also mal auf die zentralen Werte unserer Generation, auf unsere Systeme des Lebens und Arbeiten und auf unsere Sicht von Business und Unternehmertum. Danach fällt die Zusammenarbeit sicher ganz leicht.

Wie Technologie uns miteinander vernetzt

Ein Wir-Gefühl und eine Gemeinschaft sind uns Millennials überaus wichtig. Dieser Trend zieht sich vom sozialen Leben über das Arbeitsverhältnis bis in das politische Engagement. Alles ist mit allem vernetzt, und wir sind es auch. Moderne Crowdsourcing- und Sharing-Plattformen erlangen erst durch die ihnen zugrundeliegende Architektur ihr volles Wir-Potenzial. Software-Funktionen wie Liken, Taggen, Upvoten und dergleichen sind für uns wertvoll und nützlich. Sie ermöglichen nämlich eine neue Art, kreativ zu arbeiten und Innovation zu den Kunden zu bringen. So lockt die Collaborationssoftware *Slack* hochinnovative Teams wie die Erbauer des Mars-Rovers geradezu an – und kann am Ende mit tollen Kunden werben. Programme wie *Slack* machen die Zusammenarbeit simpler, angenehmer und produktiver, den Zugang zu Entscheidern einfacher und damit Entscheidungsprozesse schneller.

Die älteren Generationen sehen in technologischem Fortschritt viel öfter eine Gefahr als eine Gelegenheit. Das Teilen von privaten Daten kommt für sie oft nicht in Frage.»Ich soll Zugriff auf meinen Standort gewähren? Dann können Google & Co. ja immer genauestens verfolgen, wo ich gerade bin. Kommt nicht in Frage! Wer hat denn da noch Zugriff darauf?« Diese Angst ist grundsätzlich natürlich verständlich und in bestimmten Fällen auch durchaus sinnvoll. Digital Traces, also digitale Spuren, können so gut wie nie wieder gelöscht werden. Denn das Internet vergisst nicht. Schlimme Vorgeschichten können Lebenswege bedrohen und unter Umständen Existenzen zerstören.

Selbstverständlich gibt es auch in unserer Generation sehr vorsichtige Zeitgenossen. Auch mögen wir aufgrund geringer Lebenserfahrung nicht immer erahnen, welche irreparablen Schäden durch unser Handeln entstehen können. Jedenfalls findet unsere Generation, dass in den allermeisten Fällen die Furcht in keinem Verhältnis zu den tatsächlichen Gefahren steht. Der

Nachteil einer übergroßen Zurückhaltung wäre ja der, dass man an den technologischen Vorzügen nicht teilhaben kann.

Viele neue Geschäftsmodelle basieren auf einem Netzwerk an Mitgliedern, die Daten wie zum Beispiel ihren Standort, ihr Adressbuch oder ein bestimmtes Nutzerverhalten freigeben. Das bedeutet, dass Zweifler sich selbst die Chance auf Wissensvorsprünge, Erleichterungen und Annehmlichkeiten verbauen – und vielen Mitmenschen gleich mit. Das kann sehr störend sein. Vor allem, wenn man bedenkt, dass die meisten Tabus am Ende ja doch gebrochen werden. Was möglich ist, wird auch gemacht. So war das schon immer. Jedenfalls: Wir teilen gerne Daten, wenn sie uns dabei helfen, ein Produkt zu verbessern oder unserem Netzwerk als Ganzes einen Vorteil zu verschaffen.

Ein Beispiel: Die niederländische Smartphone-App *Peerby* macht es möglich, Dinge, die man nur kurz benötigt, von Menschen in der Nachbarschaft auszuleihen, statt sie sich teuer anzuschaffen. Sie haben gerade keine Bohrmaschine zur Hand und brauchen diese sowieso nur zwei Mal pro Jahr? Oder Ihnen fehlt ein Tennisschläger für das anstehende Turnier, da Ihrer gerade in Reparatur ist? Innerhalb von Sekunden haben Sie mit der App eine Anfrage an die ganze Gegend gestellt, und Sie erhalten zügig Verleih-Angebote. Das ist definitiv eine Erleichterung für viele Menschen, denn *Peerby* spart Zeit, Geld und Nerven. Der Haken dabei: Man muss Zugriff auf den eigenen Standort gewähren. So eine Neuerung kann nur dann gut funktionieren, wenn so viele Nutzer wie möglich mitmachen, und zwar sowohl auf der Anbieter- als auch auf der Nachfragerseite. Einen Beitrag zum Gelingen zu leisten heißt damit, die nötigen Daten freizugeben. Und ja, *Peerby* findet reichlich Fürsprecher, auch außerhalb der Niederlande, zum Beispiel in den USA. Nur in Deutschland nicht. Sowas muss sich, finden wir, ändern, wenn wir mit der Digitalisierung Schritt halten wollen.

Share Economy: Teilen ist das neue Haben

Zugang ist unserer Generation wichtiger als Besitz. Das Teilen von Wissen und allen möglichen Erlebnissen aus unserem Leben mit einer weltweiten Webgemeinde ist für die meisten von uns völlig normal. Denn der teilende Mensch baut Sozialkapital auf. Horten, speziell auch das Horten von Wissen, entspringt einer asozialen Gesinnung, es stärkt nur den Einzelnen und erzeugt Konkurrenz. Teilen hingegen stärkt die Gemeinschaft. Je mehr Marktteilnehmer Dinge miteinander teilen, desto mehr erhöht sich der Wohlstand für alle. Wir wollen die Umwelt schonen, hautnah erfahren, wie Menschen anderswo leben oder denen helfen, die weniger haben. Zudem ist mit steigender Mobilität zu viel Eigentum eine Belastung. Teilen ist in beiden Fällen eine gute Alternative. Wer teilt, kommt sich näher, schafft Verbundenheit und Vertrauen.

So suchen wir ständig nach Lösungen zur gemeinsamen, zeitlich begrenzten Nutzung von Ressourcen, die nicht dauerhaft benötigt werden. Jeder Ex-Student kennt beispielsweise die Wohngemeinschaft (WG), eine Frühform der Share Economy. Auch in der Industrie ist das Miteinandernutzen von freien Kapazitäten lange bekannt. Es hilft dabei, eine optimale Auslastung der Produktionsmittel zu erreichen und effizienter zu wirtschaften. Online-Plattformen machen das Modell des Co-Konsums beim Endkunden zunehmend populär: Designerkleidung, Babysachen, Bücher, Werkzeuge, Gartengeräte, Möbel, Fahrräder, Haustiere, Werkstätten, Parkplätze, Gabelstapler, Lkw-Stauraum, temporäre Unterkünfte und vieles mehr wird darüber geteilt.

So bietet der Megatrend Teilen reichlich Raum für immer neue Geschäftsmodelle. Hierdurch ändert sich auch für etablierte Hersteller in der Share Economy eine Menge. Produkte, die geteilt werden sollen, müssen hochwertig sein. Solche mit den üblichen Sollbruchstellen, die ja so gern kurz nach Ablauf der Garantie ihre Arbeit einstellen, fallen nun durchs Raster. Was schnell kaputtgeht, ist in einer Sharing-Gesellschaft nicht attraktiv.

Wer noch immer an der Zukunft des Sharing-Ansatzes zweifelt, der mag sich die Fakten ansehen: Im Jahr 2016 identifizierte das *Wall Street Journal* 88 US-Firmen, die eine Bewertung von mehr als einer Milliarde US-Dollar durch Risikokapitalgeber erhielten. Dort nahmen die Share-Dienste *Uber* (Rang 1 mit 68 Milliarden US-Dollar), *AirBnB* (Rang 2 mit 25,5 Milliarden US-Dollar) und *WeWork* (Rang 5 mit 17 Milliarden US-Dollar) die vordersten Plätze ein.[1]

Die Zukunft der urbanen Mobilität wird geprägt sein von Car- und Roller-Sharing. Unternehmen dieser Industrie, die es erst seit wenigen Jahren gibt, sind mittlerweile über die Startphase hinaus und expandieren über Ländergrenzen hinweg. Hinter den Startups stehen meist große Unternehmen wie *Daimler* mit *Car2Go*, *BMW* mit *DriveNow* und *Bosch* mit *Coup*. Neben den klassischen Geschäftsmodellen wie Fahrzeugmiete und -leasing wird allmählich jedes Segment erschlossen. Minutenweises (*Car2Go*), halbstündiges (*Coup*) und stundenweises (*Ubeeqo*) Mieten, der Kauf (*Unu*), die Lizenzierung ganzer Flottensysteme (*Gogoro*), sowie Mitgliedsmodelle (*Zipcar*) von Mietfahrzeugen sind verfügbar. Und immer häufiger sind es Elektrofahrzeuge.

Das sagt einiges über die Art aus, wie wir im digitalen Zeitalter Produkte nutzen und Anbieter wählen. Hätten Sie sich vor 15 Jahren mit Ihrem Nachbarn ein Auto geteilt? Möglicherweise ist er Raucher und fährt zur gleichen Zeit zur Arbeit wie Sie. Die Koordination wäre aufwendig. Die Idee funktioniert aber genau dann, wenn man über zehntausende Nutzer, Standortinformationen und Echtzeit-Verarbeitung verfügt. Außerdem beinhaltet das Modell Vorteile gegenüber dem traditionellen Fahrzeugbesitz: Das Abstellen der Mietfahrzeuge ist überall gestattet. Die Fahrzeuge sind gleichmäßig in der Stadt verteilt, um eine Balance von Angebot und Nachfrage zu schaffen. Im urbanen System ist die nahtlose Vernetzung aller Verkehrsmittel durch Technologie der nächste Schritt, um Fahrzeiten zu reduzieren und Kapazitäten optimal zu nutzen. So sparen wir Ressourcen und gewinnen Lebenszeit. Bei einem Ausfall von Bus oder Bahn kann man umgehend »sein« nahe geparktes Fahrzeug anmieten, um doch noch pünktlich zum Termin zu kommen. Und das sind jetzt nur wenige von vielen Beispielen für die Verbesserung durch wachsende Konnektivität.

Treibhausklima für innovative Ideen

Unsere Generation liebt es, neue Lösungen für existierende Ineffizienzen zu entwickeln. Dazu braucht es Neugierde, Offenheit und Zugang zu einer Gemeinschaft, mit der man sich besprechen kann. So können zügig und zielgerichtet passende Lösungen gefunden werden. Wie das mit den Ideen-Bruchstücken funktioniert, hat *Steven Johnson* in seinem Bestseller *Wo gute Ideen herkommen* erläutert. Es sind selten spontane Heureka-Momente, die innovativen Ideen zugrunde liegen. Laut *Johnson* formt sich stattdessen ein Gedanke, der sich erst durch die Befruchtung mit weiteren eigenen *und* fremden Einfällen langsam in eine bahnbrechende Idee verwandelt. Jeder Gedanke wird klüger, schärfer, präziser, wenn man ihn teilt. Also ist, damit das geschieht, eine Kultur der Konnektivität äußerst wichtig. Und dazu gehört eben auch Dichte und menschliche Nähe, so wie man sie in Coworking Spaces findet.

Coworking Spaces sind Büroformationen für digitale Nomaden, Biotope für Collaboration und Inkubatoren für neue Businessideen. Alles hockt nah beieinander. Jeder redet mit jedem und ist an dessen Ideen interessiert. Die Luft flirrt vor Denkarbeit und vibriert vor Konzentration. So entsteht ein Treibhausklima für Veränderungen, die die Welt noch braucht.

Die offenen und zumeist minimalistisch gestalteten Arbeitsräume sind vornehmlich für Kreativarbeiter aus den Bereichen Design, Software, Marketing und Beratung sowie für Freelancer aller Art konzipiert. Im Gegensatz zu traditionellen Büros, in denen Diskretion einen hohen Stellenwert hat, sind Coworking

Spaces lebendig, quirlig und sehr dynamisch. Ich selbst habe viel Zeit an verschiedenen solcher gemeinschaftsbasierten Orte verbracht und sehe genau wie beim traditionellen Büro Vor- und Nachteile. Einer von vielen Pluspunkten ist, dass Coworking Spaces zwar individuell gestaltet sind, gleichzeitig aber ein standardisiertes Angebot liefern. Das bedeutet Berechenbarkeit für diejenigen, die international tätig sind und in jeder neuen Stadt zügig einen Ort mit einer vollfunktionsfähigen Infrastruktur finden möchten.

Und die Nachteile? Familienbilder, Auszeichnungen und dergleichen auf dem (eigenen) Tisch zu platzieren: Sowas passt dort leider nicht. Denn die häufig wechselnden Mieter könnten genau den Platz beanspruchen, an dem man es sich gerade heimelig gemacht hat. Auch ist es nicht immer ganz einfach, in Ruhe zu arbeiten. Denn das Herz dieser Spaces ist die Collaboration. Daher nennen sich manche auch Makerspaces. Dort kann jeder individuell an seinem Projekt arbeiten, aber bei Bedarf auch die Anwesenden konsultieren. Man hat dabei Zugriff auf eine Gemeinschaft kreativer Personen, die statt Bedenken und Zweifeln vor allem Ideen und konstruktives Feedback zu geben bereit sind. Vernetzung, Agilität und das Teilen von Denkmaterial sind die zentralen Stärken von Coworking Spaces. So hat ihre Erfolgsgeschichte wohl gerade erst begonnen.

Auch traditionelle Firmen erkennen zunehmend die Vorteile dieser Art der Zusammenarbeit. Dabei sehen die Manager zum einen Kosteneinsparungen und höhere Flexibilität: Für Mitarbeiter, die viel unterwegs sind, muss man dann weniger feste Arbeitsplätze im Firmengebäude vorhalten. Der Hauptvorteil ist aber sicher der, dass ihre Mitarbeiter an den Innovationsgeist andocken können. Die Präsenz in einem Coworking Space trägt zudem zur Attraktivität als Arbeitgebermarke bei. Man wird als innovatives, junges Unternehmen gesehen. Das kann tradierten Firmen nicht schaden, wenn sie Young Professionals für sich gewinnen wollen.

Collaboration braucht das richtige Umfeld

Heutzutage dauert das Erstellen von Prototypen, das Testen am Markt und das Einholen qualifizierter Kundenfeedbacks nur noch Tage, nicht mehr Monate oder Jahre. Diese Zeitersparnis machen agile Teams zu ihrem Wettbewerbsvorteil. Warum also bei der Ideenfindung und Planung Zeit vertrödeln? Wer eine entsprechend bewegliche Unternehmenskultur schafft, der kann uns Millennials begeistern.

Dort, wo stattdessen verkrustete Hierarchiestrukturen bestehen, wird riskiert, dass die besten jungen Mitarbeiter kündigen. Jüngere Generationen sind nicht mehr darauf angewiesen, sich auf eine vorgegebene Arbeitsweise einzulassen. Entweder wir suchen uns einen Arbeitgeber, der unseren Vorstellungen gerecht wird, oder wir wechseln zu denjenigen, die unsere Werte teilen: Millennial-Unternehmer. Damit bleibt die Old Economy dann ganz außen vor. So umgehen die Millennials immer öfter die alten Strukturen und praktizieren Offenheit, Vertrauen und Collaboration einfach untereinander – und das auch über Ländergrenzen hinweg. Mit anderen Millennials ein Projekt anzupacken, das geht bei uns schnell. Zwar scheitern viele Geschäftsideen, doch das ist kein Argument, veraltete Führungsstile und überflüssige Bürokratie hinzunehmen.

Notwendige Formalitäten wünschen wir uns ganz schlank. Verträge sind willkommen, denn sie sichern geistiges Eigentum. Aber in der Konzeptphase können rigide Vorschriften und ausartende Formalismen zu unnötigen Ineffizienzen führen und so den zügigen Fortschritt behindern. In regulierten Branchen wie der Pharmaindustrie ist strikte Compliance sicher ein Muss. Compliance erfordert eine genaue Umsetzung von geltendem Recht, von Verträgen und ethischen Standards. Doch wer in der digitalen Welt bestehen will, muss Agilität zu seinem Hauptthema machen. Wettbewerbsvorteile entstehen nur so. Was also tun? Zum Beispiel kann eine Organisation separierte Innovationszentren schaffen, die wir weiter hinten ausführlich besprechen. So können die dort arbeitenden Teams sich von blockierenden Vorgaben lösen und gemeinsam eine agilere Arbeitsweise ausprobieren.

Wir Millennials gehen mit einer optimistischen Einstellung an Kooperationen heran. Misstrauen empfinden wir als Bremsklotz, der uns am Erfolg hindert. Natürlich ist Skepsis in der Wirtschaft in vielen Fällen berechtigt. Als Handlungsmuster ist sie natürlich eine Möglichkeit, sich abzusichern. Diese Skepsis gegenüber vielem, was wir tun, spüren wir sehr. Doch Skepsis und Misstrauen dürfen nicht zum Stillstand führen. Wir Millennials präferieren Offenheit und Vertrauen, damit es vorangeht.

Vor Kurzem suchte ich zum Beispiel nach einem Kooperationspartner für den Verkauf eines neuen Produktes. Ein Bekannter vernetzte mich mit einer kolumbianischen Geschäftspartnerin aus der Generation Y, die in Paris einen passenden Verkaufskanal aufgebaut hatte. Nach einem 40-minütigen *Skype*-Gespräch war die Kooperation fix. Willkommen in der Globalisierung. Das mag älteren Generationen naiv erscheinen. Was wäre, wenn der Partner die Vereinbarungen nicht einhält? Aber wir haben unsere Möglichkeiten, das Risiko einschätzen zu können. So lesen wir zum Beispiel Nutzerbewertungen, die uns in den allermeisten Fällen einen validen Einblick in die Vertrauenswürdigkeit einer Person verschaffen. Ein solches Werkzeug macht uns handlungsfähiger und vor allem schneller in der Umsetzung als Vertragsexzesse. Und das nicht zuletzt, weil man durch eine vertrauensvolle Grundhaltung schneller ein gutes Verhältnis zu Partnern aufbauen kann. Digital Natives verzichten im Business häufig auf strenge Kontrollstrukturen und abschreckende Handlungsmuster, wenn diese eher eine Blockade als eine Absicherung sind.

Um das Potenzial von Teams zu vergrößern und damit die Leistung zu erhöhen, muss sich das Team tatsächlich als ein solches sehen. Die Wertschätzung jeder Person und ihrer individuellen Stärken ersetzt in unserer Arbeitswelt die alte Sicht auf Mitarbeiter als austauschbare Ressourcen. Das Teilen von Wissen, um sowohl die Entwicklung der Company als auch die Entwicklung jedes einzelnen Teammitgliedes zu fördern, ist für uns essenziell. Wir wünschen uns einen Austausch auf Augenhöhe, basierend auf Respekt und Vertrauen. Nur so macht uns Arbeit langfristig Spaß. Eine Führungskraft, die dafür sorgt, dass der Geführte sich wie ein Partner fühlt, hat bei uns gute Karten.

Freigeist statt Fesseln: Flexibilität und Erlebnisse

Wir Millennials haben den Eindruck, dass die Generationen vor uns stärker nach Status und Sicherheit streben. Dafür sind sie bereit, enorme Kompromisse einzugehen, besonders im beruflichen Umfeld. Sie nehmen ungesunden Stress und eine ziemliche Bevormundung durch den Arbeitgeber hin. Die vermeintliche Sicherheit, die einem der Arbeitgeber bieten kann, schlägt wohl den Drang nach Freiheit und Autonomie. Ein geregeltes Einkommen, das vielleicht einen gehobenen Lebensstil ermöglicht, macht einen zugleich abhängig. Je mehr Vermögenswerte angehäuft werden, desto weniger Verhandlungsmacht bleibt. Und desto mehr Kompromisse müssen eingegangen werden. Wir Millennials sind weniger statusorientiert, deshalb flexibler und gleichzeitig in jeder Hinsicht agiler. Wir reisen lieber mit wenig Gepäck durch das Leben.

Unsere Generation schätzt Flexibilität mehr als Sicherheit.[2] Erlebnisse zählen bei uns mehr als Eigentum. Die offensichtlichen Fehler der Vergangenheit wollen wir vermeiden. Denn der Lebens- und Arbeitsstil in Abhängigkeit hat uns zu einer kranken Gesellschaft gemacht. Arbeitsbezogener Dauerdruck schadet der Psyche und führt in den Burnout. Der tägliche Arbeitsweg kostet wertvolle Lebenszeit. Das *Handelsblatt* berichtet, dass 90 Prozent der Angestellten nicht glücklich in ihrem Job sind.[3] Ist das die vermeintliche Sicherheit wert? Natürlich wünschen sich viele junge Leute ein gewisses Maß an Sicherheit. Unsere Generation wünscht sich aber auch Unsicherheit. Denn zu viel Sicherheit macht das Leben langweilig.

Einem Großteil der Generation Y ist Mobilität überaus wichtig. Ohne Haus und fettes Auto kann man sich die auch leisten. Minimalismus schafft Wahlmöglichkeiten in Bezug auf die Produkte, die wir konsumieren, die Arbeit, der wir nachgehen und unseren Zeitvertreib. Unsere Generation hat sich von vorgegebenen Identitäten längst distanziert. Wir wünschen uns von einem Arbeitgeber weniger starre Vorgaben und mehr Spielraum. Das können die Guten unter uns mittlerweile auch einfordern. Wir lassen uns schwer in eine Arbeitskultur zwängen, in der Machtspiele mehr Wert haben als Ethik. Wir wollen keine Arbeitszeitvorgaben von anno dazumal, keine langen Hierarchiewege und keinen Dienst nach Vorschrift. Wir wünschen uns eine Team-Kultur, in der wir selbstorganisiert unsere Leistung einbringen können.

Freelancer lieben es selbstbestimmt

Geht es um Kunden, haben wir Millennials eine ausgeprägte Service-Orientierung. Denn wenn wir selbst irgendwo Kunde sind, erwarten wir viel. Als Angestellter steckt man deshalb nicht selten in einer moralischen Zwickmühle: Immer dann, wenn der Kundenwunsch einleuchtet, aber nicht mit den veralteten Verfahren des Unternehmens vereinbar ist. Hält man sich an die Vorgaben, kann man den gewünschten Service nicht oder nur eingeschränkt bieten. Manche Arbeitnehmer halsen sich in dieser Situation aus Leidenschaft für ihre Kunden sogar Reibung mit dem Vorgesetzten auf. Oder sie vertuschen das Vernünftige, das sie tun, weil es nicht den Vorschriften entspricht. Schattenkultur nennen wir das später im Buch. Und die kann sehr frustrierend sein.

Freelancern droht solcher Frust nicht. Sie schätzen Unabhängigkeit. Sie brauchen keinen Status. Sie arbeiten nicht nur selbstständig, sondern auch selbstbestimmt. Ihre Arbeit wünschen sie sich abwechslungsreich, ausfüllend und weitgehend nach eigenen Regeln strukturiert. Zukunftsunsicherheit und eine hohe Volatilität beim Einkommen werden dafür bewusst in Kauf genommen. Auch besteht die Gefahr der Selbstausbeutung. Dafür ist die Selbstständigkeit ein idealer Zufluchtsort, um sich auf inhaltliche Brillanz zu konzentrieren und dem unfruchtbaren Gedöns in klassischen Organisationen aus dem Weg zu gehen. Freelancer können ihr Talent zu 100 Prozent auf die Straße bringen. Wir finden sie vor allem in der IT-, der Medien- und der Digitalwirtschaft wie auch als Software-Entwickler und im Online-Business.

So kennt sich mein Freund Aaron aus Sydney bestens mit digitalen Geräten aus. Er dreht exzellente Werbe- und Feature-Videos. Die Nachbearbeitung macht er mit links. Obendrein besitzt er eine Drohne, die atemberaubende Filme macht, auch für Virtual-Reality-Applikationen. Seine Fähigkeiten sind für die heutige Marketingwelt ideal. Schnell, kundenorientiert und interaktiv produziert und vermarktet er Inhalte für Reise-, Mode- und Gourmetmarken in Australien und Europa. Er hat festgestellt, dass die traditionelle Arbeitsweise ihn eher an seiner Kreativität hindert, als ihn zu beflügeln. Sätze wie » ...weil der Chef das so will.« musste er noch niemals sagen.

Angestellt in einem etablierten Unternehmen müsste er sich ständig anpassen. Er müsste seinen Elan zurückfahren und seine Fantasie zügeln. Und er müsste sich zeitlich an einem veralteten Organisationsapparat orientieren. Wie viele Kreative arbeitet Aaron aber gern nachts. Man stelle sich vor, sein Arbeitgeber würde ihm etwas von Kernarbeitszeit erzählen. Als Freelancer kann Aaron für Agenturen, Unternehmen und Privatpersonen arbeiten, wann und wo er will. Scharen von kreativen Millennials wie Aaron wählen nicht die Sicherheit. Sie wählen die Selbstbestimmtheit. Und sie haben Erfolg.

Deshalb ist das Freelancer-Modell auf dem aufsteigenden Ast. Gleichzeitig wächst mit Coworking Spaces und SaaS-Plattformen (Software als Service) die Infrastruktur, die solch flexibles Arbeiten erst so richtig ermöglicht. So wird der Karriereweg Freelancer zunehmend zur Konkurrenz im Kampf der Arbeitgeber um die digitalen Überflieger. Wie es den Unternehmen gelingt, in diesem Kampf zu bestehen und sich attraktiv für Top-Bewerber zu machen? Auch darüber lesen Sie in Etappe 4 eine Menge.

Für immer mehr Unternehmen ist die Zusammenarbeit mit diesen Freelancern hochinteressant. Als Freigeister und Digitaloptimierer tragen sie maßgeblich zur Zukunftsfähigkeit klassischer Organisationen bei. Woher der Begriff ursprünglich stammt? Er geht auf das Wort Lanzer zurück: der Profi an der Lanze, der sich bei dem am besten zahlenden Feldherrn verdingt. Und was müssen moderne Manager bei der Auswahl beachten? In unserer globalen Welt findet man Angebote von überall her, in jedem Preissegment und in jeder Qualität. Wie also entscheiden Sie sich, wenn Sie eine solche Dienstleistung suchen? Oft hört man, Freelancer im Westen seien überteuert und bei Freelancern aus Schwellenländern sei die Qualität mies. Dies mag vereinzelt richtig sein. Doch es ist wie bei jeder Verallgemeinerung: Es gibt Dienstleister mit weniger Anspruch und solche mit mehr. Zudem entstehen auf diesem Markt sehr interessante Bewertungsverfahren, die auch der innerbetrieblichen Mitarbeiterevaluierung als Vorlage dienen könnten: Sterne, Punkte, Siegel und Rankings für erfolgreich durchgeführte Projekte. Der Aufbau einer exzellenten Reputation ist ein unabdingbares Kernelement, um als Freelancer erfolgreich zu sein. Sie wird zur neuen Business-Währung.

Das Recruiting von Freelancern sollte genauso ernst genommen werden wie das von Festangestellten. Wenn die Passung stimmt, haben Sie eine wirklich wertvolle Ressource für lange Zeit. So ging es mir mit John. Nach wiederholten enttäuschenden Erfahrungen mit Freelancern entschied ich mich, einen strukturierten Auswahlprozess zu entwerfen. Stufenweise tastete ich mich so an meinen Wunschkandidaten heran. Zunächst erstellte ich eine Ausschreibung auf einer Online-Plattform für Freelancer. Dann nahm ich Kandidaten anhand ihres Angebots in die engere Auswahl. Ich studierte ihr Portfolio und filterte weitere Kandidaten aus. Darauf folgte ein persönliches *Skype*-Gespräch. Zwei Kandidaten, die mich überzeugten, ließ ich eine bezahlte Probe-arbeit machen. Anhand des Resultats entschied ich mich für John aus dem Norden von England. Diese Entscheidung habe ich nie bereut. John zeigt eine sehr große Hingabe an seine Arbeit, er hat ein exzellentes Kommunikationstalent und ist trotz guter Bezah-lung nie gierig geworden. Eine hohe Loyalität erreicht man unter anderem dann, wenn man nach einer guten Leistung eine uner-wartete Bonuszahlung ausschütten oder ein persönliches Ge-schenk versenden kann. Kleiner Tipp: Achten Sie dabei auf kulturelle Unterschiede und branchenübliche Gepflogenheiten.

Die große Freiheit der digitalen Nomaden

Genau wie Aaron und John gibt es unzählige Millennials, die ihr Leben als Freelancer nutzen, um wirkliche Mobilität zu leben. Sie ermöglichen sich den Traum, die Welt zu bereisen, schon jetzt. Das im Alter zu tun ist eine dürftige Aussicht. Mit körperlichen Beeinträchtigungen Schwellenländer zu erkunden, klingt für die wenigsten nach einem Traum. Stattdessen kombi-nieren sie die Freelance-Arbeit, die sie von überall aus erledigen können, mit einer temporären Residenz an jedem erdenklichen Ort der Erde. Nur die Internet-Infrastruktur muss existieren. Sie nennen sich digitale Nomaden – und manchmal auch Life Hacker, was in diesem Fall positiv gemeint ist.

Digitale Nomaden demonstrieren wie keine andere Spezies die Stärken der Millennials in Bezug auf Konnektivität, Collaborati-on, Flexibilität, Erlebnisdrang, Work-Life-Blending und Lern-bereitschaft. Um sie herum ist in kürzester Zeit eine komplette Industrie entstanden. Sie vernetzen sich untereinander auf digi-talen Plattformen wie *Nomadlist* und organisieren Coliving Spaces, Coworking-Camps und Nomad-Reisen. Die Grenzen zu anderen Lifestyle-Zirkeln wie Yoga-Retreats und Musikfestivals sowie Surf-Camps verschwimmen und stärken diese Gemein-schaft. Keiner denkt hier wirklich an eine Rückkehr in ein ge-festigtes Arbeitsverhältnis. Zu groß sind die Einschränkungen dort und zu attraktiv sind die Vorteile des nomadischen Lebens.

Digitale Nomaden arbeiten selbstständig und gleichzeitig vernetzt. Der Lifestyle und die Flexibilität stehen im Vordergrund. Wie lange ein solches Leben möglich ist, das sei dahingestellt. Denn, ja natürlich: Familie, Sesshaftigkeit und Altersvorsorge sind irgendwann dran. Doch bis dahin sind es noch mehrere Jahre. Die wollen sie mit bereichernden Aktivitäten verbringen, anstatt sich zwangsweise anzupassen. »Reueprävention« könnte man das auch nennen. Wenn man nämlich den Umfragen unter sehr alten Menschen lauscht, dann sagen die meisten bedauernd, sie hätten nicht genügend »gelebt«. Es gibt übrigens inzwischen genug junge Firmen, die genau das verstehen und Digital Natives interessante Alternativen bieten: Karrieren mit Auszeit für Abenteuer. So wünschen sich viele junge Talente ihre berufliche Zukunft.

Kletterwand oder Leiter?

Bisher glich eine Karriere meist einer Leiter, die Metapher ist ziemlich bekannt. Auf einer Leiter bewältigt man den Aufstieg linear, berechenbar, steil und starr. Das sichert Angestellte vielleicht ab, doch aufregend ist das selten. »Sich quälen, um zu lernen« nennt das ein Freund, der Junior Consultant bei einer großen Unternehmensberatung ist. Viele aus unserer Generation haben sich weitgehend von diesem Modell abgewandt. Wir sehen Karriere weniger als Leiter, sondern eher als Kletterwand. Statt eine uniforme Leiter zu erklimmen, begeben wir uns an einer Kletterwand auf eine Zickzack-Route mit ungewissem Ausgang. Wir lassen uns gern auf solche Risiken ein, weil man an ihnen wächst. Mit jedem kleinen Sieg über sich selbst wird eine Schwäche überwunden, die womöglich erst genau im Moment der Unsicherheit sichtbar wurde. An der Kletterwand kann man außerdem relativ leicht eine neue Route einschlagen, solange man sich zunächst wieder auf festen Boden begibt – und dann von vorne beginnt. Egal, mit welchem Aufstieg man weitermacht, alles, was man bei den vorhergehenden Versuchen gelernt hat, kann helfen, die nächste Route schneller zu packen.

Natürlich wollen auch Millennials Karriere machen, nur eben anders. Wir bewegen uns lieber auf der Kletterwand als auf der Leiter. Wir wollen viele Karrieren, nicht eine. Natürlich hat jeder Mensch unterschiedliche Erwartungen an Sicherheit, Abenteuer und seine persönliche Entwicklung. Doch die Herausforderung in der Arbeitswelt liegt nicht in der Entscheidung zwischen Leiter und Kletterwand per se. Heutzutage stehen beide Aufstiegswege auf wackligem Grund. Digitalisierung und Globalisierung haben das Fundament, auf dem sie stehen, erschüttert. Und hier zeigt sich die wahre Natur beider Alternativen. Denn bei der Karriereleiter ist es ähnlich wie beim Sport: Viele selbsternannte Athleten trainieren vornehmlich ihre Vorzeigemuskeln. Diese sehen zwar gut aus, tragen aber wenig zur Stabilität und körperlichen Leistung bei. Das zeigt sich erst dann, wenn man sich außerhalb der Routine athletisch betätigt. Genauso ist es bei Job-Kandidaten. Wenn durch die Umbrüche, die wir derzeit erleben, durch Automatisierung, Roboterisierung und den Vormarsch der Denkmaschinen das Fundament am Arbeitsmarkt wackelt, dann sind diejenigen, die sich auf der Kletterwand bewegen, besser vorbereitet und fit. Damit wird auch der Begriff des Karrierewegs neu definiert.

Mit den Millennials werden also Kletterwandkarrieren und Rollenflexibilität in den Unternehmen Einzug halten. Mal ist jemand Führungskraft eines Teams, mal Leiter eines Projekts, mal Verantwortlicher eines Prozesses, mal agiert er ohne Führungsaufgaben in einem Expertenteam. Vorgezeichnete Karrierewege, die zwangsläufig in einer Führungsposition mit Mitarbeiterverantwortung und damit in einer Sackgasse enden, gibt es schon bald gar nicht mehr. Wird eine Führungsrolle abgegeben, ist das weder mit Gesichtsverlust noch mit Demontage verbunden. Ein solcher Schritt wird auch nicht als Rückschritt, sondern als Seitwärtsbewegung betrachtet. Fach- und Führungskarrieren werden gleichgesetzt. Laufbahnen gehen nicht länger wie auf einer Leiter nach oben, was bei einem Fehltritt mit einem jähen, oft würdelosen Absturz verbunden sein kann. Man übt sich vielmehr kreuz und quer gehend voran.

Wir halten das für ein sehr brauchbares Konzept. Nicht jeder gute Fachmann ist ja zwangsläufig auch eine gute Führungskraft. Paradoxerweise heißt Beförderung vielerorts nach wie vor: Gute Leistungen werden mit einer Führungsaufgabe belohnt. Da wird dann jemand besser bezahlt, damit er etwas aufgibt, was er gut kann, um etwas zu tun, was er weniger gut kann. Fähig oder unfähig zu höheren Weihen? Egal! Man ist einfach »dran«. Und je mehr Mitarbeiter man »unter sich« hat, desto besser. Das Ende vom Lied? »People join companies but they leave managers.« Dieser berühmte Satz von *Gallup*-Researcher *Marcus Buckingham* fasst das ganze Dilemma treffend zusammen.

Werden hingegen Kletterwandkarrieren eingeführt, kann man ohne jede Schande in die Fachexpertise wechseln. Dies ist auch deshalb höchst sinnvoll, weil Spitzenfachleute immer dringender benötigt werden. Die Führungskarriere darf also *nicht* länger zwangsläufig als der bessere Weg gelten. Und sie sollte ausschließlich den Menschenexperten vorbehalten sein. Statt Zwangsaufstieg ermöglicht man guten Fachspezialisten neue Herausforderungen in der Breite der Unternehmenslandschaft.

Mitbestimmung und Sinn: Beides ein Muss

»Ich empfinde die Arbeit in meiner Bank als eine großartige Berufschance. Ich bin stolz in einer so ambivalenten Umgebung mit meiner Begabung und vor allem auch mit meiner Haltung erfolgreich zu sein«, sagt Melissa. Melissa ist selbstbewusst. Sie zählt zu den Millennial High Potentials. Seit zwei Jahren arbeitet sie in einer französischen Bank im Human Resources Bereich. Immer schon steht sie für eine Kultur der Öffnung. Das bringt sie in eine Zwickmühle. Sie möchte sich nicht in einem anonymen Firmenapparat verlieren. Sie wünscht sich Geltung, Mitbestimmung und Fortschritt. Doch in den dortigen tradierten Strukturen wird das noch nicht auf allen Ebenen erkannt. Es ist eine wirkliche Herausforderung für Melissa, sich angemessen an die Gegebenheiten anzupassen und gleichzeitig authentisch zu bleiben.

»Unser Geschäftsführer sagt zu den jungen Talenten, dass wir alles tun sollen, um uns nicht an die trägen Abläufe anzupassen. Sonst hätte er uns ja umsonst eingestellt. Es geht ihm wirklich darum, Dynamik in das Unternehmen zu bringen und neue Dinge auszuprobieren. Aber die mittleren Manager versauen den Plan, denn sie haben Zielsetzungen und müssen kurzfristig Resultate liefern«, berichtet Melissa. Also stehen diese Manager auf Kriegsfuß mit den jungen Mitarbeitern, die mit zahlreichen Änderungswünschen daherkommen. »Obwohl ich wegen meines speziellen Profils eingestellt wurde, wird am Ende von mir erwartet, dass ich mich verstelle und damit den Fortschritt blockiere«, beklagt Melissa.

Tradition trifft auf Wandel

Mittlerweile ist es zu einem zentralen Teil von Melissas Job geworden, das Ego der Manager in Schach zu halten, damit das Team zu guten Lösungen kommen kann. Doch dadurch fühlen sich die Manager bedroht und finden, dass Melissa sich zu viel herausnimmt, statt sich der Hierarchie zu unterwerfen. Und trotzdem sind sie fast immer mit dem Ergebnis zufrieden. Melissa stellt fest, dass den Managern sehr wohl bewusst ist, dass sich die Dinge verändern müssen, doch sie nehmen Veränderungen nur an, solange sie sich nicht selbst ändern müssen. Sie haben sehr hart gearbeitet, um an ihre Position zu gelangen. Sie pflegen einen Lebensstil, den sie nicht gerne zurückschrauben möchten. Deshalb soll im Job auch alles so bleiben, wie es ist. Das ist bei uns Millennials anders, denn wir tragen keinen schweren Ballast. Hinzu kommt, dass die wenigsten Millennials den klassischen Managern ihre Position streitig machen wollen. Wir wollen Gestaltungsspielraum, um ein erstrebenswertes Arbeitsumfeld und tolle Produkte in einem tollen Unternehmen zu schaffen.

»Was ist also der zentrale Punkt, der sich ändern müsste, um eine engere Zusammenarbeit zwischen Führungskräften und Millennials zu ermöglichen«, frage ich Melissa. »Was müssten Manager der älteren Generationen über unsere Generation wissen, um uns wertzuschätzen und als Partner anzuerkennen?«
»Solange sie sich bedroht fühlen, wird sich nichts ändern«, antwortet sie, und ergänzt: »Es ist die Aufgabe der Millennials, die Ängste der Manager in Hoffnung umzuwandeln. Auch Komplimente könnten hilfreich sein, denn oft fehlt es an der Anerkennung der Stärken des Anderen. Außerdem ist es unsere Verantwortung, ihnen aufzuzeigen, dass Besitz und materielle Wünsche sie an die Macht fesseln, die sie so sehr verteidigen, statt das zu tun, was sie sich vielleicht immer gewünscht haben.«

»Und was könnte das Miteinander weiter verbessern?«, frage ich nach. »Persönlich bin ich zum Beispiel komplett gegen die Titel-Kultur, die in den Firmen immer noch stark ausgeprägt ist«, sagt Melissa mit Nachdruck. »In unserer Firma wird Dienstalter – aber nur zu einem geringen Teil Leistung – in eine Fülle von Titeln übersetzt. Etwa so: Analyst, Associate, Vice President, Associate Director, Director, General Manager. Die Mitarbeiter leben für diese Titel. Und dann stellen sie ihre engsten Vertrauten ein, anstatt diejenigen, die am besten für den Job geeignet wären. In den strategischen Treffen sitzen nur diejenigen zusammen, die die passenden Titel haben, nicht die mit der meisten Expertise. Die haben gar keinen Zutritt. Auch das müsste sich ändern.« Zurzeit plant Melissa einen Workshop zum Thema »wertebasierte Führung«. Das Tragische ist, dass junge Mitarbeiter, die die Company in die Zukunft tragen könnten, bei diesem Treffen nicht erwünscht sind.

Das expandierende Team

Die alte Kommunikation war im Wesentlichen eine Einweg-Kommunikation. Sie manifestierte ein Machtverhältnis. Die Empfänger blieben passiv. Je größer die Macht, desto ehrfürchtiger wurde die Botschaft angenommen: widerspruchslos, kopfnickend. Doch die Zeit, in der man Wissen aus Machtgründen hortet wie einst die Hohepriester, ist längst vorbei. Die Social Media haben das nivelliert und damit auch altehrwürdige Institutionen demontiert. Leute, die Mauern um alles bauen, können wir nicht mehr brauchen. Ein wachsendes Unternehmen benötigt eine Wissenscommunity über die Grenzen des Unternehmens hinaus. Alles Wissen der Welt ist im Web. Und die Kunden wissen sowieso besser, was sie wollen und was nicht, als die Unternehmensvertreter. Wir Millennials ziehen längst mehr als nur die Expertise eines Vorgesetzten zu Rate. Und obendrein teilen wir unser Wissen gerne, statt es zu horten.

Das persönliche, oft globale Netzwerk ist für die Mehrheit der Millennials ein essenzieller Teil von Entscheidungen. Der Vorteil dieser Vorgehensweise: reichlich Zugang zu neuen Ideen, Kompetenzen und Konzepten, die einem ansonsten verborgen geblieben wären. Natürlich fragen wir auch unsere Kunden. Von denen können wir am meisten lernen, wenn es um Kundenbelange geht. Diese sagen uns klipp und klar, was sie am liebsten kaufen und was dem Produkt oder Kundenservice noch fehlt. Aber natürlich initiieren wir keine klassischen Kundenbefragungen, wie sie in traditionellen Firmen meist einmal im Jahr Usus sind. Einmal im Jahr? Da sind die unzufriedenen Kunden längst weg. Und im Web haben sie allen erzählt, warum das so ist.

Die Möglichkeiten, Kunden zu involvieren und in die Angebotsverbesserung zu integrieren, sind zahlreich. Verlassen Sie die sterilen Versuchslabore und gehen Sie auf die Straße. Wenn Sie eine neue App entwickeln, spendieren Sie ein paar jungen Leuten einen Drink im nächsten Café und lassen sich gnadenlos

Feedback geben. Oder Sie machen eine Online-Befragung. Das geht schnell und ist obendrein kostenlos. Oder Sie starten eine offene Diskussion auf Ihren sozialen Kanälen. In Echtzeit. Reaktionsmöglichkeit: sofort. Am besten ist es, einem Millennial die Aufgabe zu übertragen, laufend Kundenrückmeldungen einzuholen. Schließlich ist das unser tägliches Brot. Wir sind das Herbeibringen von Meinungen in nahezu allen Lebenslagen gewohnt. So machen wir es auch auf unseren privaten sozialen Profilen.

Wer in der digitalen Welt sein Potenzial entfalten und beruflich erfolgreich sein möchte, ist auf ein Netzwerk angewiesen. So ein Netzwerk dient aber nicht ausschließlich dem eigenen Nutzen, sondern auch zur Stärkung der Gemeinschaft. Autor *Zig Ziglar* hat das einmal so ausgedrückt: »Du kannst alles im Leben erreichen, wenn du genügend anderen Menschen hilfst, das zu erreichen, was sie sich wünschen.« Diese Denkweise leben wir sehr ausgeprägt. Es gibt Dutzende von weltweiten Support-Netzwerken, denn unsere Generation stellt vor allem das Füreinander in den Vordergrund. Neurowissenschaftler Gerald Hüther nennt diese »Potenzialentfaltungsgemeinschaften«.

Für uns Millennials ist ein Team eine Gruppe aus Persönlichkeiten, die sich alle als gleichwertig und gleichberechtigt ansehen. Denn jeder weiß, dass er den anderen benötigt, um selbst erfolgreich zu sein. Das Machtgefälle ist dabei gering, und die Motivation ist hoch. Erfolge sind so vorprogrammiert. Diese werden gemeinsam gefeiert, womit die Energie im Team stets auf einem Top-Niveau ist. Egal ob das Team tatsächlich an einem Ort ist oder auch nicht, alle sind miteinander über Werte verbunden. Den Rest macht die Technologie. Dafür ist eine Kultur der Konnektivität äußerst wichtig. Wer diese nicht schafft und stattdessen auf Hierarchien und Silos beharrt, riskiert, dass die besten jungen Mitarbeiter schnell wieder weg sind oder gar nicht erst kommen.

Nachhaltigkeit ergibt für uns Sinn

Milton Friedman deklarierte seinerzeit die Profitmaximierung als primäres Unternehmensziel. Sie sichere das Bestehen des Unternehmens und Wohlstand für dessen Stakeholder. Eine ganze Managergeneration folgte diesem Aufruf wie blind. Bedauerlicherweise führen die damit einhergehenden Strategien häufig zu sogenannten negativen Externalitäten. Dabei entstehen Kosten, die auf andere Personen fallen. Zum Beispiel werden Autoreifen derzeit nach ihrer Laufleistung optimiert. Der Reifenabrieb wird dadurch jedoch einatembar und für die menschliche Gesundheit immer problematischer. So erzeugen also die Produzenten indirekt und Autofahrer direkt einen Schaden bei anderen Menschen, für den sie nicht aufkommen.

Es ist in unserer Gesellschaft und speziell in der Wirtschaft leider völlig akzeptiert, sich auf Kosten anderer persönliche Vorteile zu verschaffen. Der 2016 erschienene Dokumentarfilm *Before the Flood* mit Hollywood-Star *Leonardo DiCaprio* stellt dies anschaulich dar. Solches Profitieren empfinden große Teile unserer Generation einfach als Unding. Wer das in früheren Generationen hinterfragte, galt als Öko oder naiv. Wir Millennials sehen das anders. Beinahe unisono fordern wir, dass das (ökonomische) Handeln wieder bewusster wird – sowohl bei der Arbeit als auch beim Konsum.

Im Duden wird Nachhaltigkeit definiert als ein »Prinzip, nach dem nicht mehr verbraucht werden darf, als jeweils nachwachsen, regenerieren oder künftig wieder bereitgestellt werden kann«.[4] Wir Millennials streben nach solch sinnstiftendem Handeln. Nicht, weil es ein Trend ist, sondern weil es richtig ist. Dieses Streben besteht einerseits darin, die »Fehler« ignoranter Mitmenschen aus der eigenen und früheren Generationen zu revidieren. Andererseits möchten viele von uns etwas Bedeutendes für die Zukunft leisten. So versuchen wir, durch unsere Arbeit und die Produkte, die wir erfinden und kaufen, anderen Menschen und der Menschheit als Ganzes zu helfen.

Immer mehr Organisationen sehen das heute genauso. So umschreibt der Think Tank *Singularity University* seine Absichten damit, Impact, also eine positive Wirkung in den globalen großen Herausforderungen Bildung, Energie, Umwelt, Nahrungsmittel, Gesundheit, Armut, Sicherheit, Wasser und Weltall schaffen zu wollen. Weiter geht es ihr um ein Streben nach Diversität und die Einbeziehung bisher unterrepräsentierter Gruppen. Die *Singularity University* ist Meinungsführer für die digital Versierten unter uns. Ihre Vordenker tauschen sich unter anderem auf Plattformen wie *TED* aus und erhalten für ihre Videos im Internet viele Millionen Klicks.

Okay, auch Millennials sind keine Engel, wenn es um Konsum geht. Wir kaufen überfischte Meerestiere, sobald sie ein Szenemagazin als »Superfood« deklariert. Wir pilgern in Scharen zu *Zara* & Co., weil wir die dort verkaufte Kleidung modisch finden. Vorwürfe der Ausbeutung von Arbeitern werden in diesem Moment gekonnt ignoriert. Wir wollen jedes Jahr ein neues iPhone, wenn *Apple* uns glauben lässt, wir bräuchten 17 Prozent mehr Pixel in unserer Kamera. Negative Auswirkungen sind uns dann erst mal egal. Auch wir Millennials sind durchaus ignorant oder egoistisch. Trotzdem wird Nachhaltigkeit zunehmend zum Lebensgefühl. Ein großer Teil der Gesellschaft richtet sein Leben mittlerweile in Richtung Nachhaltigkeit aus. Diese sukzessive Entwicklung basiert vornehmlich auf einem Imagewandel: Nachhaltigkeit wird nicht mehr mit Verzicht, Reformhaus oder dogmatischen Hippies assoziiert. Stattdessen ist sie für Konsumenten ein genussvolles Erlebnis, sieht gut aus und macht Spaß.

Das Interesse an nachhaltigen Produkten ist jedenfalls groß. Das *Zukunftsinstitut* berichtet, dass mehr als die Hälfte versucht, das Thema Nachhaltigkeit beim Einkauf zu berücksichtigen. Jeder Zehnte berücksichtigt dieses Kriterium sogar bei jedem Einkauf,[5] Tendenz steigend. Doch viele Produkte entsprechen nicht der universellen Definition von Nachhaltigkeit.

Oftmals schaffen Begriffe wie Bio, organisch oder nachhaltig beim Verbraucher eher Verwirrung als Klarheit. Unternehmen greifen immer häufiger auf das Drei-Säulen-Modell der nachhaltigen Entwicklung zurück. Dieses Modell ist ein zentraler Bestandteil in der Theorie des Conscious Capitalism, also des bewussten Kapitalismus. Demnach arbeitet nachhaltig, wer gleichzeitig ökologische, wirtschaftliche und soziale Ziele berücksichtigt. Somit geht das Modell weiter als der allgemeingültige Umweltschutz.[6] In Zukunft ersetzt das Modell »Mission plus Geschäftsmodell« den alten Archetypen »Unternehmen mit sozialer Verantwortung«.

Starten Sie mit dem Warum

Unternehmen, die sich der Sinnstiftung ernsthaft verpflichtet fühlen, findet man mittlerweile in fast allen Wirtschaftszweigen. Bekannte Beispiele sind *Toms Shoes, Kickstarter* und *Innocent Smoothies*. Sie haben neben Gewinnmargen auch Themen wie den Klimawandel und die Schaffung von Arbeitsplätzen auf der Agenda. Die Zukunft der Wirtschaft gehört nicht mehr ausschließlich denjenigen Unternehmen, die ein weiteres Konsumgut vermarkten. Die Firmen, die innovativ an den echten Herausforderungen für unsere Welt arbeiten, gewinnen an Einfluss. »Investoren der Next Economy werden sowohl Profit als auch soziale Wirkung ihrer Investments berücksichtigen«, schreibt *Steve Case* in seinem Buch *Die dritte Welle*. Hierzulande kennt man zum Beispiel *Günter Faltins* Unternehmen *Teekampagne*, den weltweit größten Importeur von Darjeeling Tee, für sein nachhaltiges Wirtschaften.[7]

Ein gutes Beispiel ist auch das globale Netzwerk *Kairos Society*. Es vereint gleichgesinnte Jungunternehmer, die sich dem positiven Wandel der Welt verschrieben haben. Jeder in diesem Club gründet, besitzt oder arbeitet in einem Startup, dessen Hauptziel eine Fortentwicklung der Welt ist. Die Gewinnerzielung ist neben der Sinnstiftung ein zentrales Unternehmensziel und damit hebt sich die Organisation klar vom gemeinnützigen Verein ab.

Beispielsweise arbeiten Mitglieder an bahnbrechenden Innovationen im Gesundheitswesen, dem Naturschutz und der Ressourceneinsparung. Ein niederländisches Mitglied baut an Drohnen, die Wildhütern in Afrika dabei helfen, vom Aussterben bedrohte Tierarten zu überwachen. Die Drohnen ermöglichen eine effektivere Kontrolle von Wilderern. Die Kairos-Mitglieder erhalten durch das globale Netzwerk Unterstützung von Gleichgesinnten und wecken das Interesse von einflussreichen Mentoren, Investoren und Medien weltweit.

Allerdings lässt sich eine Unternehmensphilosophie nicht ohne Weiteres auf nachhaltig trimmen. Wer nimmt *McDonald's* schon seine grüne Markenneuausrichtung ab? Firmen, die sich nachhaltig engagieren, tun gut daran, dies mit ernst gemeinter Absicht und authentisch zu tun. In Zeiten umfassender Transparenz werden oberflächliche Versuche als solche enttarnt. Dann geht der Schuss schnell nach hinten los. Unsere Generation hat sich die Nachhaltigkeit auf die Fahne geschrieben. Viele Millennials möchten von *den* Unternehmen kaufen, die Sinn stiften, und so deren Erfolg unterstützen. Wir wünschen uns eine Vereinbarkeit von Profitstreben und Nachhaltigkeitskultur. Wer dem Wohl des Planeten *und* der Gemeinschaft aller Stakeholder dient, kann Millennials leicht als Kunden und Mitarbeiter gewinnen.

Störenfried oder Freund? Alles für den Kunden

»Früher war alles viel besser«, hört man Vertreter der Old Economy gern sagen. Zumindest war früher fast alles anders. Die Aufgaben des Managements waren berechenbarer, denn die Produktzyklen waren im Durchschnitt länger – und Beschäftigungsverhältnisse auch. Bei tradierten Unternehmen begann und beginnt der Wertschöpfungsprozess bei der Produktentwicklung und endet damit, den Kunden vorzusagen, was und wie sie zu kaufen haben.

Im Zentrum stehen die interne Prozessoptimierung und der eigene Nutzen. Dafür werden Mitarbeiter und Kunden regelrecht erzogen. Doch dies ist ein Auslaufmodell. In der Next Economy ist das anders. Weder Mitarbeiter noch Kunden lassen sich heutzutage zum Handeln verbiegen. Die Konsumenten von heute sind selbstbewusst, kompromisslos und souverän. In der Next Economy müssen die Kunden im Fokus stehen, nicht der Prozess. Doch herkömmliche Anbieter richten ihr Unternehmen nach wie vor auf die Steigerung von Umsatz, Rendite und Marktanteil aus, anstatt auf die Erhöhung des Kundennutzens.

Eine Marke ist ein Dialog, kein Monolog

Klassische Werbung ist eine monologische Form der Kommunikation. Meist ist ihr Sirenengesang schrill, aufdringlich, einfältig und verlogen. Man wird zwangsbeschallt, ob man das will oder auch nicht. Kauft gefälligst, was wir uns für euch ausgedacht haben, ist die narzisstische Anbieterbotschaft, und dann lasst uns in Ruhe! Doch solches Markenstalking, also Werbung, die uns ungefragt überfällt, die uns auflauert und verfolgt, die wollen wir nicht. Gegen viele Werbeformate sind wir längst immun: Wir schauen nicht mehr hin, wir hören nicht mehr zu. Wir wissen sehr gut selbst, wo und wie wir uns medial versorgen können, wenn wir was brauchen. Und die entscheidenden Tipps kommen meist aus unserem Netzwerk, nicht von den Anbietern selbst. Die Zeiten einseitiger Kommunikation, also von der Marke hin zum Kunden, sind so gut wie vorbei. Wer dies noch immer versucht, verschwendet Ressourcen.

Wer hingegen vom Kunden her denkt, wird gewinnen. Customer-Experience-Experten haben das längst verstanden. Sie gestalten Customer Journeys, also Kaufreisen der Kunden durch die Unternehmenslandschaft, betrachtet aus dem Blickwinkel des Kunden. Im Gegensatz zu selbstgestrickten Servicelevels, die oft aus falsch interpretierten Kundenbedürfnissen entstehen, denkt man im Customer-Journey-Management so: »Wie wünscht sich der Kunde unsere Prozesse?« Und so: »Wie können wir sicherstellen, dass seine Erfahrungen mit uns an allen Touchpoints positiv sind?« Und so: »Wie können wir die Lebensqualität unserer Kunden dabei verbessern?« Speziell bei den Online-Customer-Journeys geht es auch darum, die einzelnen Schritte so zu konzipieren, dass der Kunde wie von selbst durch den Kaufprozess gleitet – wobei selbst das Bezahlen zu einem Moment der Vorfreude wird. Wenn alles reibungslos klappt, wird das schließlich mit Wiederkommen und Weitersagen belohnt.

Nehmen wir die folgende Situation: Ich habe ein *Skype*-Gespräch mit meinem Bruder. Ich erwähne, dass ich einen neuen Elektro-Rasierer benötige. Mein Bruder schickt mir einen Link zu seinem Lieblingsgerät. Beim Anklicken öffnet dieser direkt eine Shop-App und zeigt das Ergebnis samt Preis, voraussichtlicher Lieferzeit und Kundenerfahrungsberichten. Ich kann mit einem Klick kaufen. Niemand verlangt von mir Entscheidungen, die den Kauf komplexer machen, als er sein muss. Ein Formular ausfüllen? Von wegen! Alternative Fotos suchen? Nicht nötig, die interaktive 360°-Sicht zeigt mir jedes Detail. Unsicher beim Kauf? Kein Problem, denn Bewertungen gibt es genügend. Nachsehen, wann die Lieferung eintrifft? Nö, brauch ich nicht, die Push-Nachrichten informieren mich rechtzeitig und zuverlässig. (Junge) Kunden wünschen sich genau diese Art von Erlebnis.

Doch ganz egal, ob On- oder Offline: Heutzutage geht es darum, an jedem Interaktionspunkt seinen Kunden glaubhaft zu vermitteln: »Wir lösen dein Problem und sind jederzeit für dich da.« Dazu braucht es einen Dialog. Nur so kann der Anbieter lernen, was passt und was nicht. Auf die Art macht man die Kunden zu Mitgestaltern einer Marke und zu deren Ideengeber. Der Clou: Woran jemand selbst mitgearbeitet hat, das wächst einem ans Herz, das lässt man nicht im Stich. Wir Millennials werden übrigens liebend gern zum Teil einer Marke. Und wir entwickeln die Marke gern zusammen mit einem Anbieter weiter, damit sie für uns noch besser passt. Wir kaufen gern spontan, flexibel und komfortabel. Vor allem aber: Jede Company, die uns als Kunden gewinnen will, muss das Kundenerlebnis in den Mittelpunkt stellen. *Lorenz Fendes*, Platform Partnerships Manager bei *Vice Media*, sagt, dass Marken deshalb immer mehr zu Content Publishern werden müssen, um im Marketing wettbewerbsfähig zu bleiben.

Die Firmen, die das erkannt haben, fahren schon auf der Überholspur. Dabei könnte die angelsächsische Verkaufskultur mit ihrem Hang zum Erlebnis für die deutschsprachige Welt in vielen Punkten ein Vorbild sein. Die dortigen Gepflogenheiten als oberflächlich abzutun ist hierzulande beliebt. Doch mit Blick auf die immer höheren Ansprüche der Konsumenten ist das wohl etwas kurzsichtig gedacht.

Ach so, ein Kunde! Auch das noch!

Das Klagelied ist bekannt, doch es ändert sich nichts: unfreundliche Bedienungen, forsche Kundensupport-»Spezialisten«, unmotivierte Servicekräfte, ahnungslose Verkäufer, schlecht ausgebildete Rezeptionisten gibt es an allen Ecken und Enden.

Erst kürzlich hat das die Mitarbeiterin eines kleinen Landhotels nahe Bochum wieder gezeigt. Das Problem: Ihr lag beim Check-in eine falsche Buchung vor. Statt lösungsorientiert zu handeln, wies die Dame vehement die Schuld von sich. Erregt und hilflos erklärte sie lang und breit, wie die Buchung eigentlich hätte aussehen müssen. Sowas frustriert den Gast – besonders, wenn er von einer langen Reise müde nur noch ins Bett will. Und es interessiert ihn kein bisschen, warum etwas nicht funktioniert. Das hält nur auf und bringt Frust. Was zählt, ist das Ergebnis, in dem Fall das Zimmer. Gerade kleinere Dienstleister könnten ihre Nähe zum Kunden viel besser nutzen, um Erlebnisse zu schaffen, die den Kunden begeistern. Doch dieses Potenzial verschenken viele.

Unternehmen, die in der Next Economy erfolgreich sein wollen, müssen verstehen, dass vor allem die positiven Gefühle beim Kunden eine Rolle spielen. Das nächste Hotel ist per App in Sekunden gefunden und umgehend gebucht. Der Kunde ist weg, doch was bleibt, ist die schlechte Bewertung bei *Holidaycheck*, *Tripadvisor* und *Google*.

Nicht selten werden Mitarbeiter, die eigentlich serviceorientiert wären, von ihrer Firma gezwungen, kunden-un-freundlich zu handeln. So hab ich mir kürzlich am Bahnhof einen frisch gemachten Smoothie gegönnt: fünf Euro fünfzig, kein Pappenstiel. »Bitte keine Eiswürfel«, sag ich zu der jungen Dame, eine Studentin, als die mit dem Füllen des Bechers beginnt. »Wir sind angewiesen, da immer Eiswürfel reinzutun«, war ihre Antwort. »Aber wieso«, sag ich, »hier steht doch genau, was alles reinkommt: Mango, Papaya, Karotten, Orangen, Bananen und Ingwer. Von Eiswürfeln steht da nix.« »Okay, dann mach ich bei dir mal 'ne Ausnahme, aber verrat mich bloß nicht.«

Dass die meisten Konsumenten hierzulande schlechten Service nicht deutlicher boykottieren, macht uns Millennials manchmal ganz fassungslos, denn es verhindert Innovation. Besucher aus anderen Ländern belächeln die hiesige Servicekultur. Ein befreundetes US-amerikanisches Paar entschied sich aufgrund schlechter Service-Erlebnisse gegen Deutschland als Niederlassungsort – eine wahre Geschichte. Eine von *Accenture* durchgeführte Umfrage hat herausgefunden, dass binnen eines Jahres 51 Prozent der Kunden ihren Anbieter aufgrund von schlechten Erfahrungen mit dem Kundendienst gewechselt haben.[8]

In vielen Unternehmen scheinen die Controller nur das zu errechnen, was kurzfristig durch Einsparungen im Service gewonnen werden kann, nicht aber das, was mittel- und langfristig dadurch verloren wird. Die Frage muss von daher lauten: Wie viel Budget und wie viele Kosten setzen wir für Reibungsverluste, für Mitarbeiterfrust, für Kundenverärgerung, für servicebedingte Reklamationen und Umsatzrückgänge, für Mitarbeiter- beziehungsweise Kundenverluste und Rufschädigung ganz konkret an? Werte wie Vertrauen und Reputation müssen in Kapital umgerechnet werden, und der Gegenwert von Mundpropaganda und Weiterempfehlungen muss in die Bilanz.

»Sobald ein Kunde sieht, dass du etwas nicht weißt, wird er auch alles andere misstrauisch bewerten«, sagt *Kenny Lao*, der junge Chef der New Yorker Restaurant-Kette *Rickshaw Dumpling Bar*. *Lao* hat eine innovative Methode gefunden, neue Mitarbeiter so zu schulen, dass sie der Firma optimal dienen können. »Wir verbringen viel Zeit mit unserem Training. Jeder wird in jedem Schritt trainiert: vom Kundenservice bis hin zum Menü. Ich will jedem Mitarbeiter die Werkzeuge geben, die er braucht, um im Kundenkontakt komplett selbstsicher zu sein. So kann er jede erdenkliche Situation meistern«, sagt *Lao*.

Er beschreibt den Trainingsprozess so: Zuerst lernt ein Neuling die Firmengeschichte und Markenidentität. Mit der Firmenge-schichte ist eine mitreißende Erzählung gemeint, keine trockene Historie. Die Markenidentität mitsamt dem Unternehmensleit-bild beschreibt auch *Apple*-Evangelist und Unternehmer *Guy Kawasaki* in seinem Buch *The Art of the Start* als zentral für die Motivation von Mitarbeitern. Als Nächstes begleiten die Neulin-ge einen erfahrenen Mitarbeiter bei der Arbeit. In diesem »Sha-dowing« lernen sie die Abläufe und den Umgang mit täglichen Herausforderungen ganz genau kennen.

Dann wird von ihnen verlangt, alle Produkte und das perfekte Kundenerlebnis zu studieren. Wie kann man erwarten, dass jemand mit Begeisterung an der Entwicklung oder dem Verkauf einer Sache arbeitet, die er nicht in allen Details kennt? Ihr neues Teammitglied muss genauestens beschreiben können, wann, wo, wie, wie oft und vor allem warum der typische Kunde das Erleb-nis mit jedem beliebigen Ihrer Produkte eingeht.

Zum Abschluss der Einführung müssen die Bewerber bei *Lao* einen achtseitigen Test bestehen, um ins Team aufgenommen zu werden. So wird sichergestellt, dass im Kundenkontakt keine Pannen passieren. *Lao* hat offensichtlich verstanden, dass Ser-vicequalität die oberste Priorität hat. Auch nach Bestehen des Tests ist das Training noch nicht vorbei. Drei verschiedenfarbige Armbänder kennzeichnen den Grad des Trainingsfortschritts eines Mitarbeiters, während er sich im Unternehmen weiterent-wickelt. So ist stets klar: Es gibt Potenzial, zu wachsen. »Ich fühle mich als Leiter einer Personalfirma, die zufällig auch noch Knö-del verkauft«, sagt *Lao*.

Bei uns hingegen wissen manche Servicekräfte nichts über das, was auf dem Teller liegt, den sie uns bringen. Neulich gab es am Buffet in einem Kongresshotel Limandafilet. »Was ist das?«, frage ich eine Servicekraft, die gerade Nachschub bringt. »Oh, da muss ich fragen.« Nach kurzer Zeit kommt sie zurück. »Das ist Fisch.« »Okay, klar, danke. Und was für ein Fisch ganz genau?« »Da muss ich noch mal in die Küche und fragen.« Viele Manager glauben noch immer, dass spärlicher Service ausreichender Service ist. Millennials sehen das anders. *Laos* Vorgehensweise ist die neue Norm!

Bezahlen – das leidige Thema

Aus Sicht eines Millennials gibt es unglaublich viele Ansatzpunkte, um Serviceerlebnisse zu verbessern. Nehmen wir zum Beispiel den Bezahlvorgang im Einzelhandel und in der Gastronomie. Viele Restaurants, selbst in den Großstädten, akzeptieren gar keine Kartenzahlung. Wenn sie es dennoch tun, dann dulden sie nur EC-Karten ab fünf oder zehn Euro. Dabei könnte das bargeldlose Bezahlen das Kauferlebnis so sehr erleichtern.

Zum einen muss der Kunde nicht zur womöglich fernen Bank laufen und größere Beträge abheben. Zum anderen erspart er sich das Mitführen der relativ schweren Münzen, die ja eh nur für kleine Beträge reichen. Soweit die Theorie. Doch genau das ist es, was junge Konsumenten so sehr verblüfft: Kleine Beträge mit Karte bezahlen zu wollen, wird belächelt. »Willst du die zwei Kugeln Eis jetzt mit Karte zahlen? Nicht dein Ernst, oder?«, sagt der Verkäufer ironisch. Man kramt also nach Münzen, das Eis schmilzt, und vor lauter Frust schmeckt es nur noch halb so gut. Aber was soll's. Man hat keine andere Wahl. Beim nächsten Eisverkäufer läuft es nämlich genauso.

Doch das ist genau der Punkt: Gibt es keinen Handlungsdruck aus dem Markt, gibt es bei den Dienstleistern auch keinen Innovationsdruck. Somit bleibt die Innovation bei den Abrechnungsgeräten aus. Früher waren die Interbankenentgelte (also die Gebühren, die Händler an Kreditkartenfirmen pro Transaktion abführen müssen) ein Argument. Doch diese wurden von der Europäischen Kommission im Juni 2015 auf maximal 0,2 Prozent (EC-Karten) und 0,3 Prozent (Kreditkarten) deutlich reduziert. Im Faktenblatt der Kommission ist zu lesen (frei übersetzt): »Es ist das Ziel, die sehr unterschiedlichen, übermäßigen und versteckten Interbankenentgelte zu bekämpfen, die ein Hindernis für den Binnenmarkt und ein Hindernis für die Innovation sind.«

Beim kontaktlosen Bezahlen dauert eine Transaktion im Selbsttest durchschnittlich gerade noch zwölf Sekunden. So schnell geht das mit Bargeld nur selten. Trotzdem wird die Kontaktlos-Technologie im sogenannten Technikland Deutschland nur schleppend implementiert. Sofort kommen Bedenken von allen Seiten. Was die Zweifler nicht beachten: Die dort verwendete NFC-Technik existiert schon seit drei Jahrzehnten. Glauben die Kritiker wirklich, dass die Designer dieser Technologie nicht an Gefahren gedacht und Wege gefunden hätten, sie zu vermeiden? Was ist mit den Millionen Nutzern, die die Technik schon längst verwenden, weil sie nicht so zurückhaltend sind? Diffuse Angst, zudem meist unbegründet, bricht dem Fortschritt das Genick. Die Verlierer? Vorrangig die Kunden, die sich weiterhin täglich mit ineffizienten Prozessen rumschlagen müssen, obwohl moderne Lösungen längst existieren. Kunden mit Durchblick kaufen dann einfach woanders: wo man kundenfreundlicher ist.

In den Metropolen Chinas wird im Januar 2017 kaum noch mit Bargeld bezahlt. In den beiden Städten Chongqing und Guangzhou (deren Metropolregionen gemeinsam mehr Einwohner haben als Deutschland) konnte ich beobachten, wie weit moderne Bezahl-Schnittstellen das Kundenleben vereinfachen. In Drogerien, Supermärkten, Einkaufszentren, an Ticket- und Getränke-Automaten bezahlen die Menschen entweder direkt mit ihrem Smartphone oder via Alipay, das ähnlich wie Paypal funktioniert. Dabei sichert eine Treuhand-Funktion das Geld, bis der Kunde seine Zufriedenheit bestätigt hat. So schnell eliminiert man Sicherheitsbedenken und macht den Kaufprozess schnell und barrierefrei.

In einem Online-Forum beklagt sich ein User, Tom, über die Probleme beim Bezahlen in einem Möbelhaus. Das Möbelhaus forderte eine Anzahlung von 3 000 Euro, akzeptierte aber keine Kreditkartenzahlung. Eine so hohe Anzahlung mit der EC-Karte zu tätigen, lässt aber nicht jede Bank zu. »Das hat mich vor allem deshalb so geärgert, weil ich eine Kreditkarte mit einem größeren Verfügungsrahmen besitze«, beklagt sich der Käufer. Letztlich musste die Rechnung gesplittet und die Anzahlung verkleinert werden. Denken Sie nur an die leidigen Diskussionen und die Wartezeit für den Kunden. »Ich weiß schon, wieso ich lieber Online einkaufe, da funktioniert die Kreditkarte nämlich einwandfrei«, schreibt Tom weiter.

Online-Business hat eben auch deshalb so viel Zulauf, weil sich die Kunden in den Geschäften einfach nicht willkommen fühlen, unfreundlich bedient und schlecht beraten werden. Oder weil sie nicht das bekommen, was sie wollen. Online erhalten wir – 24 Stunden am Tag und sieben Tage die Woche – längst nahezu alles, was sich auch Offline kaufen lässt – allerdings mit immer neuen und zunehmend angenehmen Service-Innovationen.[9]

Die Millennials als Umsatzbeschleuniger

Das Marktpotenzial der Millennials ist immens. Mit einem Viertel der europäischen Gesamtbevölkerung überholen sie bereits die Generation der Baby Boomer. Etwa die Hälfte von ihnen ist schon verheiratet und hat ein durchschnittliches Haushaltseinkommen von rund 53 000 Euro. Mit dem Generationenwechsel eröffnet sich also ein neuer, vielversprechender Absatzmarkt.

Doch das Marketing in Richtung Millennials ist alles andere als einfach. Auf traditionelle Marketing-Kommunikation springen wir nicht an. Besonders verachten wir es, wenn Firmen uns ihre

Vorstellungen von unserer Generation verkaufen wollen – oder das zumindest probieren. Man stelle sich einen Mitarbeiter, sagen wir Anfang 50 vor, der versucht, eine Werbekampagne für Millennials attraktiv zu gestalten, einfach, weil er der erfahrenste Marketer im Unternehmen ist. Klingt absurd, ist aber gang und gäbe.

Wenn Sie wüssten, welche Knöpfe tatsächlich gedrückt werden müssten, um den wachsenden Markt der Millennials effektiv anzusprechen, hätten Sie gegenüber Ihrer Konkurrenz einen enormen Wettbewerbsvorteil. Denn Digital Natives sind kritisch. Wir erwarten Relevanz, Zugang zu etwas von Wert und einen offenen Dialog mit jemandem, den wir als authentisch wahrnehmen. Wer den Millennials etwas verkaufen will, muss mit ihnen in ihrer eigenen Sprache reden. Und er muss ihnen das jeweils bestmögliche Serviceerlebnis bieten. Alles andere ist nicht von Belang.

Das hat zum Beispiel die Marktplatz-App *Shpock* ihrem Konkurrenten *eBay Kleinanzeigen* voraus: Sie hat eine ausgesprochen gute User-Experience. Das Kundenerlebnis ist unter anderem deshalb so exzellent, weil es nur wenige Schaltflächen, also Entscheidungsalternativen gibt. Die App zeigt große Bilder und hat eine einfache Menüführung. Mit wenigen Klicks kann man Angebote ansehen und eigene Angebote einstellen. Das Zusammenspiel von Mensch und Smartphone ist optimiert. Wer dieses Nutzererlebnis einmal gemacht hat, will es nie wieder missen.

Dieses Kundenerlebnis wird zur Anspruchsnorm – auch andere Anbieter werden nun daran gemessen. Wer will schon zurück in die träge, umständliche Welt von gestern? Doch genau in der ist der Konkurrent *eBay Kleinanzeigen* verblieben. Trotz relativ moderner App muss der Nutzer immer noch zahlreiche Aktionen durchführen, um sein Ziel zu erreichen. Man kann dort nicht von einem nahtlosen oder simplen Nutzungserlebnis sprechen. Die Folge: Man kehrt der App den Rücken und wählt stattdessen die Konkurrenz. Ich jedenfalls erzähle meinen Freunden vom positiven Erlebnis mit *Shpock*. Und im Web entsteht so dann schnell eine Welle.

Authentizität und Interaktion ist uns Millennials bei Marken besonders wichtig. Von Bedeutung ist aber auch, dass Marken die Werte verkörpern, die uns definieren. Dazu gehören Leidenschaft, sozialer Wandel und persönliche Entwicklung. Video ist bei uns das meist genutzte Content-Format. Natürlich auf dem Smartphone. 33 Prozent der Millennials nutzen Blogs, um bessere Kaufentscheidungen zu treffen.[10] Also: Investieren Sie Ihr Marketingbudget in die richtigen Kanäle? Auf die richtige Art und Weise? Mit der richtigen Botschaft? Ist Ihr Team ausreichend trainiert, um die Anforderungen, die junge Käuferschichten haben, adäquat zu bedienen? Haben Sie schon einmal daran gedacht, freie Mitarbeiter aus unserer Generation zu rekrutieren, um angemessen aufgestellt zu sein? Nur die »Jungen« wissen ganz genau, was ihresgleichen in punkto Kauferlebnis behagt.

Wer in seinem Unternehmen junge Mitarbeiter hat, hat einen entscheidenden Vorteil: Sie sind die idealen Berater, wenn es um Millennial-Kunden geht. Sie können eine gegebene Marktsituation detailliert analysieren und wertvolle Empfehlungen geben. Um sich das zunutze zu machen, muss man sie aber auch konsultieren – und auf sie hören. Genauso finden Sie erstens die Marktlücken von morgen und sind zweitens gegenüber Ihrer Konkurrenz besser aufgestellt. Vor allem aber werden Sie nicht von neuen Marktteilnehmern überrundet, die die Bedürfnisse der Millennials besser verstehen als Sie. Ein kleiner Tipp: Bringen Sie Ihren jungen Beratern Wohlwollen und Wertschätzung entgegen, denn Millennials wissen um ihr Potenzial.

Vergessen Sie nicht: Grundsätzlich verschenken wir unsere Ideen sehr gern, weil das Teilen zu unseren Grundwerten gehört. Und noch ein Tipp: Sollten Sie einen vielversprechenden Vorschlag von einem jungen Mitarbeiter erhalten, dann übertragen Sie ihm auch gleich die Verantwortung für diese Idee. Millennials lieben es, an Aufgaben zu wachsen.

ETAPPE 2 –
SYSTEME DES LEBENS UND
ARBEITENS

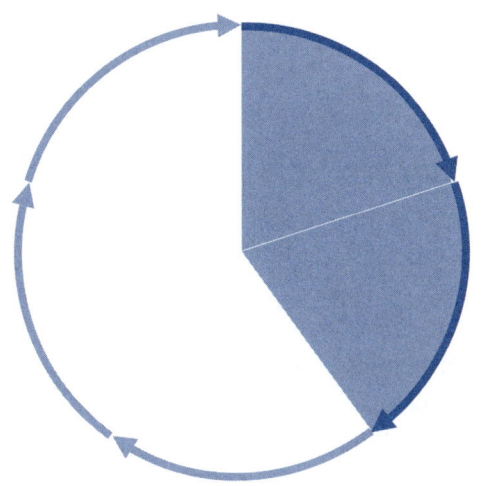

High Potentials aus der Generation der Digital Natives sind in Zeiten des »War for Talents« immer schwieriger zu gewinnen. Das liegt daran, dass sie nun inzwischen größere Verhandlungsmacht haben als früher. Außerdem gründen Millennials immer öfter ihre eigenen Firmen, denn dort können sie sich kreativ und flexibel entfalten. Die größte Herausforderung für viele Manager besteht darin, junge Team-Mitglieder anzulocken und tatsächlich zu motivieren. Daher sehen wir uns in dieser Etappe an, wie sich Millennials drei zentrale Aspekte der Arbeit wünschen:

1. Das Recruiting und die Onboarding-Prozesse
2. Führen durch Ermächtigung statt mit Macht
3. Die Verschmelzung von Arbeit und Freizeit

Was die derzeitige Führungsgarde in den Unternehmen hierbei immer in Betracht ziehen sollte: Uns Millennials geht es nicht um Dominanz oder um das Umdrehen der Machtstrukturen zu unseren Gunsten. Wir brauchen Rahmenbedingungen, die auf Selbstbestimmung basieren, um Arbeit zu tun, die wir für bedeutungsvoll halten.

Recruiting: Potenzial und Erlebnisse

So schnell sind High Performer wieder weg: In einer gemeinsamen Studie berichten *Millennial Branding* und *Beyond*, dass fast zwei Drittel der Millennials ihr Unternehmen innerhalb von drei Jahren wieder verlassen.[1] Zehn Prozent von ihnen wechseln direkt zur Konkurrenz. 87 Prozent der befragten Unternehmen beziffern die Kosten für den Ersatz eines ausscheidenden Mitarbeiters zwischen 15 000 und 25 000 Euro pro Person. Der Autor und Gründer von *Millennial Branding, Dan Schawbel*, berichtet: »Unternehmen tun sich weiterhin schwer, die Millennial-Generation zu halten, und es kostet sie viel Geld und Produktivität, die sie einsparen könnten, wenn sie eine stärkere Unternehmenskultur schaffen würden.«

Der Studie zufolge ist die kulturelle Passung der Hauptfaktor, weshalb Mitarbeiter aus der Generation Y in einem Unternehmen bleiben. Hier finden sich klare Parallelen zu einer aktuellen Millennium-Studie von *Deloitte*.[2] Demnach teilen diejenigen, die angeben, langfristig in ihrer Organisation bleiben zu wollen, die Werte ihres Arbeitgebers. Sie sind zufriedener mit den Unternehmenszielen und der Unterstützung bei ihrer beruflichen Entwicklung.

Zu den Schwierigkeiten, gute junge Mitarbeiter an Bord zu halten, gesellt sich der Generationenwechsel, der den Druck auf die Unternehmen deutlich erhöht. In den nächsten Jahren werden massig Mitarbeiter der Baby-Boomer-Generation in den Ruhestand gehen. Diese müssen durch Mitarbeiter aus jüngeren Generationen ersetzt werden. Der daraus entstandene »War for Talents« (zu Deutsch Krieg um Talente) ist bereits voll im Gange. Nicht nur die Banken und Unternehmensberatungen, die stets nur die besten Absolventen nehmen, haben ihre Bewerbungskriterien gelockert. Wo früher standardisierte Assessment Center die performanten Alpha-Bewerber herausgefiltert haben, werden wieder zunehmend menschlichere Auswahlmethoden wie das persönliche Gespräch verwendet – und dieses ist nicht standardisiert.

Vor einigen Jahren war alles noch ganz anders. Gute Stellen waren hart umkämpft und junge Bewerber mussten sich den Forderungen der Firmen beugen. Doch der Markt hat sich verändert: Es wird immer schwieriger, gut ausgebildete junge Fachkräfte zu finden. Die Millennials sind also in der privilegierten Situation, Forderungen stellen zu können – und das wissen sie auch. Die Bewerber von heute sind um einiges selbstsicherer als frühere Jobanwärter. Sie wissen genau, was sie wollen und was nicht. Und sie sind wenig kompromissbereit. »Was tut das Unternehmen für mich?«, ist für sie eine wichtige Frage. Und damit meinen sie nicht nur die monetären Aspekte. In den Mittelpunkt rückt mittlerweile die Sinnhaftigkeit, die der Job mit sich bringt, wie viele Überstunden gemacht werden müssen, und wie schnell der Bewerber Verantwortung übernehmen kann. Darüber hinaus geht es um interaktive Weiterbildung, um ausgeprägte Mitbestimmung und eine ausreichende Mobilität.

Potenzial statt Erfahrung gewünscht

Don Tapscott, Autor des Buches *Grown Up Digital,* empfiehlt, das altmodische Personalmodell (Recruiting – Training – Überwachung – Umschulung) durch ein zeitgemäßeres System zu ersetzen, das wie folgt aussieht: Einführung – Einbindung – Kollaboration – Entwicklung. In diesem Modell zielt jeder Schritt auf die Potenzialentfaltung des Individuums im Team ab, anstatt dem vorgezeichneten Ablauf zu dienen. Es verkörpert Augenhöhe statt Dominanz und Harmonie statt Kommando. Autorin *Donna Fenn* berichtet, dass Unternehmen, die diese Normen anwenden, bessere Leistung erbringen als die, die das nicht tun.[3]

Facebook-Gründer *Mark Zuckerberg*, Jahrgang 1984 und somit Millennial, hat bewusst in elf seiner zwölf Abteilungen keine Führungskräfte mit langjähriger Erfahrung in ihrem Spezialgebiet eingestellt. Statt auf Erfahrung setzt Zuckerberg auf Talent und Potenzial. »Wir investieren in Menschen, von denen wir glauben, dass sie ausgesprochen talentiert sind. Und das sogar, wenn sie ihre zukünftige Aufgabenkompetenz noch nicht anderswo bewiesen haben«, berichtet er in einem Interview mit *Y-Combinator*.[4] Den Börsengang von *Facebook* leitete demzufolge kein erfahrener Manager, sondern der firmeneigene Finanzchef, der diese Aufgabe noch nie zuvor bewältigt hatte. Was für die allermeisten traditionellen Führungskräfte schlichtweg undenkbar wäre, ist bei *Facebook* Kultur. Und es funktioniert.

Gerade im deutschsprachigen Raum ist relevante Erfahrung ein unabdingbares Kriterium beim Recruiting. Doch Erfahrung ist im digitalen Zeitalter nicht mehr der einzige Garant für eine Vormachtstellung im Markt. Ganz im Gegenteil: Agilität und Collaboration sind die Währungen am Arbeitsplatz der Zukunft. Und das wird spätestens klar, wenn man sich ansieht, wie viele herkömmliche Unternehmen reihenweise von jungen Disruptoren überholt werden.

Digital High Potentials sind anders als Überflieger der Old Economy. Sie sind weniger konform und weniger konkurrierend, dafür flexibler, vernetzter und kreativer. Doch klassische Organisationen werden die allerbesten High-Potential Digital Natives immer schwerer für sich gewinnen können. Keiner von denen lässt sich gängeln oder in ein Schema pressen. Die wahren Überflieger sind immer häufiger Self-Starter. Mittels digitaler Werkzeuge und hochwertiger Netzwerke arbeiten sie effizient an ihrem Erfolg. Tradierte Bildungseinrichtungen brauchen sie nicht. Autor und Online-Marketing-Vordenker *Gary Vaynerchuk* erklärt das so: »Unsere Bildung stammt aus dem Industriezeitalter. Sie macht Abarbeiter aus uns, statt uns auf die moderne Welt vorzubereiten.«[5] Mit einer solchen Ausbildung sind Millennials nicht mehr einverstanden. Viele brechen die Schule oder Universität ab. Andere kündigen ihrem Arbeitgeber und gründen ihr eigenes Unternehmen. Diejenigen, die das tun, kennzeichnet hohe Klarheit, Qualitätsdenken und sozialer Einfluss. Genau die wären die Traumkandidaten der Corporates, also der traditionellen Großunternehmen, doch sie werden viel lieber Gründer.

So war das auch mit meiner guten Freundin Julia, die sich über die langen Entscheidungswege bei ihrem Arbeitgeber beklagte. Nach Jahren des Frustes und der fehlenden Anerkennung entschied sie sich zu kündigen. Trotz des damit verbundenen Risikos wollte sie ihre eigene Firma gründen. Denn dort würde ihre Hingabe zumindest nicht ins Leere laufen oder womöglich über die Zeit abstumpfen. »Immer mehr Millennials begeben sich aus Verdruss in die Selbstständigkeit«, sagt ein Bekannter, der Mitbegründer einer der weltweit größten Plattformen zur Vernetzung von Gründern ist. »Sie sind nicht mehr bereit, unnötige Hürden und Ineffizienzen zu tolerieren. Warum sein Potenzial bei einer anderen Company verschwenden, wenn man es in sein eigenes Projekt investieren kann?«

Ich kenne sogar einen Überflieger, der ein attraktives Jobangebot beim begehrten Arbeitgeber *Google* abgelehnt hat. Der
Grund: Konzerne dieser Größe, egal wie innovativ, hegen
immer Firmen- und Abteilungspolitik. Und diese verträgt sich
nicht mit dem Wunsch nach Flexibilität. In meinem Freundes-
kreis gibt es »Googler«, die vor Beginn ihrer Anstellung deutlich mehr Lebensfreude, Energie und Ausgeglichenheit hatten.
»Schlussendlich verkaufen wir auch nur Pixel«, sagt einer etwas
betrübt.

Die Arbeitgebermarke über Erlebnisse steuern

Millennials sind in Bewerbungsgesprächen anspruchsvoller und
viel weniger kompromissbereit als ältere Arbeitnehmer. Sie
haben ein ausgeprägtes Selbstbewusstsein bei der Vermarktung
ihrer Qualitäten. Langjährige Personaler empfinden das schnell
als unangebrachte Überheblichkeit. Häufig verstecken sich dahinter aber Intelligenz und Talent. Im Recruitingprozess ist
deshalb auch zu erforschen, ob dem zur Schau gestellten Selbstbewusstsein wirklich ein Street Smart-Profil oder einfach nur
selbstverliebte Aufgeblasenheit zugrunde liegt.

Book Smarts, die High Potentials der Old Economy, werden im
Zuge des Wandels von den Street Smarts zügig abgelöst.
Warum? Book Smarts sind diejenigen, die Zusammenhänge the-
oretisch ausgezeichnet verstehen und erklären können. Sie kennen alle möglichen Managementwerkzeuge von der Uni, haben
darüber aber ihren gesunden Menschenverstand verloren. Sie
setzen auf Wissen und Logik und malen sich vom Schreibtisch
aus eine perfekte Landkarte einer nicht perfekten Welt.

Street Smarts hingegen sind diejenigen, die sich auf dem Weg in
den Dschungel nicht auf eine Landkarte verlassen. Sie wissen,
dass dort rein gar nichts hilft. Sie leiten Lösungen aus früheren
Erlebnissen ab oder konsultieren ihr Netzwerk, quasi das Wissen der Straße. Und dieses ist weder im Wöhe, der Bibel der Be-
triebswirtschaftslehre, noch in der Wikipedia zu finden. Street

Smarts sind keck, flott, quirlig, einfallsreich und situationser-
probt. Genau das ist es, was die Next Economy braucht. Denn
sie ist kaum mehr vom Reißbrett aus planbar. Die Book Smarts
haben den realen großen Herausforderungen der Zukunft
wenig mehr als Theorien entgegenzusetzen.

Überhaupt muss das Personalmarketing stärker auf die wachsende Zielgruppe der Millennials ausgerichtet werden. Aus unserer Sicht funktioniert das über Erlebnisse besonders gut. Man
muss uns Millennials schon mehr bieten als Sicherheit, ein an-
ständiges Gehalt und ein Weihnachtsessen. Wir suchen nach
Arbeitgebern, die uns Möglichkeiten zur Selbstverwirklichung
und Weiterbildung geben.

Die Firma *Hyperloop One* hat es sich zur Aufgabe gemacht, bis
2020 induktionsgetriebenen Personen- und Warenverkehr über
Land mit Höchstgeschwindigkeiten von 1300 km/h zu ermöglichen. Um dieses Ziel zu erreichen, benötigt *Hyperloop One* die
Allerbesten. Daher bieten die Stellenausschreibungen neben
kompetitiver Bezahlung und sozialer Absicherung »Wirkung«,
»Zusammenarbeit mit coolen Leuten«, »Lernen« und »familien-
freundliche Atmosphäre«.[6] Die Zielgruppe sind Millennials, und
diese lockt man mit visionären Zielen und einem ansprechenden
Umfeld. So etwas zieht die besten Talente wie magisch an.

Was Millennials antreibt, ist ihr Wille und die Möglichkeit, ihr
Leben selbst in die Hand zu nehmen und nach ihren persönlichen Vorstellungen zu gestalten. »Millennials wuchsen in einer
Welt auf, in der sie von Innovationen, neuen Technologien und
einer noch nie da gewesenen Produktvielfalt regelrecht überflu-
tet wurden. Nie zuvor hatte eine Generation eine so große Auswahl an Produkten und Möglichkeiten«, sagt User-Experience-
Experte *Frank Bühler*. »Diese Fülle an Optionen erlaubt es Millennials, sich selbst zu verwirklichen und die für sie perfekte
Work-Life-Balance auszuleben.«[7]

Die Werte der neuen Workforce

Beginnen wir mit der Geltung. Jeder Mensch sehnt sich nach Anerkennung und Wertschätzung. Kein Wunder also, dass wir anderen zeigen, was wir besitzen, was wir können, wen wir kennen und wo wir Urlaub machen. Wir wollen Teil von etwas sein und dies auch nach außen tragen. Wir Millennials wünschen uns noch mehr als unsere Eltern einen Arbeitsplatz, auf den wir stolz sein können und durch den wir von unseren Freunden oder Bekannten Anerkennung erfahren. Der Arbeitsplatz eignet sich dafür viel besser als Haus, Boot, dicke Autos, Golfausrüstung oder sonstige Statussymbole der Generation X. Je mehr nicht-monetäre Vorteile Sie integrieren, desto höher steigt Ihr Wert als Arbeitgeber. Das ist der erste Schritt, um die besten Talente anzulocken.

Arbeitsräume wie bei *Google* liegen im Trend. Das gilt besonders für solche Unternehmen, die es auf die besten Young Professionals abgesehen haben. Diese wissen: »Amazing results get done in amazing spaces.« Zu Deutsch: Einzigartige Resultate entstehen in einzigartigen Räumlichkeiten. Im tristen Einheitsgrau tradierter Büros trägt Wissensarbeit keine reichen Früchte. Damit unser Gehirn auf Hochtouren kommt, brauchen wir offene, bunte Bürolandschaften, die eine sinnvolle Mischung aus Gemeinschafts- und Rückzugsorten bieten. Wir suchen unsere Mitmenschen am liebsten auf gleicher Ebene auf, das ist ein Relikt aus unserer Ära als Savannenmensch. So ist die offene und in die Breite gehende Zusammenarbeitsfläche dominierend in der Digitalwirtschaft, die auch weiß: Die Denkarbeit des Gehirns verläuft in vier Phasen: inspirieren, konzentrieren, aktivieren, regenerieren. Diesen Rhythmus gilt es zu unterstützen. Gehirne ermüden sehr schnell. Doch Phasen der Regeneration kommen im klassischen Arbeitsleben oft zu kurz. »Macht der schon wieder Urlaub?«, bekommt so mancher Angestellte zu hören, wenn er sich nur mal kurz von seinem Schreibtisch entfernt.

Wir Millennials akzeptieren kein steifes Arbeitsklima mehr. Eine außergewöhnliche Arbeitsatmosphäre zu schaffen bringt einen riesigen Vorteil. Das weiß die Berliner Firma *GameDuell* bestens. Da sie um die besten Entwickler buhlt, muss *GameDuell* schon etwas bieten. Eine riesige und stets gut ausgestattete Büroküche ist das Herzstück des stark wachsenden Berliner Büros. Hier können Mitarbeiter kostenfrei Getränke und Snacks bekommen und sich untereinander austauschen. *Google* treibt dies auf die Spitze. Im zwölften Stock des Amsterdamer Büros kann man Gourmet-Mahlzeiten mit einem atemberaubenden Ausblick genießen. Wer möchte, kann sich sein Abendessen in der Firmenküche bestellen und vor dem Nachhause-Weg dort abholen – alles gratis. Das erspart viel Stress, beschert ausgeglichenere Mitarbeiter und bessere Ergebnisse.

Weiter geht es mit der Selbstverwirklichung. Einem jungen, kreativen Menschen nur monotone Arbeiten zu übertragen, führt bei uns schnell zu Langeweile und Enttäuschung. Natürlich müssen auch solche Arbeiten erledigt werden und Kandidaten dafür sind bislang hauptsächlich die Berufseinsteiger, selbst dann, wenn sie hochqualifiziert sind. Altvordere Führungskräfte sind sich für niedere Arbeit meist viel zu schade. »Warum können Sie das nicht selber machen?«, werden die nun öfter zu hören bekommen, wenn sie versuchen, die Youngsters herumzukommandieren. Unsere Generation ist proaktiv und spontan. Wir brauchen Herausforderungen und die Möglichkeit, uns zu beweisen. Dafür übernehmen wir gerne Verantwortung und ergreifen Initiative. Jede Form von Gestaltungsspielraum ist uns recht. Und jede Unterbindung führt zu Frustration und der Suche nach einer Alternative.

»Ein Boss sitzt auf dem Thron und befiehlt, eine Führungspersönlichkeit geht mit gutem Beispiel voran«, erklärte mir ein guter Freund. Wir wünschen uns Vorgesetzte, die uns nicht nur den Kleinkram, sondern auch anspruchsvolle Aufgaben übertragen und sich um ihre eigene Arbeit selbst kümmern. So zeigen sie uns Respekt und praktizieren Teamwork auf Augenhöhe. Das wirkt sich positiv auf unsere Arbeitsqualität, unsere Loyalität und die gesamte Arbeitsatmosphäre aus.

Außerdem suchen wir Millennials reichhaltige Möglichkeiten zur Weiterbildung. Sie wollen ein Beispiel? Eine Stunde pro Woche in der unternehmenseigenen Bibliothek verbringen zu dürfen, regelmäßige Teambuilding-Veranstaltungen und Zugang zu hochwertigen Online-Kursen – all das ist prima. Glauben Sie bloß nicht, dass ein firmeneigenes Intranet von 2005 mit altbackenen Kursen uns befriedigt. Die Berliner Innovations-Beratung *Si-labs* veranstaltet monatliche Meetups mit Meinungsführern und lädt Interessierte aus der gleichen und aus fremden Branchen dazu ein. Das begünstigt den Austausch der Mitarbeiter mit Gleichgesinnten, fördert die Netzwerkbildung und öffnet die Sicht auf neue Trends. Sie sehen, moderne Bildung muss nicht aufwendig sein.

Recrutainment und Onboarding

Die besten Young Professionals können sich aussuchen, bei wem sie sich auf ein Kennenlernen einlassen. Meinen Sie wirklich, dass sich die Top-Performer dabei durch einen ermüdenden Bewerbungsmarathon aus Assessment Center und diversen Einzelgesprächen schleusen lassen? Auch hier ist es Zeit für ein Umdenken. Moderne Unternehmen setzen sich mit jedem einzelnen Interaktionspunkt einer Candidate Journey, also der Reise eines Kandidaten durch den Bewerbungsprozess, intensiv auseinander und versuchen, das, was dort passiert, für den Bewerber so ansprechend wie möglich zu machen. Damit wollen sie die erste Garde für sich gewinnen. Wie das funktioniert? Weiter hinten im Buch, in Etappe 4, zeigen wir das ganz detailliert.

Bewerber sind Kunden, und so sollten sie auch behandelt werden. Zum Beispiel bietet die Berliner Firma *Young Targets* Firmen eine neue Form des Auswahlverfahrens namens Recrutainment. Bei Recrutainment-Veranstaltungen entsteht durch die Mischung aus fachlicher Herausforderung, lockerem Networking und Karrieregesprächen eine gelöste Atmosphäre. Das ermöglicht ein Kennenlernen auf Augenhöhe, bei dem die Kandidaten Einblicke in ihre Persönlichkeit und ihr Fachwissen geben. Durch »Gamification« können stark umworbene Zielgruppen dynamisch, persönlich und unterhaltsam erreicht und begeistert werden.

Unternehmen verschwenden zudem viel Potenzial, indem sie ihre neuen Mitarbeiter nicht angemessen willkommen heißen. Was damit gemeint ist? Sehen wir uns ein konkretes Beispiel an: Mein Studienfreund Jens nahm ein Jobangebot einer namhaften Unternehmensberatung im Bereich »Digital« an. Zur gleichen Zeit nahm Anna, eine Bekannte von ihm, ein Angebot bei *Facebook* an. Der Onboarding-Prozess, also die Einführung des neuen Mitarbeiters in das jeweilige Team und den Job, könnte sich nicht deutlicher unterscheiden. Jens und Anna zogen für ihren neuen Arbeitgeber beide von Wien nach Berlin. Jens' Vorgesetzter meldete sich vier Wochen vor Arbeitsbeginn einmal per E-Mail. Hauptinhalt der Mail war die Empfehlung von zwei Büchern als Vorbereitungslektüre. Die Beratungsfirma hilft Jens *nicht* bei der Wohnungssuche. Eine finanzielle Unterstützung für den Umzug bekommt er ebenfalls nicht. Dabei kann der Stress, der mit dem Umzug in ein anderes Land verbunden ist, ganz gehörig sein. Es wäre also im eigenen Interesse des Unternehmens, dem Neuankömmling etwas unter die Arme zu greifen.

Anna wurde von Facebook Unterstützung bei der Wohnungssuche angeboten, und der Transport ihrer Besitztümer wurde vollständig bezahlt. Das Resultat: In den Wochen vor Jobbeginn musste sich Anna nicht mit diesen Unannehmlichkeiten befassen. Stattdessen konnte sie ausgeglichen und gut vorbereitet in den neuen Job starten. Doch das wirklich Beeindruckende ist die Kultur in Annas neuem Team: In den Wochen vor Arbeitsbeginn bekam sie zahlreiche persönliche Willkommensnachrichten. Die zukünftigen Kollegen drückten Anna ihre Freude aus und boten Unterstützung bei Annas Eintreffen in der neuen Heimat an. Annas Vorfreude war entsprechend hoch – ein Garant für gute

Arbeitsqualität von Beginn an. Viele Millennials wünschen sich eine Kultur wie die, die *Facebook* praktiziert. Nicht jeder Arbeitgeber kann sich eine finanzielle Unterstützung des neuen Team-Mitglieds leisten. Doch die Kultur im Team macht den wirklichen Unterschied. Sie kostet praktisch nichts – und ist unbezahlbar. Bei der Suche nach High Potentials kann sie der entscheidende Unterschied sein.

Führung: Empathie und Ermächtigung

Mehr als 80 Prozent der Teilnehmer an der *Survey on the Global Agenda* des *World Economic Forums* waren schon 2014 der Meinung, dass eine weltweite Führungskrise besteht. Diese spiegelt laut *Bertelsmann Stiftung* einen Vertrauensverlust in die institutionelle, politische und staatliche Führung wider. Doch im Gegensatz zur landläufigen Meinung verliert Führung in Zeiten der Digitalisierung nicht an Bedeutung. Ganz im Gegenteil: Tatsächlich wird *mehr* Führung benötigt.

Fünf Faktoren werden Führung zukünftig erschweren:

• Die rasant wachsende technologische Komplexität,
• der Grad der Vernetzung von allem mit allem,
• die stetige Beschleunigung aller Entscheidungsprozesse,
• die wachsende Multikulturalität in allen Gesellschaftsbereichen, und
• der wachsende Druck, wirtschaftliches Handeln mit sozialer und ökologischer Verantwortung in Einklang zu bringen.

Die Autoren der *Bertelsmann Stiftung* erläutern: »Diese fünf Faktoren werden die Abhängigkeit in der Leadership-Follower-Beziehung verändern und einen tiefgreifenden Wandel von Führungsverständnis und -verhalten erforderlich machen.«[8] Führungskräfte werden mangelndes Wissen immer stärker von anderen Personen einholen müssen. Sie werden also bei Entscheidungen zunehmend auf Dritte angewiesen sein. Selbstgefälligkeit und Arroganz werden der Bescheidenheit weichen müssen. Um auf solches Wissen Zugriff zu erhalten, muss außerdem eine Kultur der Offenheit und Hilfsbereitschaft geschaffen werden. Jeder im Team muss sich in Zukunft als integraler Teil der Entscheidung beziehungsweise der Lösung sehen.

Wir Millennials haben eine ausgeprägte Kompetenz, mit den genannten fünf Problembereichen umzugehen. Dies lädt zum Umdenken ein: Erstens kann daraus gefolgert werden, dass Millennials möglicherweise viel fähiger sind, in einer digitalen Welt effektiv zu führen, als so manche derzeitige Führungskraft. Zweitens sollten Führungskräfte nicht davor zurückschrecken, sich durch Wissen von jüngeren Generationen bereichern zu lassen und von ihnen zu lernen, wenn es zum Beispiel um ein zukunftsfähiges Führungsverhalten geht. Das Reverse Mentoring, das wir in Etappe 4 ausführlich besprechen, bietet sich hierbei geradezu an.

In einer Welt mit ständigem Zugang zu allen erdenklichen Informationen kann jeder auf seinem Gebiet führend sein. Leadership sollte deshalb endlich vom Elitedenken abgekoppelt werden. Stattdessen kann man Führung als Weg zum Lernen und zur Persönlichkeitsreifung verstehen. Dabei geht es primär um individuelle Verantwortung, nicht um Hierarchie. Das wichtigste Kriterium für Führung in der Zukunft wird nicht die »richtige« oder die »falsche« Persönlichkeit sein. Stattdessen wird es darum gehen, einen erfolgreichen Führungsstil für ein sich ständig veränderndes Umfeld zu finden. Auch dazu später noch mehr.

Macht macht die Old Economy unproduktiv

»Das Hauptproblem in der Old Economy ist Macht«, sagt ein Bekannter, der in einem Dax-Konzern arbeitet. 70 Prozent ihrer Arbeitszeit verbringen Manager mit dem Absichern von Macht, meint der Schweizer Serial Entrepreneur Jonathan Möller.[9] Fast alles, was uns Millennials am »Old Way« frustriert, sind aus unserer Sicht Symptome der Macht. Der unverkennbare Machtanspruch erfolgreicher Manager schafft Distanz, wo Collaboration angebracht wäre. Noch geht es den meisten Unternehmen gut, daher bemerken sie die Dringlichkeit dieses Anliegens nicht. Wenn die alten Strukturen sich aber nicht von ihren Machtspielen befreien, wird es bald eng.

In besagtem Dax-Konzern gibt es einen Manager mittleren Alters. Seine Mitarbeiter nennen ihn humorvoll den »Meilen-Hans«. Denn Hans fliegt grundsätzlich nur Business-Class. Hans' Kollegen planen ihre Langstreckenflüge so, dass sie sich direkt vom Flughafen in das Büro am Zielort begeben. Nur dann rechtfertigt sich aus ihrer Sicht der immense Aufpreis des Tickets. Doch Meilen-Hans fliegt jede Distanz in der Business Class. »Nach seiner Ankunft schläft er erstmal bis zum nächsten Morgen, bevor er zur Arbeit kommt«, berichtet mein Bekannter, natürlich alles auf Firmenkosten. Hans' Meilenkonto ist das einzige, das davon profitiert. Doch Hans meint, dass er einen Rechtsanspruch darauf hat. Diese Selbstbedienungsmentalität ist, wenn man den Medienberichten folgt, in früheren Generationen alles andere als ein Einzelfall. Hans' Verhalten wäre für ein Unternehmen im digitalen Wettbewerb viel zu kostspielig. Für uns Millennials ist sein Verhalten unverständlich, zumal es am Ende die Kunden bezahlen müssen.

Wenn wir nach alten Organisationsmustern gehen, dann sieht die Vorstellung von einem Team etwa so aus: Es gibt einen Entscheider, seinen Assistenten und die ausführenden Teammitglieder. Das Team arbeitet nach Kommando des Entscheiders. Ergebnisse werden beim Assistenten abgeliefert, denn der direkte Kontakt zum Entscheider bleibt aufgrund von Hierarchie verwehrt. Oft besteht Konkurrenz zwischen Teammitgliedern, denn jeder will reichlich Anerkennung vom Entscheider erhalten. Der Assistent agiert als Türsteher und Wachhund, der weder mit dem Team noch mit dem Entscheider wirklich verbunden ist. Zu schade, dass dabei viel Potenzial verloren geht. Das Team arbeitet, obwohl es am selben Ort ist, über Distanz und mit Unterordnung.

Informationen werden in einer solchen Umgebung bei der Elite gehortet, nicht geteilt, um die Machtposition rechtfertigen und schützen zu können. Zu strategischen Runden werden grundsätzlich nur die älteren Manager eingeladen. In der »Welt der grauen Männer« bleibt man lieber unter sich. Die Führungskräfte haben wohl Angst, die »Jungen« könnten ihnen die hart erarbeitete Position streitig machen. Ihnen kommt gar nicht in den Sinn, dass es den Digital Natives vorrangig ums Gestalten geht und nicht um Macht. Millennials wollen sich netzwerkartig, dezentral und mit geringer Regeldichte organisieren. Keinesfalls aber wollen sie in die isolierten Teppichetagen der obersten Stockwerke.

Heutzutage müssen Entscheidungen immer schneller getroffen werden, um handlungsfähig zu bleiben. Ein potentes Team, so ist es auch im Sport, arbeitet gemeinschaftlich und auf Augenhöhe. Das gilt genauso für den Team-Kapitän, denn er ist auf jedes Teammitglied angewiesen. Warum sollte es im Unternehmen anders sein? Wir möchten vernetzt arbeiten: mit anderen Generationen, mit den anderen Abteilungen, mit den verschiedenen Hierarchieebenen, mit anderen Unternehmen. In einer digitalen Welt sind die Tage der Hierarchie gezählt. Und die Tage der Titel-Bedeutung erst recht. Wenn 19-Jährige mit ihren Technik-Skills Milliardenfirmen entstehen lassen, weichen schnell die alten Muster. Das bedeutet Mitbestimmung für alle, die zeigen, dass sie einen Beitrag zu entscheidenden Fragen leisten können.

»Wir sind eine völlig hierarchiefreie Zone und überlegen gemeinsam, wie wir eigentlich Unmögliches möglich machen können. Bei uns gibt es eine ›Mitsprachepflicht‹, bei der jeder sagen muss, was ihm gefällt und was nicht. Wir wollen wissen, wenn jemand eine Idee hat oder etwas kritisiert. Denn nur so kommen wir gemeinschaftlich nach vorne. Es kommen dabei ganz wunderbare Ideen heraus«,[10] sagt die mehrfach ausgezeichnete Sozialunternehmerin *Sina Trinkwalder*, fast selbst noch ein Millennial. Sie hat in Augsburg ein 140 Mitarbeiter starkes Textilunternehmen aufgebaut und zeigt, dass man in Deutschland durchaus bezahlbare Textilien produzieren kann, und das überwiegend mit Menschen, die auf dem Arbeitsmarkt benachteiligt sind.

Ermächtigung schafft Produktivität

Viele Manager sehen sich immer noch als das wichtigste Glied in der Firmenkette. Sie tun sich schwer damit, anzuerkennen, dass es Dinge gibt, die sie nicht wissen. In vielen Unternehmen wird eine solche Mentalität nicht eingedämmt, da die Untergebenen sich nicht trauen, etwas zu sagen. Nehmen wir ein gängiges Beispiel: Ein erfahrener Vertriebschef fühlt sich aufgrund konsumgetriebener Veränderungen gezwungen, von Kaltakquise zu Social Selling, also dem Verkauf über Beziehungen, zu wechseln. Leider beherrscht er weder das neueste CRM-System noch weiß er, wie man die vielfältigen modernen sozialen Kanäle sinnvoll nutzt. Dem Vertriebschef bleiben vier Möglichkeiten:

- Er ignoriert die Veränderung, damit sein Ego nicht beschädigt und seine Position nicht infrage gestellt wird. Bei der jetzigen Veränderungsgeschwindigkeit bleiben ihm nur wenige Monate, bis sich diese Ignoranz in den Zahlen zeigt.
- Er kauft teure Trainings von externen Anbietern, die diese Marktlücke längst kennen. Ohne Vertiefung dieses Knowhows werden allerdings weder er noch sein Team das Thema richtig beherrschen. Also wird auch diese Variante schlussendlich zum Flop.
- Ein drittes Szenario ist die Inanspruchnahme einer externen Marketing-Agentur, die fortan das Social Selling übernimmt und seiner Firma horrende Summen dafür berechnet. Das geht nur so lange gut, wie diese Ausgaben von den Einnahmen gedeckt werden können. Eine ökonomisch fragwürdige Variante.
- Viertens, Sie ahnen es wahrscheinlich schon, aktiviert er fitte Digital Natives aus dem eigenen Unternehmen. Zunächst einmal spart er Zeit und Geld. Außerdem fördert er vielversprechende Talente, gibt ihnen Lernmöglichkeiten und erhöht die Teammoral über seine eigene Abteilung hinaus. Aber was ist der Preis, den er dafür bezahlt? Er muss

von seinem Thron herabsteigen und anerkennen, dass er von jüngeren Kollegen lernen kann.

Für welche Variante würden Sie sich entscheiden? Und von wem lernen Sie?

Natürlich akzeptieren Millennials sehr wohl die Vorteile hierarchischer Strukturen. Aber sie wollen eine Hierarchie, die auf den neuen Werten aufbaut:

- Collaboration statt Zuarbeiten,
- Agilität statt Ablaufplan,
- Selbstverantwortung statt Kontrolle,
- konstruktives Feedback statt Machtgehabe,
- Potenzial statt Erfahrung, und
- Anerkennung für Leistung statt Status.

Dabei gibt die Führungskraft das große gemeinsame Ziel vor und stellt die Leitplanken auf. Fahren müssen die Mitarbeiter selbst. Wer ständig einem Navi folgt, verliert eigene Kompetenzen. Am Anfang mag die Fahrt noch etwas holprig sein, doch mit zunehmender Übung laufen die Menschen zu Hochtouren auf. Beim sturen Abarbeiten hingegen bleibt alles im unmotivierten Sollen und Müssen. Die Arbeitswissenschaft kennt diese Zusammenhänge längst. Nun fordern aber endlich die Millennials vehement ein, was sich die älteren Kollegen eigentlich auch immer gewünscht haben, bislang aber oft nicht auszusprechen wagten: Wir wollen raus aus den alten Schablonen. Selbstbestimmung verleiht den Menschen Flügel. Ein hohes Maß an Produktivität ist damit garantiert: Um 13 Prozent steigen, einer Untersuchung der *Universität St. Gallen* zufolge, die Umsätze der Unternehmen, die ihren Leuten mehr Freiheiten gewähren.[11]

Führung? Ja, sogar mehr, aber anders!

Jüngere Menschen haben in der Regel am Arbeitsplatz eine höhere emotionale Intelligenz als ältere Generationen, erklärt die Wirtschaftspsychologin *Lynda Shaw*.[12] Entgegen der Ansicht vieler älterer Generationen sind Millennials aufmerksam und empfänglich und können entsprechend reagieren. »Es ist zwar eine Verallgemeinerung, aber es ist auch meine Erfahrung«, sagt *Shaw*. Autor und *Talentsmart*-Gründer *Travis Bradberry* pflichtet bei, dass 90 Prozent der jungen Top-Performer eine hohe emotionale Intelligenz besitzen. Daher müssen sich Führungskräfte einen neuen, menschlicheren Managementstil aneignen, um ihre jungen Mitarbeiter effektiv zu führen. Denn wenn jemand, der gut darin ist, Menschen zu lesen und darauf zu reagieren, einem mechanischen Führungsstil unterzogen wird, kann er nicht effektiv arbeiten, erläutert *Shaw*. Um uns Millennials effektiver zu führen, ist es also für Leader entscheidend, zunächst die eigene emotionale Intelligenz zu entwickeln.

Und wie führen Millennials? Johannes steht gegen 14 Uhr von seinem Schreibtisch auf, geht zügig zur Kaffeemaschine und trägt eine Tasse frisch gebrühten Kaffee herüber zu Sven. Während er den Kaffee behutsam neben Svens Tastatur platziert, fragt Johannes, ob er noch etwas braucht. Sven schaut flüchtig von seinem Bildschirm auf und erwidert verlegen, dass er heute Abend ein Date habe, aber sein Hemd vorher noch zur Reinigung müsse. Bevor Sven den Satz zu Ende sprechen kann, hat sich Johannes den Kleiderbeutel geschnappt und ist schon auf dem Weg zur Tür.

Sven schreibt die Software für Johannes' Firma. Sven und Johannes arbeiten auf Augenhöhe, aber wenn jemand den anderen hofiert, dann ist es Johannes. Er, der Chef, hat verstanden, dass jede Rolle im Unternehmen primär eine Funktion ist, auch die des CEO. Er weiß, dass es sich besser arbeiten lässt, wenn der Arbeitsplatz frei von Problemen ist und Leistung anerkannt wird. »Ich würde ihm auch mein Auto geben, wenn er danach fragt«, sagt Johannes. »Denn Sven macht uns hier alle erfolgreich.«

Ältere Generationen sind es gewöhnt, die Vor- und Nachteile einer Option gründlich abzuwägen, um Entscheidungen mit maximaler Sicherheit zu treffen. Wir Millennials, in der rasanten und komplexen digitalen Welt sozialisiert, handeln spontaner. Das Leben im Web ist atemlos. So wurde unser Gehirn auf kurz, knapp und schnell kalibriert. Wir wollen nicht lange rumdiskutieren, sondern besser gleich ausprobieren. Die Fülle und Geschwindigkeit der Reize, die auf sie einprasseln, führen zu einer verkürzten Aufmerksamkeitsspanne. »Mit weniger Geduld, Konzentration und Disziplin stürzen Millennials sich auf Trends und entscheiden eher oberflächlich als lang und breit durchdacht. Alles andere kostet zu viel Zeit und Nerven«, meint mein Freund Richard, der über 20 Jahre bei Microsoft mit zahlreichen Generationen zusammengearbeitet hat. Zwar setzen wir Millennials stark auf Intuition, doch viele haben unterentwickelte Filter. Wir übernehmen schnell, was wir lesen oder von anderen hören. Dabei vergessen wir manchmal abzuwägen, wie glaubhaft oder sinnvoll eine Information tatsächlich ist. Da hilft uns die Erfahrung der Älteren sehr.

Steli Efti, Gründer der Cloud-CRM Plattform *close.io* berichtet in seinem Blogpost *How Silicon Valley made me think small*[13] (zu Deutsch »Wie Silicon Valley mich klein denken ließ«) davon, dass Millennials oft unrealistische Luftschlösser bauen. So mancher unskeptische Hipster denkt, er könne die Welt in ein, zwei Jahren komplett verändern. So jemand gehört nicht aufs Abstellgleis, sondern an die Hand genommen. Denn das Potenzial dieser Visionäre ist riesig. »Der Tod eines Traums ist der Tag, an dem man nicht mehr an die Arbeit glaubt, die nötig ist, um dorthin zu gelangen«, sagt *Chris Burkmenn*. *Efti* rät, solchen Freigeistern aufzuzeigen, wie sie durch Miniprojekte bereits heute und ganz konkret einen kleinen Unterschied herbeiführen können.

Digital Natives wünschen sich eine kontinuierliche Weiterbildung, sei es, um ihre Arbeit professioneller erledigen zu können oder um für den nächsten Karriereschritt gewappnet zu sein. Sie begnügen sich nicht mit dem Wissensstand zu einem gegebenen Zeitpunkt. Lebenslanges Lernen ist für sie ganz normal. »Das ist anders als in früheren Generationen«, berichtet *Carine*

Leroy, HR-Chefin bei der Investment-Firma *Sofina*. »Wir müssen unsere Baby Boomer und Angehörige der Generation X oft dazu zwingen, Fortbildungen zu besuchen. Sie bleiben fern, während sich die Millennials um solche Angebote geradezu reißen.« Attraktive Förderprogramme, Sprachkurse, Auslandsaufenthalte und so weiter kosten natürlich Zeit und Geld, doch so gewinnt man die Loyalität der Digital Natives. Eine Bekannte schlug mir vor Kurzem eine Art interne Universität vor, in der Mitarbeiter Punkte sammeln können, indem sie Schulungen, Online-Kurse, Kundentermine und Konferenzen besuchen. Sie erhalten ebenso Punkte, wenn sie Workshops für Kollegen machen. So sieht eine moderne Lernkultur aus.

Disney ist für viele Amerikaner der unangefochtene Vorreiter in Sachen Service und Kundenerlebnis. Diesen Status hat die Firma nicht erreicht, indem sie nur hohe Gehälter zahlt. Wenn die Mitarbeiter sich nicht für die Werte der Firma interessieren, werden sie sich auch wenig um deren Erfolg oder die Kunden scheren. So steckt Disney viel Energie in die interne Kommunikation der Unternehmensphilosophie. In der *Disney University* werden die Beschäftigten darin trainiert, die Werte der Firma in die Herzen der Gäste zu bringen. Einer der Leitsätze für die Mitarbeiter, die in den Freizeitparks arbeiten, klingt so: »Kreieren Sie Überraschungen und magische Momente.« Kombiniert mit dem individuellen Talent der Mitarbeiter entsteht so die ganz spezielle »Disney Magic«, die *Disney* zu einem Highlight für alle Generationen macht.

Da wir gerade über Entlohnung sprechen: Eine Bezahlung oder Beförderung rein nach der Dauer des Arbeitsverhältnisses oder dem Lebensalter ist für uns Millennials nicht nachvollziehbar, sowas möchten wir nicht. Unsere Generation wünscht sich, nach Leistung gemessen, vergütet und befördert zu werden. Damit stellt sich auch gleich die Frage nach dem nächsten Karriereschritt. In vielen Branchen haben Arbeitgeber die absurde Vorstellung, dass Mitarbeiter ihnen lange Zeit treu bleiben müssten. Weil das aber zunehmend nicht mehr der Fall ist, hören sie auf, in ihre Mitarbeiter zu investieren. In einer meiner Lieblingsanekdoten, sie ist ziemlich bekannt, fragt der Finanzchef den Firmenchef: »Was passiert, wenn wir in die Entwicklung unserer Angestellten investieren und sie uns daraufhin verlassen?« Darauf antwortet der Firmenchef: »Was passiert, wenn wir das nicht tun, und sie bleiben?« Weiterbildung verbessert nicht nur die Leistung Ihrer Mitarbeiter. Sie stärken damit auch Ihren Ruf am Arbeitsmarkt. Nutzen Sie dies für Ihr Employer Branding, es macht Sie zu einem Magneten für Toptalente.

Nun noch ein paar Gedanken zur Fehlerkultur: Zwar weiß jeder, dass Menschen Fehler machen. Wir wissen auch, dass wir an Fehlversuchen wachsen. Ganz im Gegensatz zur amerikanischen Kultur wird aber im deutschsprachigen Raum Scheitern mit Versagen gleichgesetzt. Das hindert uns daran, schnell Fortschritte zu machen. Gescheiterte Unternehmer werden hierzulande stigmatisiert. Sie verlieren ihr Ansehen und man macht es ihnen unglaublich schwer, wieder auf die Beine zu kommen. »Es fehlt eine Kultur des Scheiterns« schreibt *Die Presse* im Sommer 2016.[14] Immer mehr Medien pflichten dem bei. Wir Millennials fühlen uns inspiriert von den Geschichten bekannter Unternehmer, die vor ihrem Durchbruch einige Male gescheitert sind. Ob *Richard Branson*, *Mark Zuckerberg* oder *Jack Ma*, der Gründer-CEO der chinesischen *Alibaba Group*: Die Offenheit ihres Umfeldes für ihr Scheitern machte sie erst zu den Weltveränderern, die sie nun sind. In der digitalen Welt ist eine gesunde Fehlerkultur eine Riesenchance – und ein Wettbewerbsvorteil noch dazu.

Tata Motors, eines der erfolgreichsten Unternehmen auf dem indischen Subkontinent, zeichnet monatlich die beste gescheiterte Idee aus, durch die das Unternehmen etwas lernen konnte. Jeder Mitarbeiter weiß damit sogleich: Das wird uns hier nie wieder passieren. Und sofort ist das gesamte Team einen Schritt weiter. Fehler machen heißt üben, um siegen zu lernen. Wenn man Fehler hingegen verbirgt, machen andere möglicherweise bald den gleichen Fehler und das Ganze wiederholt sich unzählige Male.

»In jeder Töpferei liegen auch Scherben«, sagt ein ägyptisches Sprichwort. Nur da, wo nichts passiert, passieren garantiert keine Fehler. Ohne Fehlermachen ist Lernen gar nicht möglich. Die einzigen Fehler, die nicht toleriert werden können, sind Absicht, Nachlässigkeit und Schlamperei. Ansonsten ist ein Fehler erst wirklich ein Fehler, wenn er zum zweiten Mal passiert. »Bei uns darf jeder Fehler machen, nur nicht den, ihn zum Schaden der Firma zu vertuschen.« Das sollte in den Leitlinien eines jeden Unternehmens stehen.

In der alten Industriekultur konnte jeder Produktionsfehler den Ruin bedeuten. Digitale Produkte hingegen sind sowieso niemals fertig. Sie kommen als Beta-Version auf den Markt und werden mithilfe der User ständig verbessert und weiterentwickelt. Natürlich gibt es auch eine Menge Flops. In der Startup-Szene finden deshalb die schon erwähnten »Fuckup-Nights« sehr reichlichen Zuspruch. Ihren Ursprung hatte die Bewegung in Mexico City, wo 2012 fünf gescheiterte Unternehmer zusammenkamen, um sich gegenseitig von ihren Misserfolgen zu erzählen. Inzwischen ist daraus eine geschützte Marke geworden. Wenn Sie ein solches Event planen, dann nennen Sie es besser nicht Fuckup-Night. Sonst könnte es sein, dass unliebsame Post aus Mexiko kommt.

Findet eine solche Aktivität intern statt, ist ein geschützter Rahmen nötig, damit alles offen und ehrlich auf den Tisch kommen kann. Jede auf einem solchen Aus-Fehlern-lernen-Event erzählte Geschichte hilft den Anwesenden dabei, genau die Fehler zu vermeiden, die andere schon hinter sich haben. Zudem gibt es inzwischen Firmen, die Bewerber bevorzugen, die schon mit einem Projekt gescheitert sind. Sie wissen um den Wert dieser Erfahrung. Eine ausgeprägte Fehlerlernkultur ist essenziell für die Zukunftsfähigkeit eines Unternehmens.

New Work: Die Verschmelzung von Arbeit und Freizeit

»Wenn wir unsere Mitarbeiter nicht kontrollieren, verbringen sie die meiste Zeit auf *Facebook* und so«, hört man verunsicherte Manager sagen. Uns scheint, das sind meist Führungskräfte, die in ihre Mitarbeiter weder Vertrauen noch Interesse stecken. Auch hört man, dass viele Mitarbeiter ja wohl gar nicht wüssten, wann sie am effektivsten seien, von daher sollte man ihnen besser Vorgaben machen. Doch genau dagegen wehren wir Millennials uns, denn wir möchten selbstbestimmt arbeiten und gestalterisch tätig sein. Wir wünschen uns Vertrauen von unseren Vorgesetzten. Das macht uns leistungsstark. Auch die Forschung zeigt: Selbstbestimmte Ziele werden eher erreicht als fremdbestimmte Ziele. Jeder weiß am besten selbst, was er kann.

Wir sollen alle zur gleichen Zeit zur Arbeit kommen, obwohl wir zu unterschiedlichen Zeiten produktiv sind. Wir sollen alle die gleichen Arbeitswerkzeuge verwenden, obwohl nahezu alles mit allem vernetzbar ist und jeder Mitarbeiter andere Präferenzen hat. Wir sollen alle dieselbe Führung erhalten, obwohl manche Menschen eher bei disziplinärer Führung und andere bei lockerer Führung zur Hochform kommen. Als Arbeitnehmer werden wir behandelt wie »Yes, Sir«-Soldaten. Doch Bevormundung führt zur Verstümmelung des Selbstvertrauens und der Kreativität.

So mancher Manager bildet sich ein, dass über Drohungen und finanzielle Anreize alle Mitarbeiterprobleme gelöst werden können. Und dann glauben sie noch, die Mitarbeiter würden kommen, um zu bleiben. Falsch gedacht. Heutzutage geht es darum, einen Raum zu schaffen, in dem sich der Mitarbeiter geborgen fühlt, um im Team sein Bestes zu geben und sich entwickeln zu können. Und das alles so lange, bis die Zeit gekommen ist, weiterzuziehen, um sich in einem anderen Umfeld neu zu entfalten.

Betreutes Arbeiten wollen wir nicht

Wenn jeder zu seiner individuell passendsten Zeit arbeiten, kreativ sein und schlafen könnte, wären die Ergebnisse ganz sicher besser. Stattdessen denken die meisten Arbeitgeber immer noch, ein Standardformat wie der Achtstundentag zwischen neun und 17 Uhr sei für alle gleichermaßen ein sinnvolles Modell. Gut, dass der technologische Fortschritt uns hilft, präzise zu bestimmen, welche Arbeitsform, welche Arbeitszeit und welcher Arbeitsort am besten für eine bestimmte Person und Aufgabe ist. Startups erkunden das Gebiet der körperlichen *und* geistigen Arbeitsproduktivität längst ganz intensiv, zum Beispiel auch durch Selbstmessung am eigenen Leib. So kann zugleich die Verantwortung übertragen und die Verpflichtung eingefordert werden, die besten Umstände für ein optimales Arbeitsergebnis frei zu wählen. Das stärkt die Selbstständigkeit und fördert Ehrgeiz. Auf diesem Weg kann die Command & Control-Welt verlassen und eine Kultur der Selbstverantwortung implementiert werden. Die meisten Millennials in Führungspositionen haben diese Einstellung längst.

Mein Bekannter Jakob arbeitete als junger Mitarbeiter bei einem großen Berliner Modelabel. Eines Tages schlägt er seinem Chef vor, einen neuen Verkaufskanal aufzubauen, in dem eine ganz bestimmte Zielgruppe angesprochen wird. Der Chef schenkt ihm wenig Aufmerksamkeit. Keine drei Monate nach dem Gespräch hat Jakob sein eigenes Unternehmen gegründet, das genau diese Idee verfolgt. Weitere neun Monate später ist Jakobs Unternehmen profitabel und erwirtschaftet Umsätze, die der Ex-Chef zu seinen hätte zählen können. Aber nicht nur das. Jakobs Freunde aus dem alten Unternehmen arbeiten inzwischen bei ihm. Zudem wirbt er dem alten Arbeitgeber wichtige Kunden ab, da der von ihm eingeschlagene Weg viel innovativer ist.

Die Digital Natives haben einen Riecher für Chancen am Markt. Und sie wissen, wie man intelligent auf neue Märkte reagiert. Wer wie Jakob Vorschläge macht, hat sich im Vorfeld

Gedanken gemacht, sich mit seinem Netzwerk beraten und ist überzeugt vom Erfolg der Idee. Ihm Zeitressourcen und ein Budget zur Verfügung zu stellen, um dem vorgeschlagenen Projekt eine Chance zu geben, könnte sich als eine gute Idee erweisen. Sie könnten Jakob zum Beispiel gestatten, dass er in den kommenden sechs Wochen freitags nach 14 Uhr zwei Stunden an seinem Projekt arbeiten darf. Am Ende dieser Periode muss er einen Bericht abliefern und unternehmerisch sinnvolle Vorschläge für das weitere Vorgehen machen.

Ambitionierte Digital Natives wissen, wie schnell man ein Produkt erschaffen und vermarkten kann. Wenn sie eine potente Idee im Kopf haben, scheuen sie sich nicht, auf eigene Faust durchzustarten. Ein Unternehmen ist heutzutage schnell gegründet. Die Markteintrittsbarrieren sind in vielen Branchen sehr niedrig. Das nötige Startkapital kann relativ zügig aufgetrieben werden. Wir sind gut vernetzt und finden rasch Unterstützer. Falls das nicht reicht, ist der Zugang zu Herstellern von Prototypen, zum Beispiel via *Alibaba*, einfacher als jemals zuvor. Die Vermarktung einer Idee über Plattformen wie *Kickstarter* und *ProductHunt* geht mit ein paar Klicks. Individuelle Logos und Designs können über *99designs* in wenigen Stunden professionell in Auftrag gegeben werden. Eine simple Website ist über Site-Builder wie *Wix* oder *Squarespace* in unter 60 Minuten eigenhändig erstellt.

Das zeigt: Erwerbsarbeit kann heute auf zahlreiche Weise geschehen. Der Wechsel zwischen angestellter und selbstständiger Arbeit ist relativ unkompliziert möglich. Die Auswirkungen dieser Entwicklung auf die Unternehmensstrukturen werden zunehmend deutlich. An die Stelle der klassischen, räumlich und zeitlich begrenzten Karrierebilder tritt eine Vielzahl von Vollzeit-, Teilzeit- und Auszeit-Modellen, die jeweils versuchen, Arbeit und Leben in Einklang zu bringen. Besonders junge Mitarbeiter sind jederzeit und überall arbeitsfähig. Der feste Büroarbeitsplatz wird von ihnen meist nicht mehr benötigt. Arbeit kann zu einem Teil unserer Lebensqualität werden. Eine sinnvolle Taktung zwischen Arbeit und Leben, die für unsere Urahnen selbstverständlich war und erst im Industriezeitalter zerlegt worden ist, kann wieder entstehen.

»Hot desking« könnte ein simpler Start für traditionelle Arbeitgeber sein, um der neuen Arbeitsweise näherzukommen. Im Amsterdamer Bürogebäude *The Edge* zeigt der Hauptmieter *Deloitte* der Welt, wie Technologie den Arbeitsplatz der Zukunft optimiert. Und das schon heute. Eine Smartphone-App greift auf den Kalender der Mitarbeiter zu und stellt fest, welche Art von Arbeitsbereich sie an diesem Tag benötigen. Dann schlägt die App entweder einen Schreibtisch, Stehtisch, Konferenzraum oder einen sogenannten Konzentrationsraum vor. Niemand hat einen zugewiesenen Sitzplatz.

Andere intelligente Funktionen des Bürogebäudes sind zum Beispiel eine optimierte Identifizierung und natürliche Raumgestaltung. Wenn der Mitarbeiter in die Garage fährt, analysiert eine Kamera ein Foto von seinem Nummernschild. Die App führt ihn dann zu einem verfügbaren Parkplatz. Sobald die Person an ihrem Arbeitsbereich ankommt, passt die App die Licht- und Temperatureinstellungen entsprechend ihrer Präferenzen den Einstellungen an, die bereits vorgespeichert sind. Durch eine intelligente Architektur und Variationen von Luftströmungen fühlt es sich an, als ob man im Freien arbeitet. Jeder Arbeitsbereich ist weniger als sieben Meter von einem Fenster entfernt und trotzdem merkt niemand den Lärm der nahen Autobahn, den die speziell gestaltete Fassade ableitet.[15]

Lifestyle jetzt! Bis 65 warten ist unakzeptabel

Wir Millennials werden geleitet von der Vorstellung, dass wir neben unserer Erwerbstätigkeit schon jetzt unser Leben genießen können. Wir wollen nicht erst im Alter ausgiebig reisen und kreative oder soziale Projekte vorantreiben, sondern hier und heute. Das Ideal für die meisten Millennials? Ein Arbeitsmodell, bei dem sich die Arbeit an die Bedürfnisse jedes Einzelnen anpasst. Wir wissen, die berühmte Work-Life-Balance funktioniert nur bedingt. Digital Natives wünschen sich stattdessen Work-Life-Blending, also die Verschmelzung von Arbeit und Freizeit. Wird das nicht möglich gemacht, kehren viele dem Angestelltenverhältnis einfach den Rücken. So einfach kann man High Potentials verlieren.

Mitarbeiter sind eben auch Menschen mit Zielen, Träumen und Wünschen außerhalb der Arbeit. Wenn Führungskräfte darauf eingehen, können sie von ihren Beschäftigten überproportionale Hingabe erwarten. Denn für flexible Arbeitsmodelle sind wir bereit, härter zu arbeiten. Ein Beispiel ist die Berliner Agentur *Frische Fische*, bei der der Geschäftsführer die Vier-Tage-Arbeitswoche eingeführt hat. Die Mehrheit der Belegschaft arbeitet je zehn Stunden an vier Tagen, dann folgen drei freie Tage am Stück. Diese Variante zeigt, dass das traditionelle Fünf-plus-Zwei-Modell ernsthafte Konkurrenz bekommen hat, und zwar nicht nur in der Theorie.

Flexibilität ist ein zentraler Wert für unsere Generation. Wir möchten Arbeit und Privatleben flexibel und in Eigenregie kombinieren. Die schon erwähnte *Deloitte*-Studie bestätigt: Das gegenwärtige Niveau der Flexibilität ist nicht im Einklang mit den Wünschen von Millennials. 88 Prozent der Befragten wünschen sich, innerhalb gewisser Grenzen aussuchen zu dürfen, wann sie ihre Arbeit beginnen und beenden. Die Fitness in der Früh und der erwartete Arbeitsbeginn spätestens um neun sind mit dem traditionellen Arbeitsmodell schwer vereinbar. Was aber, wenn sich unsere Produktivität durch den Morgensport deutlich erhöht? Und wen ziehen Sie vor: Einen hörigen Mitarbeiter mit durchschnittlicher Motivation oder einen selbstverantwortlichen Mitarbeiter mit überdurchschnittlichem Engagement?

Daueranwesenheit? Wozu denn?

Die größte Lücke zwischen dem aktuellen Dürfen und Wünschen und der betrieblichen Realität hat die *Deloitte*-Studie in punkto Fernarbeit und Home Office ausgemacht. 75 Prozent der Millennials wünschen sich, häufiger zu Hause oder an anderen Orten arbeiten zu können, an denen sie das Gefühl haben, produktiver zu sein. Doch nur 43 Prozent dürfen das auch. Schade! Wer unser ganzes Können will, sollte sich besser von altmodischen Arbeitsmustern trennen. Die mögen im Industriezeitalter sinnvoll gewesen sein, doch heute sind sie Rohrkrepierer. Kreativität und Hingabe gedeihen nun einmal nicht nach Stundenplan und auf Befehl.

Pure Anwesenheit ist kein Garant für Leistung. Das leuchtet wohl jedem ein. Wieso ist sie dann der allseits anerkannte Maßstab dafür? Die Unternehmensverantwortlichen stehen definitiv vor der Aufgabe, ihre Arbeitszeitmodelle neu zu definieren. Je nach Branche, Geschäftszweck und Kundenstruktur ist das natürlich verschieden. Doch Anwesenheit ist dabei optional. Infolge der globalen ökonomischen Verflechtung und der zunehmenden Zahl ausgelagerter Dienstleistungen ist die räumliche Nähe für den Arbeitserfolg schon lange keine Anforderung mehr. Wer tatsächlich erscheint, bekommt Zugang zu einer Arbeitsumgebung mit Freizeitwert. Denn zur permanenten Anwesenheit gehört als Gegenstück die Möglichkeit zu Regeneration und Entspannung.

Fakt ist: Das Internet hat die Arbeitswelt komplett verändert. Spätestens seit Erscheinen des Bestsellers *Die 4-Stunden-Woche* von *Tim Ferriss* steht die Sicht vieler Digital Natives auf Erwerbsarbeit kopf. Der Autor verdeutlicht, dass es durch den digitalen Fortschritt möglich ist, eine Firma vom Computer aus zu starten und sich somit einen neuen Lebensstil aufzubauen. Man muss nicht mehr bis ins hohe Alter warten, um Zeit für seine Träume zu haben. Man arbeitet hochfokussiert an seinem

»Freedom Business« und erwirtschaftet sich so ein mobiles und flexibles Leben, ganz ohne nervige Chefs, Pflichtanwesenheit und Urlaubsanträge. So zumindest die Theorie. Das Buch bedient die Nische zwischen Startup-Lektüre und persönlicher Entwicklung. Hunderttausende Digital Natives sehen es als ihre Bibel an.

In unseren Köpfen hat *Die 4-Stunden-Woche* die Denkweise manifestiert, dass Arbeit und Freizeit vereinbar sein können. Schon in der Generation X wurde deutlich, dass der Anstieg des Phänomens Midlife-Crisis nur eines bedeuten konnte: Man realisierte, dass man sich jahrelang für jemand anderen aufgeopfert und dabei seinen eigenen Lebenssinn vernachlässigt hatte. Die Erkenntnis, dass es auch Alternativen gibt, führte zu einer regelrechten Flucht in Sabbaticals oder Neuanfänge. Für viele, die den späten Absprung nicht schafften, war ein Burnout mit langwieriger Reha und Spätfolgen die Konsequenz. All das haben die Millennials genauestens beobachtet. Die Angst vor so einem Schicksal, gepaart mit den Chancen, die das Internet bietet, führt zu einer Re-Evaluierung von Arbeit und Lifestyle.

Studien zeigen zudem, dass die Verschmelzung von Arbeitszeit und Privatleben in den meisten Fällen zugunsten des Arbeitgebers ausfällt. Den berühmten »Feierabend« gibt es nicht mehr. Am Wochenende für die Firma erreichbar zu sein, ist für die meisten Angestellten völlig normal – und wird auch erwartet. Eine Studie fand heraus, dass jeder zweite Arbeitnehmer berufliche Telefonate und geschäftliche E-Mails in der Freizeit beantwortet. Fast jeder Achte tut dies sogar täglich. Und ein Fünftel der Arbeitnehmer arbeitet mindestens einen Tag an jedem Wochenende.[16] Die strikte Trennung von Arbeits- und Privatleben verschwindet. Da nun die Mitarbeiter den Unternehmen Privatzeit schenken, müssen die Unternehmen ihren Mitarbeitern auch Eigenzeit während der Arbeit schenken. Eine perfekte Vereinbarkeit von Familie, Beruf und Freizeit ist damit nah.

So geht Work-Life-Blending

Immer mehr Arbeitnehmer, vor allem Millennials, sehen das Home Office, die Vertrauensarbeitszeit und flexible Urlaubsmodelle als integralen Bestandteil der modernen Arbeitswelt. Maria, eine gute Bekannte aus Amsterdam, ist angestellte Teamleiterin bei einem dort ansässigen Seminarveranstalter. Ihr ist es trotz des hohen Arbeitsaufkommens erlaubt, über ihren Urlaub komplett selbst zu verfügen, also auch über die Anzahl der Tage, die sie sich nimmt. Die Firmenleitung kennt Marias Potenzial und weiß, dass ihre Gewissenhaftigkeit durch diesen Freiraum, den man ihr gibt, sogar noch wächst.

Auch mein früherer Chef David versteht diesen Zusammenhang äußerst gut. Ich war Business Developer bei der von David gegründeten digitalen Agentur *Antiloop* in Barcelona. Für das Team hatte David einen ganzen Abschnitt in einem renommierten Coworking Space gemietet, und wir hatten ihn mit weichem Kunstrasen und automatischen Stehtischen ausgestattet. Gemeinsame Mittagessen, flexible Arbeitszeiten und regelmäßige Aktivitäten mit dem Team sind bei *Antiloop* gang und gäbe. David weiß, dass sich diese Maßnahmen sehr positiv auf den Zusammenhalt, die Mitarbeitermotivation und die Arbeitsergebnisse auswirken.

Eines Tages kam David zu mir und bat mich um eine außergewöhnliche Recherche. Er hatte die Idee, für das gesamte Team eine viermonatige Workation (work + vacation) zu organisieren. Das ist eine Mischung aus Arbeit und Urlaub. In unserem Fall bedeutete das konkret, ein achtköpfiges Team nach Lateinamerika zu fliegen, dort ein Haus zu mieten und in unserem Winter von dort aus unsere Arbeitsprojekte zu machen. Klar, alles bezahlt von der Firma. Die Motivation im Team war dementsprechend hoch. Nach einigem Suchen und intensiver Abstimmung mit allen legten wir uns auf Brasilien fest. Schon kurz darauf planten wir unsere Abreise. Was soll ich sagen: Alle hatten eine wunderbare Zeit. Die Arbeit ging prächtig voran und die Kunden waren von den Ergebnissen hocherfreut.

Natürlich ist dieses Beispiel nicht auf jedes Team eins zu eins übertragbar. Es zeigt aber deutlich, was möglich und für manche Chefs schon selbstverständlich ist. David hatte nie etwas von Management oder Führung gelernt, denn er ist ein eher introvertierter Programmierer. Stattdessen nutzt David seinen gesunden Menschenverstand, um die Welt für seine Mitmenschen besser zu machen. Man kann sich an Davids Verhalten ein Beispiel nehmen. Eine solche Work-Life-Kultur spiegelt die Wertschätzung für die ihm anvertrauten Mitarbeiter wider und zieht die wirklich guten Talente an.

Angestellte im Digitalzeitalter, so heißt es, werden nicht von Autoritäten, sondern von ihren eigenen Werkzeugen gesteuert.[17] Softwareprogramme übernehmen zunehmend die Planung und Ausführungskontrolle. Künstliche Intelligenzen sind nun die Chefs. Für die jüngere Generation ist das meist das kleinere Übel. Viele schränkt das gar nicht erst ein. Wer überdurchschnittliche Leistung erbringt, dem macht es nichts aus, dass diese gemonitort wird. Ganz im Gegenteil. So sind die Ergebnisse wenigstens objektiv messbar, können dementsprechend bezahlt werden und unterliegen nicht länger dem subjektiven Urteil eines Evaluierungsprozesses im Mitarbeiterjahresgespräch. In den USA ist Echtzeit-Monitoring längst normal. Überall hängen Bildschirme, die zum Beispiel zeigen, was jeder Mitarbeiter gerade verkauft. So kann man auch dem »Social Loafing« entgegenwirken. Dieses »Faulenzen in der Gruppe« gibt es zum Beispiel beim Tauziehen oder beim Rudern, nicht aber beim Staffellauf, denn dort werden die Zeiten jedes einzelnen Läufers sichtbar gemacht.

Mit dem Einzug computergestützter Programme zur Leistungsmessung fallen viele Überwachungsfunktionen des mittleren Managements weg. Zum Beispiel gibt es Zeiterfassungssoftware wie *Hubstaff*, die automatisch Screenshots erstellt und Belege für getane Arbeit an Manager übermittelt. Man kann sich einfach von zu Hause aus an die Arbeit machen, und das Programm berichtet, wie fleißig man war. Dadurch spart man sich den Weg zur Arbeit, kann flexibler zu privaten Terminen erscheinen und ist stets in einer Arbeitsumgebung nach eigenem Gusto.

Proaktiv ist am besten

Veränderung braucht Mut, Wissen und die richtigen Helfer. Dabei kann Wandel auf viererlei Weise erfolgen, wie *José Luis Cordeiro* von der *Singularity University* erläutert: passiv, reaktiv, pre-aktiv, proaktiv. Wenn Sie passiv reagieren, schaden Sie sich und Ihrer Firma am meisten. Sie handeln dann wie der Strauß, der dem Sprichwort zufolge den Kopf in den Sand steckt. Er ist in der Annahme, er könnte auf die Art seinem unausweichlichen Schicksal entkommen. Solches Verhalten sieht man derzeit allerorts, im Mittelstand genauso wie in Konzernen. Sie können es noch so sehr ignorieren und von sich weisen, aber entkommen können Sie dem Wandel nicht.[18]

Ihre zweite Möglichkeit ist ein reaktives Verhalten. Das bedeutet, dass Sie nur dann in Aktion treten, wenn es ein Problem gibt, das etwa durch diesen Wandel ausgelöst wurde. Nehmen wir an, Sie entlassen einen Millennial, denn Sie haben beobachtet, dass es zwischen ihm und dem Unternehmen an Passung fehlt. Er wollte sich einfach nicht unterordnen – so, wie Sie das von Baby Boomern gewohnt sind. Wenn Sie dabei nicht verstehen wollen, welche strukturellen Probleme auf Ihrer Seite dazu geführt haben könnten, wiederholt sich das Spiel beim nächsten Mitarbeiter dieser Generation. So lange, bis die Guten alle weg sind und nur noch die Niedrigperformer verbleiben.

Im dritten Fall handeln Sie pre-aktiv. Das bedeutet, dass Sie sich vor dem Ernstfall abzusichern versuchen. Statt die Wurzel des Übels anzupacken und sich Wege zu überlegen, wie Ihr Unternehmen zukunftsfit wird, wehren Sie sich dagegen, indem Sie einfach so lange wie möglich neue Mitarbeiter der älteren Generationen einstellen und weiterbilden. Das kann auf zweierlei

Weise kostspielig werden: Zum einen geben Sie unterm Strich wahrscheinlich mehr Geld aus, denn deren Training in digitalen Belangen ist intensiver als das für junge Leute. Zweitens wird die Umstellung schlussendlich dann doch auf Sie zukommen, und dies wird dann ein riesiger Brocken.

Letztlich bleibt Ihnen die vierte Variante und damit die sinnvollste: Sie nehmen den Wandel mit einem proaktiven Verhalten an. Sie verknüpfen sich mit Millennials, vertrauen ihnen und versuchen, von ihnen zu lernen. Das mag zu Beginn einschüchternd oder kostspielig erscheinen, doch es kommt schlussendlich günstiger als die Alternativen. Sie können zudem davon ausgehen, dass nicht alle Ihre Konkurrenten bis zu dieser vierten Handlungsoption vorgedrungen sind. Insofern haben Sie nun einen gewaltigen Vorsprung.

ETAPPE 3 –
DIE ZUKÜNFTIGE REALITÄT AUS
MILLENNIAL-SICHT

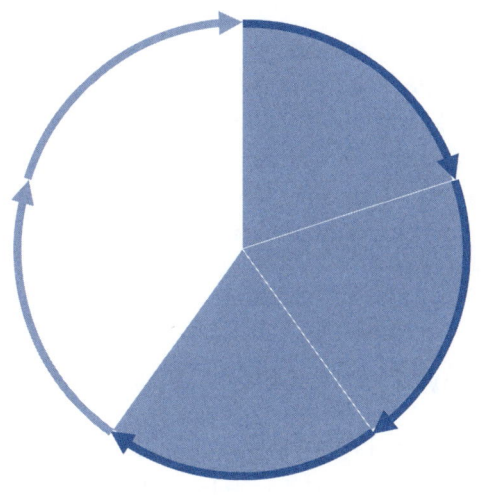

Die Industrialisierung revolutionierte die Körperarbeit, die Digitalisierung krempelt nun die Hirnarbeit um. Sie hat uns von der linearen in eine exponentielle Veränderung katapultiert. Sensoren sehen alles, Algorithmen rechnen alles, das Internet weiß alles. Und künstliche Intelligenzen werden bald bessere Gespräche führen können als der Mensch. Nur wer neue Technologien, neue Geschäftsmodelle und neue Arbeitsmethoden willkommen heißt, wird am Markt bestehen. So beschäftigen wir uns in der dritten Etappe mit Strategien für die nahe Zukunft:

1. Technologien als Treiber der Innovation
2. Methoden, durch die Sie an die Zukunft andocken können
3. Prototypen für die Unternehmen von morgen
4. Helfershelfer für die unternehmerische Zukunft

Eines ist dabei klar: Um die Zukunft aktiv mitgestalten zu können, werden agile Strukturen benötigt. Oft ist dies nur mithilfe ausgelagerter Teams zu erreichen, die abseits rigider Entscheidungsprozesse arbeiten können. Wer Courage und Entscheidungsfreude kultiviert, kann die semi-extern geschaffenen Innovationen im Unternehmen integrieren und so den Sprung in die Zukunft schaffen.

Die Next Economy: Technologie ist King

Es gibt die Geschichte vom Stammesoberhaupt eines indigenen Volkes, der zum ersten Mal in seinem Leben einen Barhocker zu Gesicht bekommt und umgehend beginnt, darauf loszutrommeln. Der Häuptling hat noch nie einen Hocker gesehen. In seiner Realität verwandelt sich der Gegenstand in eine Trommel. Dieses Experiment zeigt: Wir nehmen nur das wahr, was unserer Realität entspricht. Unser Gehirn lässt keinen Barhocker entstehen, wenn wir das Konzept des Barhockers nicht kennen.

Mit der Digitalisierung ist es ähnlich: Glauben Sie, dass Sie, ja Sie, nicht ein Arzt, in wenigen Jahren eine voll funktionsfähige Niere mit einem 3D-Drucker entstehen lassen können? Halten Sie es für möglich, in naher Zukunft mit 1300 km/h sicher über Land zu reisen? Visionäre im In- und Ausland entwickeln schon jetzt die Definition des Möglichen neu. Die passende technologische Plattform kann jedes Segment mit jeder Wertschöpfungskette vereinen und alles optimieren. Sie kann vorhandene Prozesse transformieren und sehr viel effizientere Wege des Wirtschaftens finden. So hat wohl mittlerweile jeder begriffen, dass »Business as usual« nicht mehr funktioniert.

Im Jahr 1998 hat der US-amerikanische Management-Experte *Spencer Johnson* mit der Parabel *Who Moved My Cheese* einen Weltbestseller geschrieben. Bildhaft und plakativ veranschaulicht er darin die Fähigkeit, mit Veränderung umzugehen, als überlebensnotwendigem Erfolgsfaktor. Erstaunlich genau beschreibt dieses Buch die Charakterstärken der digitalen Generation. Wir Millennials sind im Einklang mit Wandlungsprozessen. Und wer sich im Einklang befindet, minimiert Reibungsverluste. *Charles Darwin* erkannte schon vor über 150 Jahren: »Es sind weder die Stärksten, die überleben, noch die Intelligentesten, sondern diejenigen, die am anpassungsfähigsten sind.« Genau die werden auch fit für die Next Economy sein.

Newcomer schnappen sich Marktanteile

Viele Unternehmen haben es sich leider abgewöhnt, der Intuition einzelner Visionäre in ihren Reihen zu folgen. Sie verlassen sich auf ihre fragmentierte IT-Architektur, ihre »gefestigte« Marktposition und das immer gleiche Wiederholen der alten Prozesse, um Neues zu schaffen. »So haben wir das hier schon immer gemacht«, sagen sie gern. »Das sind unsere Kunden so gewohnt«, skandieren sie auch. Hilft das immer noch nicht, kommt das Ass auf den Tisch: »Never change a winning team.« Bis dann wie aus dem Nichts jemand um die Ecke kommt und alles ganz anders macht.

Im Jahr 1997 wurde die Videoverleihfirma *Netflix* in Kalifornien gegründet. Noch im Jahr 2004 war ihr größter Konkurrent *Blockbuster* im Video-Geschäft unschlagbar. Das Geschäftsmodell: Videoverleih über Ladengeschäfte. Doch das Blatt wendete sich schnell, und im Jahr 2010 war *Blockbuster* fast gänzlich vom Markt verschwunden. Im Januar 2014 wurden seine letzten Geschäfte geschlossen. Der Grund: *Netflix* erkannte und investierte früh in On-Demand-(Echtzeit-)Video-Streaming über das Internet. Zahlreiche Anbieter kamen seitdem hinzu und *Apple* nennt es adäquat »die Zukunft des Fernsehens«.[1] Das ist ein anschauliches Beispiel dafür, dass Innovationskraft verknüpft mit einer neuen Technologie wichtiger ist als die Marktposition.

Egal, ob klein oder groß, ob jung oder alt: Heutzutage können Unternehmen, die sich auf ihre Marktstellung verlassen, in kürzester Zeit durch solche, die am Puls der Zeit sind, aus der Bahn geworfen werden. Oft werden diese Newcomer von technologieaffinen Geeks der Generation Y entworfen. Okay, *Tesla*, *Netflix*, *Apple*, *Google* und andere wurden nicht von Millennials gegründet, sehr wohl aber von Impulsgebern mit den gleichen Mindsets. Und das zeigt ganz klar: Es ist nicht allein das junge Alter, das zählt. Vielmehr ist es die Haltung und das darin steckende Potenzial. Die wahren Hürden sind nämlich im Kopf. Alles Digitale kann man lernen.

Volkswagen ist ein Hersteller von Personenkraftwagen mit einer beeindruckenden Historie. *VWs* junger Konkurrent *Tesla Motors* (fortan *Tesla*) ist kein Kfz-Unternehmen, das Personenkraftwagen herstellt. *Tesla* ist ein Technologieunternehmen, das unter anderem Elektroautos produziert. Die Dominanz autonom fahrender Elektroautos als Zukunft der Mobilität ist absehbar. Schon jetzt macht *Tesla* den traditionellen Automobil-Herstellern massig Konkurrenz. Ein Software-Update ist in Sekundenschnelle auf den Bordcomputer aufgespielt. Dort löst es Probleme, für deren Behebung in der Werkstatt heute Stunden anfallen. In der digitalen Welt sind die Karten anders verteilt. Diejenigen, die mithilfe von Technologie die Nachfrage der nächsten fünf bis 15 Jahre bedienen, werden den Markt dominieren. Und das kann *Tesla* gut. *VW* hat, während ich das hier schreibe, für 2025 gerade einmal Allgemeinziele in Hinsicht auf selbstfahrende Elektroautos vorgestellt. Bei *Tesla* ist die Autopilot-Technologie schon längst eingebaut und wartet nur noch auf die allgemeine Zulassung der zuständigen Behörden.[2] Wenn Autos völlig ohne Fahrer fahren können, heißt das »Level 5« der Autonomie. *Teslas* Autopilot wird schon heute passiv genutzt. Er sammelt konstant Daten, um das Verhalten von menschen- und computergesteuerten Autos direkt zu vergleichen. Jedes Fahrzeug trägt also mit seiner lernenden Software dazu bei, dass diese verbessert in jedem Auto eingesetzt werden kann.[3] Und das wiederum wird vielen Menschen das Leben retten. Weltweit sind derzeit etwa 1,25 Millionen Verkehrstote pro Jahr zu beklagen, die Opfer der Umweltbelastung durch Kraftfahrzeuge noch nicht einmal mitgerechnet.[4]

Was macht *Tesla*, *Uber*, *AirBnB* und andere Newcomer so potent? Sie nutzen neueste Technologien, um die Online- mit der Offline-Welt zu verbinden, und zwar unter dem Stichwort: Alles für den Kunden. Sie wissen: Der Mensch wird niemals vollkommen digital sein. Das differenziert uns von Maschinen. Bei den Emotionen, bei der Sinnlichkeit und bei der Menschlichkeit – dort können wir den Unterschied zu Softwareprogrammen machen. Und die Sehnsucht danach wird steigen, je durchdigitalisierter alles um uns herum wird.

Die digitale Welt bringt uns allerdings Vorteile, die das physisch Mögliche weit übersteigen. Die Kombination aus mobilen Endgeräten mit Zugang zu den künstlichen Intelligenzen des Internet und unseren menschlichen Stärken lässt die besten Synergien entstehen. Die neuen Berufe haben vor allem mit Kreieren, Designen, Innovieren, Konsultieren, Koordinieren und Collaborieren zu tun. Sie verlangen Fantasie, Enthusiasmus, Wandlungsfähigkeit, Feinsinnigkeit, Gespür sowohl für die Menschen als auch für Technologie – und viel Intuition. Intuition ist eine Schnellstraße zum Ziel. Sie kann für mehr Entscheidungssicherheit sorgen, uns aber – wie Algorithmen – auch mächtig täuschen. Und Maschinen können menschliche Intuition (noch) nicht ersetzen.

Trends erkennen und für sich nutzen

Ein maßgeblicher Erfolgsfaktor der Zukunft ist der, mit der Komplexität der neuen Businesswelt umgehen zu lernen. Dafür muss man nicht nur neue Technologien optimal nutzen können. Eine weitere Fähigkeit ist erheblich und diese beherrschen wir Digital Natives besonders gut: mit einer Fülle von Informationen souverän umzugehen und passende Optionen herauszufiltern. Das haben wir schließlich von klein auf geübt. Multitasking ist etwas, bei dem keiner wirklich glänzt. Aber den zügigen Wechsel zwischen online und offline schaffen wir ausgezeichnet. Das Auswählen von passenden Lösungen aus einer Masse von Informationen ist für uns Routine. »Habit-Hacking«, also das Denken wider die Gewohnheit, das Aufbrechen veralteter Normen, das Verlassen von Systemen und die Entdeckungsreise zur Disruption ist unsere große Stärke. Und während die »Alten« mit ihren »Ja-abers« wertvolle Zeit verbummeln, haben die »Jungen« schon gangbare neue Wege parat.

Außerdem tun sich Millennials ziemlich leicht, Trends zu erkennen und optimal zu nutzen. Vor allem Disruption, also alte Strukturen radikal zu ersetzen, wenn diese nicht mehr dienen, ist die Fähigkeit, die große Unicorns wie *Snapchat, Shazam* und *WhatsApp* so erfolgreich gemacht hat. Unicorns, zu Deutsch Einhörner, sind Startups mit einer Bewertung von mindestens einer Milliarde US-Dollar. Ende 2016 gab es 177 solcher Unicorns, davon 99 in den USA, 37 in China, 19 in ganz Europa und acht in Indien. Die derzeit vier deutschen Unicorns heißen *Delivery Hero, HelloFresh, CureVac* und *Auto1 Group*. Unicorns schaffen in vielen Fällen keine völlig neuen Märkte, sondern entreißen den traditionellen Branchen Marktanteile, und zwar durch eine Kombination aus überlegener Technologie und einem überzeugenderen Kundenerlebnis.

In seinem Buch *Die dritte Welle* beschreibt *America-Online*-Gründer *Steve Case* die Entwicklung des Internets folgendermaßen: In der ersten Welle der 1980er- und 1990er-Jahre schafften große Firmen die technologische Grundlage, indem sie Hardware, Software und Netzwerke für das künftige Internet aufbauten. In der zweiten Welle folgte ab den 2000er-Jahren die Vernetzung von Marktteilnehmern. Suchmaschinen wie *Google* ermöglichten den Zugang zu Information. Marktplätze wie *Amazon* verknüpften Händler mit Käufern. Soziale Plattformen wie *Twitter* ermöglichten die soziale Interaktion im Netz. Und mobile Endgeräte wie Smartphones und Tablets befähigten den Abruf von Informationen in Echtzeit und von nahezu jedem Ort der Welt.

Das große Stichwort der Next Economy, also der bevorstehenden dritten Welle, ist Integration. Es geht in Zukunft darum, das Internet in alles zu integrieren, was wir haben und tun. Unser Zuhause, unser Auto, unsere Städte, die Agrikultur: Alles wird durch und durch digital. »Internet of Things« oder IoT wird das genannt. Es ist eine Entwicklung, die riesige Chancen und ungeheuerliche Herausforderungen an Unternehmen stellt. Vor allem sehr traditionelle Industrien werden durch neue Marktteilnehmer »disrupted«, die den derzeitigen Status quo so nicht akzeptieren. Sie sehen in der Paralyse der alten Marktführer glänzende Geschäftsmöglichkeiten. So werden nach und nach der Bildungssektor, das Gesundheitswesen, die Nahrungsmittelindustrie und der Verkehrssektor neu erfunden. Eine Studie des *World Economic Forum* und von *SAP* zeigt, dass erfolgreiche Unternehmen eineinhalb Mal häufiger neueste Technologien nutzen als die weniger erfolgreichen Unternehmen.[5]

Der Umbruch kommt selbst in regulierten Bereichen

Im regulierten Gesundheitswesen dominiert noch ein Relikt aus dem Industriezeitalter: das Faxgerät. Der Übergang zu einer digitalen Kommunikation könnte die Ausgaben für das Gesundheitswesen um 30 Prozent senken, schreibt *Steve Case*. Und er könnte massenhaft Fehler und Fehldiagnosen vermeiden. *Modern Healthcare* berichtet, dass sich das Investment in digitale Startups mit Fokus Gesundheitswesen bereits im Jahr 2014 im Vergleich zum Vorjahr mehr als verdoppelt hat.[6] Und das ist erst der Anfang. Die präventive Medizin könnte früher oder später die reaktive Medizin, also die Behandlung von Symptomen, ergänzen oder nahezu ganz ablösen, sagt Bestsellerautorin *Robin Farmanfarmian*. Daher beschäftigen sich immer mehr Unternehmen mit prädiktiver Analytik. So kann moderne Technologie einem Patienten anhand seiner DNA die Wahrscheinlichkeit einer zukünftigen Krebserkrankung vorhersagen, und das direkt vom Smartphone aus.

Auch die Nahrungsmittelindustrie steht vor dem Umbruch. Ein Umdenken, wie wir Essen anbauen, transportieren, lagern, ausliefern, zubereiten, verzehren und schließlich entsorgen, findet längst statt. Die Optimierung der Verfügbarkeit von Nahrungsmitteln anhand von Konsumvorhersagen, die auf historischen Daten und Vorhersagen basieren, könnten zu weniger Abfällen führen und unsoziale Verschwendung reduzieren. Ein Ofen, der verdorbenes Essen erkennt und nicht zubereitet, kann Konsumenten vor Krankheiten schützen. Ein Handy, dessen »Nase« schädigende Inhaltsstoffe in Lebensmitteln erschnüffelt, kann Leben retten. Sobald die Forschung neue Ergebnisse veröffentlicht, können diese per Update auf die entsprechende Haushaltsmaschine hochgeladen werden. Erkennen Forscher zum Beispiel die negativen Einflüsse einer Substanz, kann das der Ofen in Sekundenschnelle »lernen« und sofort anwenden.

Im Jahr 2060 werden 50 Prozent der urbanen Zentren neu entwickelte Städte sein, so *Enrique Peñalosa*.[7] Der Bürgermeister der neun Millionen Einwohner zählenden Metropole Bogotá bezeichnet Busse als »Demokratie in Aktion«. In der Stadt der Zukunft, so *Peñalosa*, nutzen sogar die wohlhabenden Bürger öffentliche Verkehrsmittel. Denn sie sind sicher, sauber und effizient. Er nennt als Beispiel Amsterdam. Demokratische Gleichheit bedeutet demnach, dass ein Bus mit 80 Passagieren 80 Mal so viel Platz auf der Straße bekommen müsste wie ein Auto mit einem Passagier. Das ist natürlich schwer umsetzbar. Doch moderne Technologie lässt uns »Smart Citys« schaffen, die effizienter sind und eine hohe Lebensqualität liefern. Das Pendeln geschieht dann reibungslos, denn die Technologie optimiert alle kritischen Faktoren wie Zeit, Aufwand, Kosten, Abgase und Verkehr. Sie kommuniziert Ausfälle und Planänderungen in Echtzeit, und Ihr digitaler Assistent organisiert alles für Sie vollautomatisch um, während Sie gemütlich beim Frühstück sitzen. Natürlich favorisiert er die Routen mit der geringsten Luftverschmutzung, wenn Sie das wollen.

Wenn es um Innovation im behördlichen Bereich geht, ist Estland der klare Vorreiter. Während Bürgerbüros in Deutschland nicht einmal eine einheitliche Software nutzen, und man für vieles immer noch »aufs Amt« gehen muss, bietet der kleine baltische Staat bürgerorientierte Digitallösungen vom Feinsten. Das *International Peace Institute* nennt das »dem Bürger des 21. Jahrhunderts die Behörden zugänglich machen«. Das Institut berichtet, dass Estland allein durch das digitale Unterschreiben von Dokumenten zwei Prozent seines Bruttoinlandsproduktes einspart.[8] In Deutschland wären das jährlich um die 60 Milliarden Euro. Neben dem digitalen Unterschreiben funktioniert in Estland zum Beispiel das Wählen, das Anmelden von Unternehmen, die Steuererklärung und die Verwaltung von Gerichtsverfahren digital. Estland hat die höchste Dichte an Startups pro Einwohner weltweit. Programmierkenntnisse werden dort bereits in der Grundschule vermittelt – und das schon seit 2012.

Besonders interessant für digitale Nomaden ist die E-Residency,[9] die es ermöglicht, zum digitalen Bürger Estlands zu werden.

Technologien als Treiber der Innovation

Zentrale Technologien, die bei der Entwicklung der Next Economy eine Rolle spielen werden, sind die Nanotechnologie, der 3D-Druck, die Künstliche Intelligenz (KI), die Sensortechnologie und die Robotik.

- *Nanotechnologie* bewirkt eine rasante Effizienzsteigerung. So ist es zum Beispiel möglich, mit Nanokomposit-Materialien einen Stoff herzustellen, der härter als Stahl ist und nur einen Bruchteil davon kostet. Solarzellen mit Nanotechnologie haben ein Vielfaches der Fähigkeit von traditionellen Solarzellen. Nanotechnologie verhilft beispielsweise *LifeSaver* Wasserfilter-Flaschen, verschmutztes Wasser in Trinkwasser zu verwandeln.[10] Erst durch die verbaute Nanomembran können per Hand neben Bakterien auch Viren entfernt werden, die viel kleiner sind. Schon allein das ist ein Quantensprung für die kostengünstige Sicherung der Gesundheit von Millionen von Menschen in unterentwickelten Ländern und Krisengebieten.

- *3D-Drucker* sind im Begriff, die Fertigungsindustrie komplett auf den Kopf zu stellen. Die Auswirkungen auf die Fabrikation, den Handel, die Logistikindustrie, Abfallproduktion und letztlich ganze Volkswirtschaften sind immens und schwer absehbar. Möglicherweise werden in den kommenden Jahren die Rollen hier komplett neu verteilt. Schon heute lässt sich ein komplettes Auto binnen eines Tages an einem einzigen Standort 3D-drucken.[11] Das gleiche gilt für ganze Häuser. Jedes erdenkliche Produkt wird folgen. Wenn jeder Haushalt einen 3D-Drucker besitzt und man Produkte vor Ort drucken kann, statt sie einzukaufen, wird das die produzierende Industrie für immer verändern. Ganze Länder könnten ihren Status als Nettoexporteur oder -importeur verlieren. Eine Effizienzsteigerung in der Warenlogistik könnte zudem in einer radikalen Reduktion von Abfall resultieren.

- *Künstliche Intelligenz* (KI) ist die Fähigkeit eines Softwareprogramms, eigenständig Probleme zu bearbeiten, indem versucht wird, die Funktionsweise des Gehirns und damit eine menschenähnliche Intelligenz nachzubilden. Was KI eines Tages leisten wird, übersteigt bereits jetzt unsere Vorstellungskraft. »Computer-Prozessoren werden in den nächsten fünfzehn Jahren die Rechenleistung des menschlichen Gehirns überholen«, schreiben *Peter Diamandis und Steven Kotler* in ihrem Buch *Abundance*. Eine immer größere Anzahl an Forschern, die vor allem bei Google und Facebook, aber auch an einer Reihe von Instituten und Universitäten tätig sind, arbeitet an den verschiedensten Aufgabenstellungen. Sie werden unter anderem die Medizin revolutionieren. Die besten Ärzte werden in Zukunft Computer sein. Auf vielen anderen Gebieten werden die Menschen bereits jetzt von Computern geschlagen. Ist ein solcher Vorsprung erst mal erreicht, geben Letztere ihn nie wieder ab. Indem man sie mit entsprechenden Daten füttert, lernen sie selbstständig immer weiter. Deep Learning ist das Schlagwort dafür. Wenn Sie zum Beispiel *Siri* oder *Amazons* Device *Alexa* benutzen, trainieren Sie gerade eine solche Lernmaschine.

- *Sensortechnologie* ermöglicht, Informationen wie etwa Temperaturen oder Vibrationen zu erkennen und dem Menschen zu übermitteln. Das hilft, bessere und schnellere Entscheidungen zu treffen. Der Preis für hochentwickelte Sensoren ist über die vergangenen Jahre rasant gefallen. Die Möglichkeiten für Hersteller und Anwender sind hierdurch immens. So wird der Einsatz von Sensoren in »Smart Homes«, also intelligenten Häusern, von Disruptoren wie *Nest* radikal vorangetrieben. Frühere Marktführer wie *Bosch* müssen sich anstrengen, den Anschluss nicht zu verpassen.

Die Automatisierung des Haushaltes umfasst etwa die Sicherung und Überwachung des Anwesens bei Abwesenheit, eine komplett automatisierte Klimatisierung und den Zugriff auf die Hardware von jedem beliebigen Ort aus. Alle Systemkomponenten sind über das Internet miteinander und über eine zentrale Smartphone-App mit dem Nutzer verbunden. Auf diese Weise wird in Zukunft alles »smart«, also intelligent miteinander vernetzt. Smart Harbours, Smart Factories und viele ähnliche Konzepte gibt es in Ansätzen bereits heute.

- *Robotik* ist extrem auf dem Vormarsch. Früher haben uns mächtige Industrieroboter die schweren, gefährlichen und schmutzigen Arbeiten abgenommen. Fortan werden Androiden uns vor allem das Leben erleichtern: im Büro und auch daheim. Wer gut im Umgang mit Mensch-Maschine-Interaktionen und dem Kollegen Roboter ist, dessen Job ist zukunftssicher. Pepper, der »Roboter mit Herz«, der vor allem in Japan eingesetzt wird, hat Kulleraugen und ist 1,20 m groß. Die ersten 1000 Exemplare waren 2015 schon nach 60 Sekunden ausverkauft. Er kann menschliche Emotionen erkennen und ist darauf programmiert, sich zu »freuen«, wenn man ihn lobt, und zu »weinen«, wenn er beschimpft wird. Roboter werden demnach immer menschenähnlicher, doch vor allem werden sie immer fähiger. Im Frühjahr 2016 hat ein sogenannter *STAR* (Smart Tissue Automomous Robot)-Roboter binnen weniger Versuche seinen humanen Lehrer beim Nähen von weichem Hautgewebe übertrumpft.[12] Die *Hilton* Hotelkette hat kürzlich den ersten Rezeptionisten-Roboter namens Connie getestet. Seine Intelligenz basiert auf *IBMs Watson*.[13]

Mithilfe dieser und weiterer Technologien werden wir schon in den nächsten Jahren Sprünge sehen, die alles bisher Erlebte in den Schatten stellen und damit ganze Industrien verändern. Experten aus den einzelnen Bereichen können natürlich viel, viel mehr dazu sagen. Passenden Lesestoff dazu gibt es genug.

Strategische Einblicke in die Next Economy

Das Buzzword-Vokabular der Manager hat in letzter Zeit reichlich Zuwachs bekommen. Plötzlich wollen alle »VUCA« und
»AGILE« sein. Sie jonglieren mit Vokabeln wie »Business Can-
vas« und »Lean Startup«, ohne – wie mir scheint – die dahinter
verborgenen Konzepte einwandfrei zu durchdringen. Praktiken
aus der Startup-Szene und Arbeitsmodelle aus der Digitalwirtschaft werden kopiert, dem eigenen Unternehmen unreflektiert
übergestülpt und als Stein der Weisen verkauft – ganz egal, ob
das passt oder auch nicht. Früher haben die Manager das ganz
genauso gemacht, da hießen die Methoden nur anders, etwa so:
AIDA (von 1898!), die Balanced Scorecard (von 1990), Six
Sigma (von 1996) oder auch SWOT (von 1960). Die meisten
sind, wie man sieht, in die Jahre gekommen und stammen aus
ganz anderen Wirtschaftszeiten. Doch sie werden immer noch
gerne benutzt. Nun setzt man die neuen Methoden einfach
noch obendrauf – weil sie trendig sind und weil es alle so machen. Das ist bizarr.

Die Book Smarts rechnen wieder nur vor, was das kostet und
was es unmittelbar bringt. Aber ein gelungener Übergang der
Unternehmen in die Next Economy ist kein Prozess mit Anfang
und Ende, den man in ein Jahresziel quetschen kann. Digitale
Transformation und Zukunftsfähigkeit sind ein Mindset und
kein durch Kennzahlen zu steuerndes Ziel. Sich mit den Denkmustern und Vorgehensweisen unserer Generation, den Street
Smarts, auseinanderzusetzen, ist deshalb, wie mehrfach betont,
unumgänglich. »So kann man Unterschiede erkennen und sich
dann an die notwendigen Maßnahmen herantasten«, sagt ein
Bekannter, der bei *Daimler* für das Innovationsmanagement
verantwortlich ist.

Derzeit haben erst wenige Digital Natives Führungspositionen
inne. Doch sie sind es vor allem, die sich für den notwendigen
Wandel interessieren und sich auch starkmachen könnten. Auf

junge Führungskräfte zu hören und sich damit an den Wandel heranzutasten, kann den Weg in die Next Economy sehr beschleunigen, bestätigt *Susan Galer*, Kommunikationsleiterin bei *SAP* in Boston.[14]

An die Next Economy andocken

An die Szene der Startups und Digital Natives anzudocken ist einfach. Wir freuen uns, wenn »ältere Semester« sich für uns interessieren, weil wir ja auch sehr von ihren Erfahrungen profitieren können. Checken Sie zum Beispiel einmal diese Formate:

- *Meetups:* Gründer, Jungunternehmer und junge Führungskräfte tauschen sich unter anderem auf Meetups aus, bei denen die Teilnahme meist kostenfrei ist. Als mehrstündige Vortragsevents werden sie lokal organisiert, um den Wissensaustausch unter Gleichgesinnten und zwischen Expertengruppen zu fördern. An gutes Knowhow kostenlos zu kommen, ist für die Old Economy nahezu unvorstellbar. Doch für Millennials ist die Mentalität des gegenseitigen Unterstützens völlig normal. Ein sehr erfolgreiches Veranstaltungsformat ist 12min.me, derzeit an elf Standorten deutschlandweit aktiv: 15 Mal im Jahr halten im Rahmen einer Abendveranstaltung jeweils drei Referenten, wahlweise Experten oder Young Professionals, exakt 12 Minuten lang einen Vortrag zu Tech- oder Businessthemen. Danach stehen exakt 12 Minuten für Fragen zur Verfügung. Anschließend stellen Gründer im Rahmen von 144-Sekunden-Pitches ihr Startup vor und dann zur Diskussion. Ziel ist, neben dem Lernen, die Vernetzung der Old Economy mit der New Economy und das Schaffen einer gemeinsamen Community. *AirBerlin* konnte sich so mit Innovatoren verknüpfen, um seine Innovationsfähigkeit zu steigern, berichtet einer der Mitbegründer des Berliner 12min.me Teams.
- *Corporates meet Startups-Veranstaltungen:* Auf solchen Events treffen Unternehmensvertreter mit Gründern gezielt

und zugleich locker und formlos zusammen. Ziel ist es, Gemeinsamkeiten zu finden, um Stigmata aus dem Weg zu räumen und Platz für gegenseitiges Befruchten zu schaffen. Das Klima ist geprägt von der Startup-Kultur. Sneakers statt Lederschuhe und Hoodie statt Hemd und Krawatte sind genauso Ansage wie das Bier oder die Mate in der Hand beim persönlichen Gespräch. Business macht man über Beziehungen und diese funktionieren besser, je weniger Steifheit es gibt. Große Firmen kooperieren mitunter mit renommierten Coworking Spaces, um ein eigenes Austausch-Event zu organisieren. Das Unternehmen profitiert vom Netzwerk des Coworking Spaces und kann sich unter den »Jungen« positionieren. Der Coworking Space profitiert vom klingenden Namen und der Gage des Unternehmens.

- *Startup-Festivals, Barcamps & Co.*: Dies sind vielversprechende Veranstaltungen, um den Spirit der jungen Szene kennenzulernen, sich professionell auszutauschen und zu vernetzen. Das Wiener *Pioneers Festival*, die Berliner *re:publica* und die Münchner *Bits and Pretzels* sind gute Beispiele dafür. Sie unterscheiden sich von den formalen Konferenzen der Old Economy in jeglicher Hinsicht. Das Ambiente ist locker, alle sind per Du, es herrscht ein ständiges Kommen und Gehen, Wer dort spricht, lässt die Zuhörer hinter die Kulissen seines Unternehmens schauen, erzählt die wahren Geschichten von Höhen und Tiefen und stellt sich den Fragen des Publikums im Dialog. Solche Formate ziehen die Schwergewichte der weltweiten Startup-Bewegung, Vertreter der Digitalwirtschaft, wichtige Blogger und die Medien wie magisch an, auch, um mehr über die neuesten Trends zu erfahren. Wissen wird offen und ehrlich geteilt. Der Tenor: Voneinander lernen, nicht Ausspionieren und Abkopieren. Statt mit Gleichgesinnten aus der eigenen Branche über das immer Gleiche zu reden und glattgebügelte PR-Storys weiterzureichen, bekommen Manager bei diesen jungen Formaten einen Vorgeschmack auf die Zukunft.

- *Innovationsworkshops*: Sie bringen wissbegierige Entscheider näher an die Next Economy heran. Dabei handelt es sich um ein- oder zweitägige Veranstaltungen, die sich unter anderem mit Innovationsmethoden wie etwa Design Thinking befassen. Denn um im Markt kompetitiv zu bleiben, muss eine Organisation sich immer wieder neu erfinden. Die Workshop-Leiter verstehen die Denk- und Arbeitsweise der Etablierten, da sie oft eine Karriere in diesem Bereich hinter sich haben. Sie können ihre Inhalte also zielgruppenspezifisch vermitteln. In Mini-Labs präsentiert zum Beispiel eine Konzern-Delegation ihre konkrete Problemstellung in Hinblick auf ein neues Produkt oder Geschäftsmodell. Eine heterogene Gruppe aus Gründern und Experten aus den Bereichen Design, Unternehmensberatung und Softwareentwicklung erarbeitet in wenigen Stunden gemeinsam Lösungsansätze. Die Kultur und Arbeitsweise ist äußerst agil und erfordert von den Corporates eine ausgeprägte Bereitschaft, sich für Neues zu öffnen.
- *Innovation Camps*: Das sind Veranstaltungen, die meist mehrere Tage andauern und deshalb sehr tiefgreifend sind. Dazu reisen Teams weiter weg, um in einer komplett anderen Umgebung und abgeschnitten vom gewohnten Arbeitsumfeld ihre Kreativität voll entfalten zu können. Es entsteht eine Kombination aus Workshops und Praxis, um agile Arbeitsweisen und neue Managementmethoden kennenzulernen, Produkte näher am Kunden zu entwickeln und neue Geschäftsmodelle zu finden. Am Ende hat man nicht nur eine gestraffte Arbeitskultur, sondern auch ein collaborativeres Team.
- *Office Escapes*: Dabei können Mitarbeiter tradierter Unternehmen neue Formen der Arbeitsplatzgestaltung und neue Modelle der Zusammenarbeit kennenlernen. Dazu arbeiten sie für begrenzte Zeit in einem Coworking Space. Wie der Name treffend beschreibt, können Teams so temporär ihrem regulären Arbeitsplatz entfliehen. Ziel ist es, dass die

Mitarbeiter Geschmack an einer agileren Arbeitsweise finden und ihre Organisation im Anschluss damit beleben.

Eine gelungene Form des Office Escapes, nämlich eine Startup-Safari, hat die Deutsche Bahn 2015 ins Leben gerufen und mittlerweile mehrfach durchgeführt. Ziel war es, dass ausgewählte DB-Mitarbeiter die Denk- und Arbeitsweise von Gründern näher kennenlernen sollten. Hierzu verbrachten die Bahner fünf Tage als vollintegrierte Mitglieder in einem Startup. Ein Vorbereitungstag stimmte sie auf diese Erfahrung ein, ein Abschlussseminar diente der Integration des Gelernten in den eigenen Arbeitsalltag. Das Pilotprojekt wurde mit 15 DB-Mitarbeitern aus den Bereichen IT, Vertrieb, HR, Logistik und Unternehmensstrategie gestartet. Sie kamen mit wertvollen Erfahrungen und Einsichten zurück, vor allem, was das schnelle Entscheiden, das Testen von Möglichkeiten und neue Formate der Zusammenarbeit betrifft. Und die Startups? Sie lernten viel darüber, wie ein Großkonzern funktioniert, was für die eigenen Vertriebsaktivitäten sehr nützlich sein kann.[15]

Methoden der schnellen Innovation

Die Digitalwirtschaft hat bereits Anfang der 2000er-Jahre erkannt, dass die üblichen alten Arbeitsmethoden zu langsam, zu unproduktiv, zu veränderungsresistent und in Summe für die Kunden mit unerfreulichen Ergebnissen verbunden waren. So wurden zügig neue Methoden entwickelt, die ein schlankeres, schnelleres und flexibleres Vorankommen möglich machen. Vor allem diese Methoden sind es, die den jungen Unternehmen gegenüber den Etablierten enorme Vorsprünge verschaffen:

- *Rapid Prototyping* (zu Deutsch schnelle Prototypisierung) ist eine moderne Form der Produktentwicklung. Sie wird zum Beispiel im Softwarebereich eingesetzt, um den Entwicklungszyklus zu verkürzen. Zudem sollen Entwicklungskosten gesenkt und die Erfolgschancen eines Produkts am Markt erhöht werden. Dazu wird eine zunächst noch nicht ganz fertige Betaversion, die noch mit Schönheitsfehlern behaftet ist, anhand von Nutzerfeedbacks stufenweise so weiterentwickelt, dass sie mit hoher Wahrscheinlichkeit vom Markt angenommen wird. Im ersten Schritt wird dazu ein Minimum Viable Product (MVP) mit den Mindestanforderungen gebaut. Sogar eine Attrappe wie die simple Grafik einer Website-Oberfläche ohne Funktionen kann ein MVP sein. Wird dieser Prototyp nun durch Testkunden in einem realen Nutzungskontext erprobt, kann man herausfinden, ob das Produkt einen Bedarf beim Kunden stillt und ob die Verwendung angenehm ist. Die Wünsche und Verbesserungsvorschläge der Test-User werden direkt in die nächste Version implementiert. 3D-Druck macht das Rapid Prototyping einfacher, da rasch und mit wenig Kosten angepasste Versionen erstellt werden können.

- *Scrum* ist ein Modell für agiles Projektmanagement, insbesondere für die Softwareentwicklung. Ziel ist es, im Rahmen eines klar definierten Systems mit Zeitvorgabe ein funktionierendes Produktteil zu entwickeln. Das Team besteht aus einer interdisziplinären Gruppe, die vom Auftraggeber (Product Owner) die fachlichen Anforderungen erhält und vom Scrum-Master Unterstützung und Freiraum zum Arbeiten bekommt. Die Anforderungen werden als »Experience Designs« formuliert und in einer sich ständig verändernden Liste namens Product Backlog gesammelt. Zu Beginn wird eine Entwicklungsphase namens Sprint festgelegt, üblicherweise 30 Tage. Dann wird die selektierte Anforderung in kleinere Aufgaben heruntergebrochen, Fortschritte und Herausforderungen werden täglich im Team besprochen (Daily Standups). Während des Sprints werden keine Änderungen an der Anforderung vorgenommen. Am Ende des Sprints wird das auslieferbare, also anwendbare Produktteil dem Product Owner vorgestellt und sein Feedback für zukünftige Anforderungen und Sprints gesammelt. Ein Vorteil der Methode ist die definierte Routine mit einem überschaubaren Regel-Set. Ein Nachteil sind die zeitintensiven Meetings. Inzwischen wird Scrum auch für Projekte in vielen anderen Bereichen angewandt, zum Beispiel im HR und im Marketing.

- *Kanban*, ursprünglich von *Toyota* entwickelt, ist eine Methode des agilen Aufgabenmanagements. Auf einer Tafel namens Kanban-Board wird der Arbeitsprozess für das gesamte Team sichtbar in Spalten visualisiert. Die Spalten zeigen die aufeinander folgenden Schritte, zum Beispiel Backlog, Analyse, Entwicklung, Prüfung und Erledigt. Dann werden den Spalten Tickets zugeordnet, die Arbeitseinheiten in ihrer Ist-Form, also als Momentaufnahme abbilden. Im sogenannten Pull-System werden die Aufgaben nicht den Teammitgliedern vorgegeben, sondern eigenverantwortlich gezogen und bearbeitet, sobald Kapazitäten frei sind. Ziel ist es, sofort zu erkennen, wo Leerlauf und Wartezeiten bestehen, und diese zu minimieren. Mithilfe der Messung der durchschnittlichen Durchlaufzeit eines Tickets können in der Folge Optimierungen vorgenommen werden. Ein Vorteil ist das angemessene Arbeitspensum durch die Visualisierung von Kapazitäten. Zudem entwickelt sich ein Gefühl von Wertschätzung, Bedeutung und Selbstwirksamkeit, wenn Arbeitsumfang und -ergebnisse öffentlich sichtbar sind. Ein Nachteil ist, dass man bei einer Vielzahl von Kärtchen schnell den Überblick verlieren kann. Kanban wird, auch in Verbindung mit anderen Arbeitsmethoden, in Organisationen jeder Größe erfolgreich angewendet.
- *Design Thinking* ist eine Methode zur Förderung herausragender Ideen für komplexe Problemstellungen. Ziel ist es, anhand eines Kreativprozesses Innovationen zu schaffen, die sich am Kunden orientieren und dessen Bedürfnisse befriedigen. Design Thinking besteht aus vier Komponenten: einem iterativen Prozess, einer aktionsbasierten Arbeitskultur, interdisziplinären Teams und innovativen Raumkonzepten, oft auch mit Spielmaterial. »Iteration« beschreibt

das mehrfache Wiederholen gleicher oder ähnlicher Handlungen zur Annäherung an eine Lösung. Zunächst stimmt man sich dabei auf die Kundensicht ein. Anschließend wird eine Problemstellung klar definiert. Im nächsten Schritt, der »Ideation«, also Ideenfindung, werden so viele (verrückte) Lösungsideen wie möglich generiert, möglichst ohne Kritik zu üben, damit die Kreativität nicht blockiert wird. Dann folgt die Prototypisierung einer ausgewählten Idee und ihre Fortentwicklung durch Testphasen und Feedbacks. Eine gute Idee ist damit nicht länger die, die der Chef hatte, sondern die, die vom Kunden geprüft und für gut befunden wurde.

- Die *Skunk*-Methode stammt ursprünglich aus dem zweiten Weltkrieg. Die USA waren im Jahr 1943 nicht gegen die Luftwaffe der Nazis gewappnet und benötigten schnell einen Kampfjet. Das Team von Ingenieuren mit dem Namen *Skunk Works* ergriff die Initiative. Ungehindert von jeglicher Bürokratie stellten sie binnen 143 Tagen einen komplett neuen Flugzeugtypen vor: sieben Tage vor dem Zeitplan und in einem Zeitrahmen, in dem normalerweise nicht mal die Zulassungen eingeholt worden wären. Firmen stehen heute vor ähnlich großen Aufgaben: schnell auf die Herausforderungen der Digitalisierung zu reagieren. Das Geheimnis von *Skunk Works* basiert auf dreierlei: Am Anfang steht ein klares Ziel. Zweitens ist das Entwicklungsteam freigestellt von blockierender Bürokratie. Und drittens wird ein Gefühl von Flow unterstützt. So können die brillanten Geister sich voll auf ihre Arbeit konzentrieren und die Grenzen des eigentlich Machbaren überschreiten. Misserfolge, Einsichten und Resultate folgen einander im Staccato.

- Die 5×5×5-Methode für schnelle Innovationen stammt vom Entrepreneurship Center des *Massachusetts Institute of Technology (MIT)*. Dabei entwickeln fünf Teams, bestehend aus je fünf Mitarbeitern, in fünf Tagen fünf Businesskonzepte. Diese kosten maximal 5000 Dollar und müssen in einer fünfwöchigen Periode umgesetzt werden. Diese Beschränkungen zwingen die Teams dazu, schnell voranzukommen, anstatt Zeit auf die Perfektionierung zu »verschwenden«. Wer agiler und innovativer werden will, wird diese bewährte Methode hilfreich finden.

Überlegen Sie doch mal, welche Methoden bei Ihnen passen könnten, und dann führen Sie sie, am besten mit jungen Mitarbeitern, die diese schon kennen, gleich testweise ein.

Innovationszentren: Prototypen für Unternehmen von morgen

Die Schwächen traditioneller Innovationsansätze bewegen immer mehr Unternehmen dazu, unverbrauchte Wege zu gehen, um nach neuen Geschäftsfeldern zu suchen. So haben Firmen wie *Cisco*, die *Commerzbank, Daimler, Deloitte*, die *Allianz*, die *Deutsche Telekom* und viele andere Organisationen eigene Innovationszentren gegründet. Diese können, wenn man sie richtig aufsetzt und ernsthaft betreibt, zu einem Lernfeld für das ganze Unternehmen werden. Sie sind Schutzraum für innovative Gedanken, Experimentierfelder für Überholmanöver, Enklaven für neue Formen der Unternehmenskultur und ideale Versuchslabore für Arbeitsmodelle der Zukunft.

Solche Innovationszentren haben meist den expliziten Auftrag, digitale Innovationen zu beschleunigen. Dabei wird das Ökosystem von Startups, Risikokapitalgebern, Acceleratoren und akademischen Institutionen genutzt, das sich meist in sogenannten Technologiehubs konzentriert. Im Zentrum der Initiative steht der interdisziplinäre Austausch zwischen Spezialisten für unterschiedliche Technologien und kreativen Köpfen mit digitalem Verständnis. Zudem kann man auf diese Weise in einem sehr frühen Stadium mit Startups in Kontakt treten oder in diese investieren.

Ein Innovationszentrum ist ein Team, ein Raum und eine Denkweise. Primäres Ziel ist es, die Innovationskraft des Mutterkonzerns zu beschleunigen. Das geschieht, indem man das Kundenerlebnis überdenkt, die operative Effizienz verbessert und neue Geschäftsmodelle durch den Einsatz digitaler Technologien wie Big Data, IoT, Social Media, Mobile, Robotik, Augmented Reality und 3D-Druck erprobt. Man versucht, eine Umgebung zu schaffen, in der das Team Veränderungen im Markt erkennen, begreifen, testen, integrieren und nutzen kann. Das gibt den Unternehmen die Möglichkeit, zu experimentieren und auch Fehler zu machen, die innerhalb einer herkömmlichen Unternehmensstruktur unerwünscht wären oder auch viel zu teuer kämen. Konkrete Problemstellungen können auch aus unterschiedlichen Blickwinkeln betrachtet werden, um die Möglichkeiten, Hürden und Einschränkungen verschiedener Technologien abzuschätzen.

Der Nutzen von Innovationszentren

Innovationszentren, die auch Innovation Labs, Startup Hubs und Inkubatoren genannt werden, verkörpern den frischen Entwickler- und Pioniergeist der Startup-Szene. Mittleren und auch großen Unternehmen dienen sie dazu, sich an die Digitalisierung heranzutasten und mit den neuesten Trends Schritt zu halten. Ungehindert von bürokratischen Strukturen und fernab von verkrusteten Denkmustern sollen zukunftsfähige Produkte geschaffen und neue Formen der Zusammenarbeit getestet werden. Ein führendes europäisches Finanzinstitut hat einem Startup-Innovationsteam sogar das explizite Mandat zur gedanklichen Disruption der eigenen Firma übertragen.

Insgesamt bieten Innovationszentren jede Menge Nutzen. Sie

- beschleunigen die Innovationskraft,
- sind Quellen für außergewöhnliche Ideen,
- erhöhen die Risikobereitschaft der Organisation,

* ziehen Talente an,
* stärken die Arbeitgebermarke,
* erhöhen die Reputation in der Öffentlichkeit,
* sorgen für Medienpräsenz,
* motivieren die eigenen Mitarbeiter,
* lassen eine Innovationskultur entstehen,
* sind Prototypen für neue Arbeitsformen, und
* sichern die Wettbewerbsfähigkeit und damit die Zukunft.

Karin Weining, Global Innovation Excellence Leader bei *Dupont* sagt, dass ihre Führungskräfte im Innovationszentrum besser verstehen, was auf dem lokalen und globalen Markt passiert und wie ihre Fähigkeiten dazu passen. Hierbei konzentrieren sie sich darauf, unternehmensübergreifende Ideen zu finden, die vom Unternehmen selbst möglicherweise aufgrund erstarrter Strukturen nicht entwickelt werden können.

Typen und Aufgaben von Innovationszentren

Innovationszentren sollten prioritär in Tech Hubs oder an Innovationsstandorten entstehen, um die dortigen Netzwerkeffekte nutzen zu können. Vermehrt wird dieses Angebot deshalb von Firmen als Dienstleistung bezogen. Es gibt vier Haupttypen von Innovationszentren, die sich in ihren Eigenschaften auch überschneiden können.

* *Inhouse-Labs* sind Eigengewächse größerer Unternehmen. Eine räumliche Trennung vom Mutterkonzern, eine eigene Geschäftsführung und ein coworking-ähnliches Arbeitsumfeld sind meist gegeben.
* Beim *Anschluss an Universitäten* wie etwa beim *Volkswagens VAIL Lab* an der ingenieurwissenschaftlichen Fakultät der *Stanford University* entwickeln internationale Forscher und Experten gemeinsam neue Konzepte.
* In *Mentor-Gemeinschaften* werden Pilotprojekte einem »Proof of Concept«, also einer Bewertung durch Mentoren und Experten unterzogen.

- In *Vorposten* forschen kleine Teams an Innovationsstandorten wie dem Silicon Valley, London, Paris, Tel Aviv, Singapur und Berlin.

Innovationszentren haben unter anderem folgende Aufgaben:

- Verständnis für den digitalen Kunden vertiefen,
- Auswerten und Testen neuer Technologien,
- Entwicklung neuer Produkte und Dienstleistungen oder Proofs of Concept,
- Gestalten neuer Geschäftsmodelle, die an den heutigen Kunden angepasst sind,
- Verknüpfung mit Startups,
- Identifizieren potenzieller Partner und Knüpfen strategischer Beziehungen,
- Schaffung datengetriebener Organisationen,
- Bewertung bestehender und neuer digitaler Investitionen und Initiativen,
- Entwicklung einer Innovationskultur innerhalb der Organisation und
- anerkannter Teil der Innovationsgemeinschaften werden.

Im Frühjahr 2016 führte eine Geschäftsbank eine Studie unter ihren deutschen Mittelstandskunden durch. Diese ergab, dass ein Großteil der Firmen von ihrer Bank Unterstützung beim Thema Innovation erwartet. Das Gleiche gilt für große Unternehmenssoftware-Anbieter wie *SAP*. Als Antwort darauf schaffen diese Firmen nun Innovationszentren für ihre Firmenkunden. Dort lernen herkömmliche Unternehmen in abgegrenzten Experimenten einerseits die Perspektive der New Economy kennen. Andererseits werden sie mit den Grundlagen in Sachen Innovationsfähigkeit vertraut gemacht.

Einige Unternehmen rufen Innovationszentren ins Leben, um sie Dritten als Dienstleistung anzubieten. Sie kombinieren Unternehmensstrategie, Lean-Startup-Methodik, neue Technologien und kreatives Design, um Organisationen auf die digitale

Welt vorzubereiten. Sie vermitteln Einblicke in das Kaufverhalten der jungen Generation und die Arbeitskultur der Next Economy, ermöglichen die Verknüpfung mit der Startup-Welt und bieten Führung bei der Entwicklung bahnbrechender Innovationen. Sie bieten passende Rahmenbedingungen, um bestehende Vorgehensweisen zu überdenken, zu aktualisieren und zu vereinfachen. Sie vermitteln Innovationsmethoden mit modernen agilen und benutzerorientierten Ansätzen wie zum Beispiel Ideation, Erlebnis Design und Design Thinking. All das kann herkömmlichen Firmen dabei helfen, Veraltetes auszusondern und neue Geschäftsmodelle zu erkunden.

Herausforderungen für Innovationszentren

Zunehmend macht sich in Unternehmerkreisen die Sorge breit, in punkto Digitalisierung den Anschluss zu verlieren. Innovationszentren haben das Potenzial, die Unternehmen systematisch auf eine veränderte Zukunft vorzubereiten. Doch vieles davon ist symbolischer Aktionismus. Nur wenig verändert sich wirklich. Statt tatsächlich Innovationen zu generieren, werden Innovation Labs manchmal sogar als PR-Werkzeug missbraucht, denn das kreiert das Bild eines innovativen Unternehmens. Anderen dient ein solches Lab als Attraktion, um Besucher zu beeindrucken oder den CEO in Szene zu setzen. So sind manche Labs nichts als Fassade, Innovationstheater auf der Vorderbühne: schön gespielt, aber zum Scheitern verurteilt. Und Investment verpulvert. Die alte Arbeitsweise wird im Kostüm der New Economy weitergeführt.

Die Hauptprobleme, durch die das Potenzial von Innovation Labs verschenkt wird:

- In den meisten Fällen dominieren die trendigen Symbole der Digitalisierung, aber nicht die Inhalte. Ein mutiger Schritt in Richtung Wandel ist eine Seltenheit.
- Durch den »Clash of Cultures« stockt die gegenseitige Befruchtung von »Jung« und »Alt« beziehungsweise »Klein«

und »Groß«. Es mangelt an Lernbereitschaft und dem Willen, der anderen Gruppe zu vertrauen.

- Während die Fassade des Neuen aufrecht steht, regiert im Hintergrund das Alte.
- Ein unübersichtliches Gewirr an Methoden erschwert die Verankerung und Skalierung der prototypisierten Produkte und Geschäftsmodelle.

Ein Risiko für konzerneigene Innovationszentren besteht zudem darin, dass sie sich von der Mutterorganisation zu rigoros abspalten. Deshalb ist es entscheidend, dass die Business Units bei der Auswahl, der Bewertung und der Durchführung von Innovationsprojekten einbezogen werden. Oft werden Innovationszentren von den Kollegen innerhalb der Unternehmensstruktur als Außenseiter betrachtet. Das kann speziell dann Probleme schaffen, wenn es darum geht, die von den Labs erarbeiteten Lösungen zu vermarkten. So ist es wichtig, dass Innovation Labs trotz ihrer Autonomie im Einklang mit den geschäftlichen Anforderungen der Mutterorganisation stehen.

Zudem besteht die Gefahr, dass interne Machtspiele auf das Lab überspringen. Business Units, die sich zunächst gegen die Mitwirkung in einem Innovationszentrum entschieden haben, könnten bei Bekanntwerden von Erfolgen plötzlich Ansprüche erheben. Eine Möglichkeit, dem zu entgehen, ist die, aus dem Lab heraus eine interne Beratung zu gründen, von der alle Business Units Knowhow beziehen können. Doch das ist aufwendig und sollte von Beginn an bedacht werden.

Erfolgsfaktoren für Innovationszentren

Wer ein Innovation Lab plant, muss zwei wesentliche Bedingungen erfüllen. Erstens braucht es eine Führungspersönlichkeit, die Verantwortung dafür übernimmt, Neuland zu erkunden. Zweitens muss Akzeptanz für das Innovation Lab gesichert werden, indem der Wert und die Kompatibilität für die Mutterorganisation klargestellt werden. Weiter geht es mit den konkreten Schritten: Zu Beginn muss für die passende Infrastruktur gesorgt werden. Dazu sind der Zweck und die Schwerpunkte klar zu definieren. Einfach drauflos zu experimentieren kann kostspielig sein. Danach muss die Unterstützung des mittleren Managements und der betroffenen Business Units sichergestellt und das benötigte Budget bewilligt werden. Eine passende Organisationsstruktur muss aufgesetzt werden. *Ruth Yomtoubian* ist bei *AT&T* für das Innovationsmanagement zuständig. Sie ist der Auffassung, dass die frühzeitige Unterstützung aus dem Unternehmen entscheidend ist. »Wir handeln erst, wenn wir eine Notwendigkeit von den Business Units signalisiert bekommen«, erklärt sie.

Talente und Partnerschaften sind entscheidend für den Erfolg. Im Innovationszentrum ist die Arbeitseinstellung genauso wichtig wie die Summe der digitalen Fähigkeiten. Die Mitglieder des Teams arbeiten einerseits in einer sehr offenen und unstrukturierten Umgebung mit Startups zusammen. Andererseits haben sie auch mit der traditionellen und eher risikoscheuen Einstellung der Unternehmenskollegen zu tun. Daher benötigt man ein multidisziplinäres Team aus Mitarbeitern, die sowohl in strukturierten als auch in unstrukturierten Umgebungen arbeiten können. Darüber hinaus ist es wichtig, dass die »alte« Arbeitsweise im Lab nicht die Kreativität blockiert. Ein entscheidender Erfolgsfaktor bei der Zusammenstellung des Lab-Teams ist Augenhöhe. Ein zweiter ist Diversität, also ein bunter Mix aus Expertisen, Generationen und Nationalitäten.

Innovationszentren müssen ständig beweisen, dass sie Werte schaffen. Dies wird durch die Tatsache erschwert, dass Innovationszentren typischerweise an Projekten arbeiten, deren komplett neue Entwicklung Zeit in Anspruch nimmt. Führende Innovationszentren überwinden diese Herausforderung durch schnelle Erfolge, die den Entscheidern im Unternehmen konkrete Resultate zeigen und so eine Existenzberechtigung bestätigen. Voraussichtliche Erfolgsprojekte sollten zügig implementiert werden, während unsinnige Projekte identifiziert und so rasch wie möglich radikal ausgesondert werden. Nur ein Bruchteil der angefangenen Projekte haben Erfolg, das muss allen klar sein. Sich an strauchelnde Projekte zu klammern, nur weil sie schon einiges an Zeit oder Geld beansprucht haben, macht sie nicht besser.

Von daher muss das Unternehmen eine gesunde Fehlerkultur entwickeln, in der Manager offen über ihre Misserfolge sprechen können. Schließlich geht es darum, die im Lab generierten Einsichten in die Unternehmensstruktur zurückzuführen und dort zu verankern. Wenn das Innovation Lab schließlich im Mittelpunkt der Diskussionen über die künftige Strategie steht, ist es auf dem Gipfel seiner Wertschöpfungsmöglichkeiten angekommen.

Innovationslabore tragen meist einen besonderen Namen. Die *Commerzbank* spielt mit ihrem #openspace auf die Vernetzung und Kultur des Teilens an. Bei *Siemens* heißt eines zum Beispiel *Next47*, in Anspielung an das Gründungsjahr des heutigen Weltkonzerns: 1847 als Startup in einem Berliner Hinterhof. Bei *Bosch* dient ein Startup-Inkubator als Brutstätte für neue Geschäftsideen. Erste Erfahrungen wurden dort schon vor Jahren gesammelt, als es darum ging, einen Antrieb für E-Bikes zu entwickeln. Heute ist *Bosch* Marktführer in diesem Segment.

Hub:raum heißt der 2012 gegründete Inkubator der *Telekom*. Er richtet sich an Startups in ihrer frühesten Phase, nämlich der Ideenfindung und Prototypenentwicklung, und begleitet diese bis zu zwölf Monate lang beim Markteintritt und darüber hinaus. Dazu erhalten die ausgewählten Startups Startkapital, Arbeitsräume und professionelle Knowhow-Unterstützung. Im Gegenzug erhält die *Telekom* einen Eigenkapitalanteil von bis zu 15 Prozent, auch über die Phase der Zusammenarbeit hinaus. Zudem gibt es im Hub:raum Accelerator-Programme, die über zwei bis vier Monate laufen, in dem Fall ohne Startkapital und Beteiligung. Außerdem werden an den derzeit drei Hub:raum-Standorten themenspezifische Events organisiert.[16]

8-Punkte-Checkliste für Innovationszentren

Wenn Sie Ihre Innovationskraft erhöhen wollen, dann gibt es zu Innovationszentren wenig Alternativen. Eine interne Abteilung mit maßgeblichen Innovationsaufgaben zu betrauen, wurde vielfach erfolglos ausprobiert. Der Versuch scheitert vor allem an den Unternehmensstrukturen mit ihren Selbsterhaltungsmechanismen. Das Outsourcing von Innovation an externe Dienstleister schafft wenig Entwicklungsimpulse für das Unternehmen und ist nicht nachhaltig. Das Innovation Lab ist hingegen ein kontrollierter kreativer Freiraum, in dem das Innovationspotenzial durch strukturierte interne Entwicklung neuer Produkte und Geschäftsmodelle gesteigert werden kann. Es ist dafür da, inkrementelle Innovation durch disruptive Innovation zu ersetzen. Es ist also kein exotischer Luxus mehr, sondern ein essenzielles Mittel zur Reaktion auf eine komplexe Welt. Daher führen wir zusammenfassend die Infrastruktur eines fähigen Innovationszentrums in acht Punkten auf:

1. *Separation*: Die Abgrenzung vom Mutterunternehmen sichert dem Lab-Team Entwicklungsspielraum. Die Mutter hat weder direkten Einfluss noch ist das Lab-Team ihr rechenschaftspflichtig. Eine eigene Rechtsform ist empfeh-

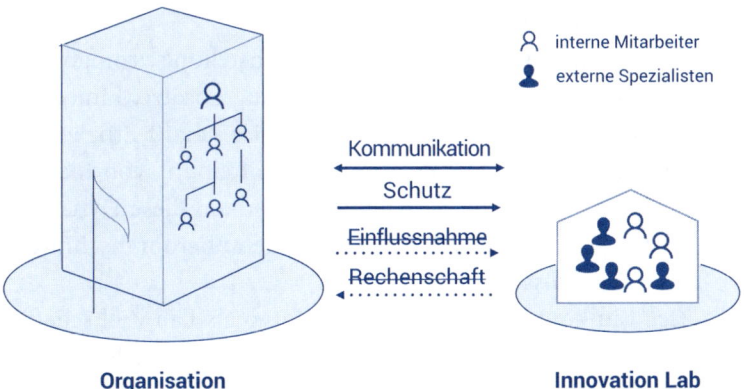

Organisation　　　　　　　　　　**Innovation Lab**

Abbildung 1: Das Innovation Lab ist vom Konzern getrennt und kann eigenständig agieren.

lenswert. Trotzdem besteht eine gesunde Kommunikation zwischen Konzern und Lab.

2. *Sicherheit*: Der Schutz durch einen Vertreter des obersten Konzern-Managements als Schirmherr sichert die Existenz des Labs. Eine Laufzeitbegrenzung des Labs auf zwei Jahre (mit Verlängerungsoption) verhindert ein konzerntypisches Karriere-Denken und erleichtert die Budget-Allokation.

3. *Mission*: Ein klarer Auftrag und ein eigenes Mission Statement garantieren die Zielorientierung. Erst werden der Zweck und die Schwerpunkte des Labs klar definiert. Dann verpflichten sich die Teammitglieder dazu, ihre Expertise dem Lab-Ziel zu widmen.

4. *Team*: Ein vielseitiges, hochqualifiziertes Team von bis zu sieben gleichberechtigten Personen entwickelt zielgerichtet Lösungsansätze. Es besteht idealerweise aus dem Kernteam, dem der Lab-Direktor und zwei interne Mitarbeiter angehören, und vier externen Spezialisten mit diversen Profilen.

5. *Leitung*: Ein Lab-Direktor stellt die Effektivität des Labs sicher. Er ist ein Kommunikationsexperte, der sowohl ein Verständnis für die Konzernwelt als auch für die Startup-Welt besitzt. Er trägt die Verantwortung über die Einstellung externer Spezialisten und hält dem Team im Lab den Rücken frei, indem er alleiniger Kontaktpunkt zum Mutterunternehmen ist.

6. *Kultur*: Eine ergebnisoffene Arbeitseinstellung ermöglicht die Erkundung ungewöhnlicher Lösungsansätze. Eine vereinfachte und intensivierte Arbeitsweise schafft Effizienz und Synergieeffekte. Die kontrollierte Reibung von Ideenansätzen aneinander ist willkommen, denn diese Dynamik schafft die Grundlage für das Entstehen überdurchschnittlicher Ergebnisse.

7. *Ziel*: Ein konzernkompatibler Prototyp als Lab-Ziel schafft die Akzeptanz der Lab-Lösung im Konzern. Der Prototyp wird am Ende der Konzernleitung vorgestellt. Idealerweise wird auch das mittlere Management einbezogen. Dies ver-

hindert die Wahrnehmung des Labs als interne Konkurrenz.

8. *Wirkung*: Nachdem die Konzernleitung Interesse am Prototypen zeigt, fungiert das Innovation Lab als externer Dienstleister für die Business Unit, welche den Prototypen zum fertigen Produkt realisiert. So kann das Lab auch langfristig die Konzernprozesse positiv beeinflussen.

Letztlich beschleunigen solche Labs nicht nur die Innovationsentwicklung. Oft helfen sie auch beim Wandel hin zu einer collaborativen, agilen Unternehmenskultur.

Startups: Helfershelfer für die unternehmerische Zukunft

»Der Grund, warum gute Software nicht in einer traditionellen Wasserfall-Management-Umgebung programmiert werden kann, ist der, dass Software eher wie ein Lebewesen funktioniert als ein von Menschen geschaffenes Objekt«, schreibt die Service-Designerin *Katie Shelly*.[17] Denn Software ist interaktiv: Sie agiert und reagiert. Und wie ein sich entwickelnder Organismus muss sie über die Zeit aktualisiert und gewartet werden, um zu überleben. Das Gleiche gilt für die Unternehmenskultur. Agilität in der Organisation ist in digitalen Zeiten ein Muss. Startups haben das längst erkannt.

Schauen wir uns dazu die Eigenschaften zweier Schiffstypen an. Sie dienen als Metapher für große und kleine Organisationen. Ein Supertanker kann 300 000 Haushalte ein Jahr lang mit Gas versorgen.[18] Doch er ist äußerst träge. Will der Kapitän ein Manöver fahren, muss er beachten, dass sein Schiff sechs Kilometer Bremsweg hat. Der Tanker wird demnach erwartungsgemäß nicht so häufig den Kurs wechseln. Außerdem fährt er die meiste Zeit auf Autopilot oder per Satellit gesteuert. Die Stärke des Tankers: Bei Seegang ist das riesige Schiff stabil. Rennboote hingegen sind wendig und äußerst reaktionsfähig. Bei einem

Manöver verlieren sie kaum an Momentum. Bei Seegang allerdings ist dieser Schiffstyp recht empfindlich.

Der Supertanker, der für den Marktführer der Wirtschaft steht, vermittelt also vor allem Sicherheit, während das Rennboot, also das Startup, Agilität verspricht. In der digitalen Welt sind genau deshalb die Startups so wichtig. Sie werden immer mehr zum Symbol der Transformation und zum Hoffnungsträger für Organisationen, die sich mit dem Thema Innovation irgendwie schwertun. Sie können die quirligen Beiboote sein, die die Vergangenheit mit der Zukunft verknüpfen. Aber Achtung: Lange nicht jedes Startup ist aufgrund seiner Natur ein gutes Beispiel. Zu viele Gründungen enden – leider – in ihrer Auflösung. Hingegen haben die erfolgreichen und innovativen Jungunternehmer den Supertankern der Wirtschaft einiges zu zeigen. Eine Zusammenarbeit macht häufig extrem viel Sinn. Zumindest kann man eine Menge von ihnen lernen – und so auch ein wenig Startup-Feeling ins eigene Unternehmen tragen.

Startups, um diesen Begriff auch einmal zu definieren, sind Unternehmen, die sich mit noch jungen, teils hochinnovativen Produkten, Services oder Ideen in einer frühen Unternehmensphase befinden und einen raschen Erfolg vor Augen haben. Sehen wir uns die Infrastruktur innovativer Startups nun einmal näher an.

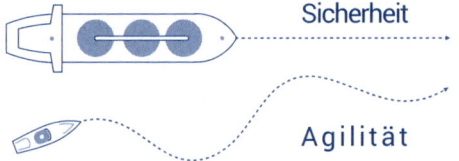

Abbildung 2: Wie Tanker und wie Rennboote agieren

Die Architektur innovativer Startups

Die Architektur innovativer Startups ist geprägt von Offenheit. Gearbeitet wird vernetzt statt verschlossen. Open Innovation und Crowdsourcing sind die Norm. Die Orte der Arbeit sind meist minimalistisch und sehr funktional. Sie sind die Grundlage für Collaboration, Konnektivität und eine Arbeit am Wesentlichen. Für Menschen wie den zuvor erwähnten »Meilen-Hans« ist dort kein Platz. Die Prozesse sind stets hoch flexibel und laufen zügig ab. Ermöglicht wird das durch Prototyping und Iteration.

Oft findet man in Startups zahlreiche Full-Stack Profile. Der Begriff kommt aus der Software-Entwicklung und bezeichnet Entwickler, die statt einer Spezialisierung sowohl Kenntnisse über die Entwicklung des Front-Ends (der Benutzeroberfläche) als auch des Back-Ends (der Datenbank) besitzen. Innovative Startups haben demnach nicht nur »T-Shaped«-Personen, sondern auch »Full-Stack«-Profile im Team. Das ist dann äußerst hilfreich, wenn man beispielsweise beim Rapid Prototyping weniger Instanzen durchlaufen, aber eine hohe Qualität sicherstellen möchte.

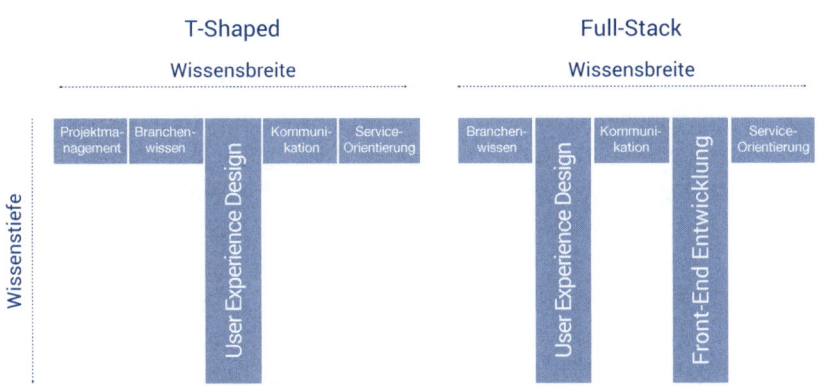

Abbildung 3: T-Shaped und Full-Stack Profil. Das T-Shaped Profil (links) besitzt vertieftes Wissen in einer Fachrichtung, während das Full-Stack Profil (rechts) vertieftes Wissen in mindestens zwei Fachrichtungen aufweist.

Das für Startups typische Durcheinander kann massiv bei der Lösungsfindung stören. Deshalb haben sie sich im Hinblick auf die Formalisierung von Prozessen einiges von den Tankern abgeschaut. Dokumentation macht den Unterschied in einer starken Organisation. Und Prozessautomatisierung spart immens Ressourcen, die es in Startups meist nur begrenzt gibt. Zwar haben steife Vorgaben in Startups keinen Platz. Mehr noch als in Großunternehmen würden sie hier zu Verzettelung, Frust und Effizienzverlust führen. Dennoch braucht es Strukturen, Routinen und die Standardisierung von Basisprozessen.

Die Werkzeuge innovativer Startups

Die Werkzeuge innovativer Startups gliedern sich in zwei Hauptgruppen: Benutzererfahrung (User Experience, UX) und Collaborationswerkzeuge. Das Credo ist Kundenorientierung statt Prozessoptimierung. Dies erfordert, dass die Prototypisierung beim Kunden beginnt – und nicht in der Forschungs- und Entwicklungsabteilung. Ein typisches Werkzeug hierfür ist das Value Proposition Design. Dieses System hilft dabei, den Kunden zu verstehen, um so Angebote zu erstellen, die dessen Bedürfnisse perfekt bedienen.

Bei den Collaborationswerkzeugen setzen Startups gerne auf Cloud-basierte Lösungen. Dann hat jeder im Team von jedem beliebigen Ort und zu jeder Zeit Zugriff auf die Projekte. Erst das ermöglicht die schnelle Iteration, egal wie groß das Team ist. Man kann sogar weniger erfahrene Mitarbeiter ohne Bedenken einbeziehen, denn alle Änderungen können nachverfolgt und zugeordnet werden. Ein Quantensprung, denn wer weiß, wann der Praktikant das entscheidende Fünkchen Genialität beisteuert? Die Geschwindigkeit wird außerdem erhöht, da durch solche Programme der Zugang zu Entscheidern erleichtert wird. Statt den Weg durch die Instanzen zu gehen, was alles heillos verzögert, kommt man hier in null Komma nix auf den Punkt.

Am Beispiel der Collaborationssoftware *Slack* kann man das deutlich sehen. Zwei Funktionen stechen dabei hervor, die die Zusammenarbeit im Team ausgesprochen einfach, angenehm und produktiv machen. Einerseits enthält das Programm einen Assistenten in Form einer künstlichen Intelligenz namens *SlackBot*. Er findet Antworten in Echtzeit, auf die man ohne ihn manchmal Stunden oder Tage wartet, wenn man Kollegen konsultiert. Auch die Dokumentensuche ist äußerst intelligent gelöst.

Die Kultur innovativer Startups

Die Kultur innovativer Startups basiert auf ständiger Weiterentwicklung sowie auf Kundenzentrierung. Eine der wesentlichen Startup-Devisen lautet: »Liefern ist besser als Perfektion.« Die Führungskräfte zeichnet häufig Demut und Willenskraft aus. Sie wissen, dass schlechte Führung ein zentraler Grund für das Ausscheiden von High Potentials ist.[19] Zudem schaffen sie ein Lernumfeld, in dem Mentoring, konstruktives Feedback und eine ausgeprägte Fehlerkultur etabliert sind. Versuch und Irrtum führen zu permanenten Verbesserungen. Neupositionierungen erfolgen, wenn nötig, sehr zügig.

Innovative Startups haben selbstreflektierte Teams. Sie praktizieren ununterbrochen Benchmarking, um sich verbessern zu können und nie den Anschluss zu verpassen. Denn das kann in unserer digitalen Welt schnell passieren. Beweglichkeit, Kundenzentrierung und das Freisetzen der Mitarbeiterpotenziale sind heute entscheidend für das Überleben am Markt. Im ersten Schritt gilt es also, eine Außensicht einzunehmen. Kundenbedürfnisse, Mitarbeitererwartungen und der Wettbewerb stehen dabei im Fokus. Beweglichkeit bedeutet, zügig auf Veränderungen innerhalb dieser Gruppen eingehen zu können. *Oxford Economics* fand einen direkten Zusammenhang zwischen leistungsstarken Unternehmen – den sogenannten »digitalen Gewinnern« – und ihrer Fähigkeit, in Echtzeit auf Veränderungen zu reagieren.[20] Bei Startups gehört dies zur DNA. Deshalb, und natürlich wegen ihrer Digitalkompetenz, sind sie geradezu perfekte Helfershelfer auf dem Weg in die Zukunft.

Was klassische Unternehmen speziell von der Lean-Startup-Methodik lernen können:

- *Pivotieren*: Ursprünglich geplante Vorgehensweisen werden sofort über Bord geworfen, wenn sie sich als nicht markttauglich erweisen. Unverzügliche Kurswechsel werden in Angriff genommen, wenn der Wind plötzlich anders weht. In tradierten Unternehmen hingegen hält man an laufenden Projekten oder an einer Jahresplanung auch dann immer noch fest, wenn Nichtmachbarkeit bereits absehbar ist. Zögerliches Abwarten und Bewahrenwollen sind dort die Norm.
- *Verschwendung vermeiden*: Dies ist ein Grundprinzip in Startups, denn Ressourcen in Form von Zeit, Geld und Mitarbeitern sind ständig knapp. Aufwendige Reportings, unnötige Meetings und die gesamte Selbstbeschäftigungsbürokratie klassischer Organisationen sind dort deswegen tabu.
- *Validiertes Lernen*: Die Geschäftsidee an sich sowie alle Entwicklungsschritte werden iterativ mithilfe von Kundenmeinungen optimiert. Die besten Ideen kommen dabei oft von draußen. Ständige Feedbackschleifen von testen – lernen – verbessern – testen – lernen –verbessern ermöglichen rapide Kurskorrekturen. Hierzu werden nutzbare, minimal funktionsfähige Produkte (Minimal Viable Products, MVP) schnell auf den Markt gebracht und sukzessive durch User in deren realem Umfeld getestet. So wird laufend verbessert. Überflüssiges kommt sofort weg.
- *Vom Kunden her denken*: »Raus auf die Straße, Nutzer beim Anwenden beobachten und mit (potenziellen) Kunden reden«, ist eine Basisdevise im Lean Startup System. In traditionellen Unternehmen hingegen wird eine nach Meinung der Ingenieure und Entwickler perfekte Lösung in den

Markt geworfen und in einer Rückschau durch aufwendige Kundenzufriedenheitsuntersuchungen anhand vorformulierter Fragen validiert. Repräsentativität sei aber doch wichtig? Unsinn! Wenn 20 von 20 Testern ein Leistungsmerkmal unerträglich finden, ist das ziemlich aussagekräftig.

Formate der Zusammenarbeit mit Startups

Konkretisiert sich der Wunsch nach einer Zusammenarbeit, dann ist zu sondieren, welche Form dafür die richtige ist. Das hat sowohl mit der eigenen Unternehmensgröße als auch mit der Branche und den zu erreichenden Zielen zu tun. Hier die beiden geläufigsten Möglichkeiten:

- *Kooperationen*: Startups, die bereits erfolgreich am Markt unterwegs sind, können attraktive Kooperationspartner sein. Es ist einfach klüger, gemeinsame Sache mit passenden Gründern zu machen, statt sich von ihnen überrollen zu lassen. Solche Kooperationen können einem einmaligen Projektzweck dienen oder auf Langfristigkeit ausgelegt sein. Dazu müssen die Beteiligten die Ziele und individuellen Arbeitsweisen der jeweils anderen Seite verstehen. Startups benötigen von etablierten Unternehmen das Knowhow, die Sicherheit, den Zugriff auf Ressourcen und den Zugang zu einem bereits bestehenden Kundenkreis. Die Etablierten können von der Agilität, dem Wagemut und Erfindungsreichtum der Startups profitieren.
Wie sich passende Partner finden lassen? Das beginnt mit folgenden Fragen: »Welche Kooperationsfelder könnten uns weiterbringen? Wie können unsere Kunden davon profitieren? Und für wen sind wir als Kooperationspartner interessant?« Danach beginnt die Suche. Ausschreibungen, Startup-Scouts und Eigenrecherchen helfen dabei. Ist eine Liste mit Wunschpartnern erstellt und die Kontaktaufnahme erfolgreich, wird die Zusammenarbeit entwickelt. Die Partner müssen sowohl fachlich als auch menschlich gut

harmonieren. Jede Beziehung schafft ja immer auch Abhängigkeiten. Und kooperationsungeeignete Partner können sehr schnell Probleme machen. Prüfen Sie also sorgfältig, mit wem Sie ins Kooperationsboot steigen. Das positive oder negative Verhalten und der gute oder schlechte Ruf Ihrer Partner fallen immer auch auf Sie zurück. Vor allem mittelständische Unternehmen haben bei der Zusammenarbeit mit Startups gute Karten, weil sie meist eine eher schlanke Organisation mit kurzen Entscheidungswegen und schnellen Reaktionsmöglichkeiten haben.

- *Inkorporationen:* Dabei will man sich entweder Startups, die die eigenen Geschäftsfelder bedrohen, durch einen Aufkauf vom Hals halten. Oder man will das eigene Portfolio bereichern und ernsthaft von der Expertise der Jungunternehmer profitieren. In beiden Fällen braucht es Profis für Mergers & Acquisitions, damit keine Fehler passieren. Soll der Zusammenschluss einträglich sein, braucht es zudem Kulturmoderatoren. Klassische Fusionen, das ist seit Jahren bekannt, scheitern fast immer an der Nichtvereinbarkeit der Unternehmenskulturen. Zahlenmenschen und Analytiker unterschätzen dabei vor allem die Macht der Emotionen. Doch genau die verhageln jeden im Elfenbeinturm von Book Smarts errechneten Plan. Will man also die vorgegebenen Ziele erreichen, muss man für Startups ein derartiges Spielfeld schaffen, dass sie zur Hochform auflaufen können. Doch leider …

Die Geschichten, die über gescheiterte Integrationen kursieren, sind teils erschütternd. Meist beginnen sie damit, dass sich ein Bürokratie-Kaventsmann über das inkorporierte Unternehmen ergießt, was erst mal wochenlang alle am eigentlichen Arbeiten hindert – und aus Kundensicht Stillstand bedeutet. Dann kommen die Anweisungen, die endlosen Abstimmungsprozesse, die Planungsrunden, die Budgetrestriktionen, der Kompetenzwirrwarr, das Zuständigkeitsgezerre, die Reportingexzesse, die Insellösungen, die vertagten Entscheidungen, die Machtkämpfe, die Grabenkriege, die zermürbenden Debatten mit Bedenkenträgern, kurz, die ganze Palette dessen, was in einem »normalen« Unternehmen so Usus ist. Von Höchstleistungen kann dann schon bald keine Rede mehr sein. Kluge Köpfe lassen sich eben nicht gerne gängeln. Im falschen Umfeld gehen sie vielmehr ein wie die Primeln. So sind Erfolgsstorys von gelungenen Integrationen tatsächlich rar. Das Gute für Sie: Ihnen wird das mit den neu erlangten Kenntnissen aus den vorangegangenen Kapiteln besser gelingen.

Doch ganz egal, ob Sie sich am Ende mit oder ohne Startup auf den Weg in die Zukunft machen, es gibt in jedem Fall noch eine Menge zu tun. Damit Sie die Herausforderungen, die die Next Economy bringt, bewältigen können, haben wir in den Etappen 4 und 5 nun einen Strauß voller Umsetzungshilfen parat.

ETAPPE 4 –
QUICK WINS: TRITTSTEINE AUF
DEM WEG IN DIE ZUKUNFT

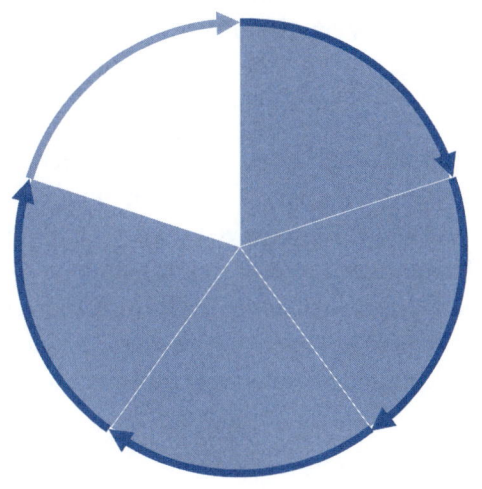

Erinnern Sie sich? Agiler werden, digitaler denken, collaborativer handeln, Disruptives wagen – so lautet der Vierklang, der zukunftsfit macht. Quick Wins sind dabei unentbehrlich: flotte Erfolge, die angepeilt werden können und müssen, um rasch aus dem Startblock zu kommen. Wir Menschen sind von Natur aus auf schnelle Resultate fixiert. Warten Sie also nicht, bis die Dinge an allen Ecken und Enden fertig sind, denn fertig werden sie nie. Außerdem drängt die Zeit. Auf folgende vier Bereiche wollen wir uns deshalb in diesem Teil konzentrieren:

1. Der wahre Kreislauf einer Mitarbeiterbeziehung – und welch entscheidende Rolle WOM dabei spielt.
2. Die Candidate Journey: Ihr Schlüssel zu Topkandidaten, denn bloß mit den Besten werden Sie zukunftsfit.
3. #minus50: Nur wer sich von Bürokratiemonstern trennt, kann agil auf den Veränderungsdruck reagieren.
4. Das Reverse Mentoring: Wie sich der digitale IQ Ihrer Company auf ein höheres Level heben lässt.

Entscheidend ist, dass man bei seinen Veränderungsmaßnahmen die jungen Mitarbeiter ganz gezielt involviert. Dies aus zwei Gründen: Erstens ist deren Kreativpotenzial auf alles Neue und in die Zukunft gerichtet. Zweitens sind es vor allem die Millennials, die ihre Erfahrungen in ihren Netzwerken ausgiebig teilen. So sorgen sie unter anderem auch dafür, dass neue, gute, passende Zukunftsgestalter bei Ihnen arbeiten wollen.

Mitarbeiterbeziehung: der wahre Kreislauf

Wir leben in einer immer intelligenteren Welt, und die braucht immer intelligentere Leute. Der Wissenszuwachs beschleunigt sich exponentiell. Vorhandenes Wissen wird zunehmend schneller obsolet. Unternehmen können in diesem Kontext nur dann erfolgreich sein, wenn sie die Intelligenz, die Kreativität und die volle Schaffenskraft von Toptalenten für sich gewinnen und kluge Köpfe miteinander vernetzen. Dass die Millennials neue Vorstellungen vom Arbeiten haben und diese auch unbeirrt durchsetzen werden, haben die vorangegangenen Kapitel deutlich gezeigt. So führt die Jagd nach den besten Talenten zu einem gewaltigen Arbeitgeber-Attraktivitätswettbewerb. Viele Anbieter werden schon allein deshalb vom Markt verschwinden, weil sie keine qualifizierten Young Professionals mehr finden, die für sie tätig sein wollen.

Deshalb ist es sowohl logisch als auch zwangsläufig ein Muss, die junge Generation beratend und coachend einzubinden, wenn es um die Auswahl neuer Kollegen und das Gestalten eines passenden Arbeitsumfeldes geht. Um die entscheidenden Ansatzpunkte zu finden, schauen wir uns zunächst genauer an, wie – aus Sicht eines Arbeitnehmers betrachtet – der Kreislauf einer Mitarbeiterbeziehung überhaupt funktioniert.

Nicht die Firmenwebsite und deren Karriereteil, sondern das Eingabefeld der Suchmaschinen ist zunehmend der Startpunkt für eine potenzielle Mitarbeiterbeziehung – und oftmals gleichzeitig das Ende. Dabei spielt WOM, also Word of Mouth, in Form von Hinweisen auf Arbeitgeber-Bewertungsportalen, in User-Foren, Blogbeiträgen und Presseartikeln sowie jegliche andere Form von Mundpropaganda und Weiterempfehlungen eine zunehmend wichtige Rolle. Solche Interaktionspunkte werden im Fachjargon »Earned Touchpoints« genannt, denn man kann sich das (hoffentlich) Positive, das an solchen Punkten ausgedrückt wird, nicht wie eine Stellenanzeige kaufen, man muss es sich vielmehr verdienen.

Dies passiert, wie Abbildung 4 deutlich macht, in den Modulen Kommen, Bleiben und Gehen. Hierbei stellen sich entscheidende Fragen: Sind bei Ihnen Spitzenkräfte am Werk? Oder die lahmen Enten, die sonst keiner will? Beschäftigen Sie ein motiviertes Hochleistungsteam – oder eine Dienst-nach-Vorschrift-Belegschaft mit freizeitorientierter Schonhaltung? Soviel kann wohl als sicher gelten: In die Next Economy schafft man es nur mit Mitarbeitern,

- die mit Feuer und Flamme bei der Sache sind,
- die sich mit den Zielen und Werten der Firma voll und ganz identifizieren,
- die unternehmerisch denken und tatkräftig handeln,
- die mit Stolz rumerzählen, in was für einem tollen Laden sie arbeiten und
- die sich keinen besseren Job vorstellen können, als den, den sie machen.

Solche Mitarbeiter gibt es zuhauf. »Der Mensch ist nicht auf Schlaraffenland programmiert, sondern auf Leistung«, sagt der Verhaltensbiologe *Felix von Cube*. Für jede bewältigte Herausforderung werden wir vom Gehirn mit Glückshormonen belohnt. Die Frage muss deshalb wohl eher lauten: Ist Ihre Firma so viel Einsatz überhaupt wert? Moderne Arbeitsbedingungen, ein gutes Betriebsklima und ein zeitgemäßes Führungsverhalten spielen hierbei eine entscheidende Rolle. In *Das Touchpoint Unternehmen – Mitarbeiterführung in unserer neuen Businesswelt*, das zum Managementbuch des Jahres gekürt worden ist, können Sie alles Notwendige lesen.[1]

Am Ende des Kreislaufs geht es dann darum, dass sich das Gute weiterverbreitet. Dies lässt sich vor allem mithilfe der Social Media-affinen Internetgeneration ganz gezielt steuern. Es ist ja ein selbstverständlicher Teil ihrer Lebenswelt, Meinungen, Hinweise und Ratschläge auf passenden Websites zu teilen. Das ist ihre Art, Anerkennung zu gewinnen und sich in ihrem sozialen Umfeld Reputation aufzubauen.

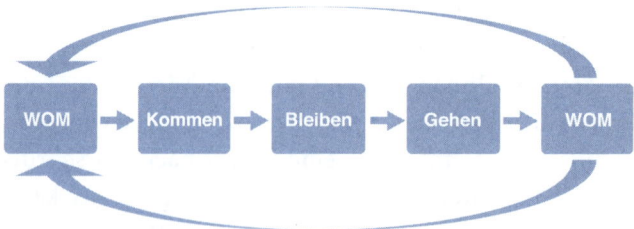

Abbildung 4: Der Kreislauf einer Mitarbeiterbeziehung. WOM steht hierbei für Word of Mouth, also jegliche Form von Mundpropaganda und Weiterempfehlungen

Die Macht der Mitarbeiter durch WOM

Früher wurde das, was die Öffentlichkeit von einem Unternehmen erfahren sollte, über sorgsam formulierte Pressemitteilungen, Hochglanzbroschüren und Vorstandssprecher geschönt und gesteuert. Was sich hinter den Firmenfassaden aber tatsächlich begab, gelangte nur vereinzelt nach draußen: Wenn jemand in seinem persönlichen Umfeld von einem Vorfall erzählte, oder wenn etwas zu den Medien drang.

Heute sieht das völlig anders aus: Die Beschäftigten berichten über Interna im Web. Sie sind zu Botschaftern ihrer Arbeitgeber geworden. Und die Unternehmen haben keinerlei Kontrolle darüber, was den Agoren der Neuzeit im Cyberspace alles anvertraut wird. So entscheiden die eigenen Mitarbeiter, enttäuschte Bewerber und Ehemalige maßgeblich mit, wer die besten Talente gewinnt. Zudem kann heute jeder Externe über die sozialen Netzwerke mit nahezu jedem Mitarbeiter direkt in Verbindung treten, ganz egal, in welcher Abteilung der sitzt, und ganz egal auch, ob das dem Management passt oder nicht.

»Sei wirklich gut, und bring die Leute dazu, dies vehement weiterzutragen«, so lautet das neue Businessmantra. Und »wirklich gut« bedeutet hier zweierlei: Gut im Sinne von exzellent – und gut im Sinn von *nicht* böse. Immer mehr Konsumenten verwandeln sich in verantwortungsvolle Weltenbürger, die Minderperformern die rote Karte zeigen. Nicht nur das Zahlenwerk, auch die moralische Bilanz muss also stimmen. Und das Internet ist wie eine gigantische öffentliche Podiumsdiskussion. Die »Leichen« vermodern heute nicht mehr im Keller, man findet sie in den Weiten des Web. Zudem gibt es Wayback-Maschinen, also Webarchive, die die Vergangenheit nachprüfbar machen. Und wo ein Empörungswille ist, schlägt dieser schnell Wellen. Wer lügt und betrügt, wer seine Leute wie ein Berserker behandelt oder Raubbau an der Umwelt betreibt, wird geteert und gefedert und dann an den Online-Pranger gestellt.

Schon längst wird das zweifelhafte Innenleben eines Anbieters durch kollektive Nichtkäufe bestraft. Und die besten Kandidaten kehren reputationsschwachen Firmen den Rücken, noch ehe es zu einem ersten Kontaktversuch kommt. Durch verärgerte Beschäftigte und ihre Aktivitäten im Web kann man am Ende auch eine Menge Kunden verlieren. Alles hängt eben heute eng miteinander zusammen. Schein und Sein werden im Internet gnadenlos offengelegt. Und bevor man hört, was ein Unternehmen selbst über sich sagt, lauscht man denen, die aus erster Hand berichten.

Anstatt also Sonntagsreden zu schwingen, sich aufzuhübschen und in teuer bezahlte Arbeitgeber-Markenkampagnen (Employer Branding) zu investieren, sollten Organisationen viel mehr dafür tun, dass es drinnen bei ihnen stimmt. Wer da durchfällt, erhält von qualifizierten Aspiranten niemals mehr Post. Die Einzigen, die in einer vernetzten Gesellschaft glaubwürdig für Vertrauen sorgen und sogar Vertrauensverluste wieder heilen können, sind die, die wissen, wie es hinter den Firmentoren tatsächlich läuft: die Kunden und die Mitarbeiter. Sie wollen, dass diese als Fürsprecher für Ihr Unternehmen fungieren? Dann sorgen Sie dafür, dass die Leute tollen Gesprächsstoff haben, den sie unbedingt mit ihren Netzwerken teilen wollen. Genau das ist ein geradezu unwiderstehlicher Lockstoff für profilierte Topkandidaten.

Ja, WOM zieht Bewerber wie magisch an. Vor allem die veränderungswilligen jungen Talente werden zuerst die O-Töne Dritter im Web ansteuern. *Google* nennt sie die »Zero Moments of Truth« (ZMOT). Dies sind die Momente der Wahrheit vor dem ersten direkten Kontakt, die schonungslos offenbaren, was die Arbeitgeber-Versprechen tatsächlich taugen. Sie erzählen von den Bewährungsproben, die ein Anbieter bereits erfolgreich gemeistert hat – oder auch nicht. Übrigens favorisieren sogar die Suchmaschinen-Algorithmen das, was die Menschen über ein Unternehmen sagen, und bringen es ganz weit nach vorn auf die Trefferlisten. So kommen im Rahmen einer Recherchephase plötzlich auch Firmen auf den Schirm, die man zunächst gar nicht im Auge hatte. Vor allem aber: Vor maroden Arbeitsbedingungen, einem miesen Klima und schlechten Führungsmanieren kann man rechtzeitig die Flucht ergreifen.

Shareability: Wie sich Gutes weiterverbreitet

»Würden die Menschen so etwas gern teilen?«, ist die wesentliche Anforderung für jede Art von WOM. Und die Betonung liegt dabei auf gern. Niemand wird eine Botschaft weiterverbreiten, wenn sie nichtssagend oder langweilig ist. Die Grundmotive der Menschen für Mundpropaganda und das Streuen von Erfahrungsberichten sind diese:

- *Hilfsbereitschaft und Altruismus:* Man will sich nützlich machen, anderen helfen, sie vor Schaden bewahren oder ihr Wohlwollen erlangen.
- *Profilierung und Statusaufbau:* Man will zeigen, in welch tollem Unternehmen man beschäftigt ist und hierdurch auch sein Selbstbild nähren.
- *Kontaktpflege und Zugehörigkeit:* Man leitet Inhalte weiter, um Kontakte nicht abreißen zu lassen oder Diskussionen in eigenen Netzwerken anzuregen.
- *Gestaltungswille und Sinnhaftigkeit:* Man möchte mit seinem Tun die Dinge, die einem am Herzen liegen, mitgestalten, verändern oder verbessern.
- *Wut, Hass und Rachegelüste:* Man sucht nach einem Ausgleich für erlittenes Übel, will warnen oder durch sein Weitererzählen der Firma schaden.

Sich Dritten gegenüber als Übermittler reizvoller oder nützlicher Inhalte zu präsentieren, ist für viele Menschen eine Form der Belohnung. Zudem bietet es die Möglichkeit, Sozialkapital aufzubauen und Anerkennung oder Bewunderung zu erlangen. Jeder Mensch hat somit eine Grundveranlagung, Inhalte zu teilen. Inwieweit er das dann tatsächlich tut, hat auch mit seiner

Intro- oder Extravertiertheit zu tun. Darüber hinaus ist die 90-9-1-Regel von Usability-Berater Jakob Nielsen von Belang. Demnach sind nur ein Prozent der Menschen in den Web-Communitys superaktiv, neun Prozent sind punktuell Beitragende und 90 Prozent folgen dem digitalen Austausch ganz und gar passiv.

Schließlich ist zu beachten, auf welche Weise die Menschen Inhalte teilen. Denn nicht alles wird öffentlich sichtbar. Vielmehr verlagert sich das Social Sharing immer mehr in Richtung »Dark Social«. Die Inhalte werden also nicht öffentlich via *Facebook*, *YouTube* oder *Twitter*, sondern direkt über Messenger wie *WhatsApp* geteilt. Oder sie landen auf *Snapchat*, wo sie dann gleich wieder verschwinden. Hinzu kommt die mündliche Weitergabe, die nach wie vor einen sehr hohen Stellenwert hat.

Dabei gilt: je emotionaler, desto viraler. Je mehr Emotionen eine Begebenheit also hervorruft, desto schneller macht sie die Runde. Stellen Sie dementsprechende Inhalte, im Fachjargon Content genannt, zur Verbreitung auf Ihrer Website und Ihren Social-Media-Präsenzen bereit. Das können Geschichten, Fotos und natürlich auch Videos sein. Installieren Sie rechtskonforme Social-Media-Plug-ins, also Share- und Like-Klickfelder direkt beim jeweiligen Content. Laden Sie dann Ihre Mitarbeiter ein, Passendes aktiv zu teilen.

Und was ist mit User-Foren und Arbeitgeber-Bewertungsportalen? Zunehmend zählen diese für gute neue Leute zu den allerersten Anlaufstellen. Allein auf der Plattform *Kununu* findet man schon über 1,4 Millionen Bewertungen zu 288 000 Unternehmen.[2] Doch was man dort liest, ist bisweilen erschütternd. Auch wenn die Einträge ganz und gar subjektiv sind: Dank solcher Bewertungsportale können sich potenzielle Bewerber nun endlich im Vorfeld ein Bild vom Inneren einer Firma machen und einen Eindruck darüber gewinnen, ob das Unternehmen zu ihnen passt oder nicht.

Auch für Unternehmen haben Meinungsportale ihr Gutes. Sie zeigen ein ungeschminktes Stimmungsbild der Mitarbeiter. Das sind nur Einzelmeinungen? Jede Meinung ist wertvoll, wenn sie differenziert ist und die bewerteten Aspekte ausführlich beschreibt. Verbesserungsbedarf, den intern vielleicht niemand ansprechen mag, kann so identifiziert werden. Und nicht vergessen: Kunden, Investoren und die Medien lesen das auch. Unternehmen sollten deshalb die Meinungsbildung auf solchen Portalen genauso im Auge behalten wie ihre Umsatzzahlen und die Geschäftskorrespondenz. Richten Sie dazu Gratis-Alerts auf *Google* und *Talkwalker* ein. Oder, viel besser und zunehmend unumgänglich: Nutzen Sie professionelle Social-Media-Monitoring-Tools.

Wenn die Mitarbeiterzufriedenheit stimmt – und nur dann – ist es sinnvoll, die Belegschaft einzuladen, die Firma auf *Glassdoor*, *Kununu* & Co. zu bewerten. Geben Sie eine plausible Begründung, warum das so wichtig ist, sowas steigert die Motivation. Schreiben Sie zum Beispiel so: »Wir brauchen dringend noch weitere Talente, um unser bestehendes Hochleistungsteam zu komplettieren. Und weil die Besten sich im Web vorinformieren, können ein paar weitere anregende Bewertungen bei *Kununu* uns allen sehr helfen. Wenn Sie also mögen, dann …« Nun folgt eine Kurzbeschreibung, wie das funktioniert, damit das Ganze für jeden so einfach wie möglich ist. Bieten Sie aber niemals Geld oder Goodies für gute Bewertungen an. Sowas gelangt meist sehr schnell an die Öffentlichkeit. Und dann ist Ärger garantiert.

Das Feedback der Millennials ist elementar

Vor allem die jüngere Generation lässt sich bei der Entscheidungsfindung von ihresgleichen leiten. Deshalb müssen die Arbeitgeber genau dort präsent sein *und* positiv in Erscheinung treten, wo die Young Professionals suchen. Nur die Millennials selbst können Ihnen ganz genau sagen, an welchen digitalen

Wasserlöchern sie sich gerade tummeln. Und sie können Ihnen zum Beispiel auch zeigen, wie und wo sie sich jeweils mit Informationen versorgen – und was ihnen dabei zusagt oder missfällt.

Gerade im Modul »Kommen«, das für einen gelungenen Start ja eminent wichtig ist, liegt eine Menge im Argen. Etliche Fallstricke lauern auf dem Weg zum perfekten Top-Aspiranten. »Um die passenden Kandidaten optimal anzusprechen, wird es für die Unternehmen immer wichtiger werden, deren Nutzungsgewohnheiten und bevorzugte Kanäle zu kennen und ihr Recruiting darauf abzustimmen«, sagt Professor *Tim Weitzel* von der *Universität Bamberg* als Fazit der Studie *Recruiting Trends 2016*.[3] Doch nur die Zielgruppe selbst kann Ihnen erklären, wie sie sich einen attraktiven Recruitingprozess wünscht und ob das, was in diesem Kontext bei Ihnen passiert, fasziniert. Unglaublich viel wird nur deshalb so schlecht oder falsch gemacht, weil das Feedback der jungen Generation fehlt.

Zudem hat sich die »Macht« von der Anbieter- auf die Nachfrageseite verlagert. Das bedeutet: Heute bewerben sich die Arbeitgeber bei den aussichtsreichsten Kandidaten. Eine Standardfrage im Einstellungsgespräch klang früher wie folgt: »Was wissen Sie über unsere Firma? Und weshalb sollten wir Sie einstellen wollen?« Jetzt drehen die Spitzenbewerber den Spieß einfach um, und zwar so: »Ich habe mich über die Reputation Ihres Managements und das Betriebsklima in Ihrem Unternehmen informiert, nun bitte zeigen *Sie mir*, weshalb ich bei Ihnen arbeiten soll!« Wobei – am Ende sollte es Überheblichkeit weder auf der einen noch auf der anderen Seite geben.

Vom Verwalter zum Verkäufer, das ist der Weg des Personalers der Zukunft. Und er muss gut darin sein, um die Toptalente anzulocken. Eine zunehmend strategische Aufgabe ist das heutzutage. Doch dies ist noch nicht überall angekommen. So schwelgt man weiterhin in standardisierten Prozessen, die für das Unternehmen zwar praktisch, für die Kandidaten aber ätzend sind. Selbst die meistversprechenden Leute kommen sich wie Bittsteller vor und müssen sich in die vorgedachten Abläufe fügen. Den Bürokratievogel abgeschossen hat ein Unternehmen mit einem zehnseitigen (!) Bewerbungsformular. Toptalente hassen sowas. In solchen Fällen ist Fachkräfte- und Nachwuchsmangel kein Branchenproblem, sondern selbstverschuldet. Das Problem heißt: Unverständnis für die Belange der jeweiligen Zielgruppe. Da Arbeit und Freizeit immer mehr miteinander verschmelzen, ist Eigenzeit ein knappes Gut, mit dem man haushalten muss. Wer einem die Zeit stiehlt, weil alles so langwierig und altmodisch ist, fällt durch den Rost, bevor es überhaupt zu einem ersten Kennenlernen kommt.

Ein weiterer Hemmschuh lauert in einer ganz anderen Ecke. Es ist das »von sich auf andere schließen«. Man geht von seinem Eigengeschmack aus. »Ich kann mir beim besten Willen nicht vorstellen, dass auf diesem Weg neue Bewerber kommen«, sagt der schon leicht ergraute Abteilungsleiter. Und ganz ohne Gegenwehr wird eine womöglich durchschlagend neue Maßnahme einfach gestrichen. Ja, das »Machtwort« der Oberen und ihre verkrusteten Ansichten führen oft in die falsche Richtung. »Also, mir würde eine klassische Stellenanzeige besser gefallen«, sagt der Chef, weil es seinem Ego schmeichelt, in der Samstagsausgabe einer überregionalen Tageszeitung zu sein. Weil aber das Wort des Chefs Evangelium ist und niemand es sich mit ihm verscherzen will, wird wider besseren Wissens seine (teure!) Wunschanzeige geschaltet.

Doch Stellenanzeigen, die noch genauso aussehen wie vor fünfzig Jahren, der Einheitsbrei vergleichbarer Texte, das floskelhafte Geschwafel und die Bilderdatenbankmenschen in den HR-Broschüren locken schon bald niemanden mehr. Pfiffige Botschaften und eine kreative Mediennutzung sind gefragt.

Als *Siemens* zum Beispiel vor einiger Zeit Signaltechniker suchte, blieben alle Anzeigen erfolglos. Erst als die Recruiter überlegten, wofür sich mögliche Kandidaten privat interessierten, ergab sich die Lösung: Sie inserierten auf einem Blog über die Modelleisenbahnen von *Märklin*. Kurz darauf war die Stelle besetzt.

Eine Schweizer Security-Firma suchte Mitarbeiter mit ähnlichen Qualifikationen wie das Personal an den Flughafen-Sicherheitskontrollen. Also haben sie ihren Geschäftsreisenden Metallplatten fürs Handgepäck mitgegeben, in die Sprüche eingeprägt waren wie:»Gelangweilt? Bewerben Sie sich bei uns.« Diese wurden beim Durchleuchten sichtbar.

In analogen Zeiten gab es ziemlich genau drei Transaktionspunkte, um an gute Bewerber zu kommen: Headhunter, Stellenanzeigen und der Stapel unaufgefordert eingehender Bewerbungsmappen. Heute gibt es an die einhundert mögliche Touchpoints. Und täglich werden es mehr. Zudem müssen junge Talente ganz anders angesprochen werden als erfahrene Senior Professionals. Wer aktiv auf Jobsuche ist, ist anders zu knacken als einer, den man aus einem bestehenden Arbeitsverhältnis losreißen will. Standardprozesse und Unverständnis für die jeweiligen Bewerberbelange sind tödlich. Candidate Journeys können vor all dem schützen. Und Personas, die prototypische Bewerber verkörpern, helfen dabei. Schauen wir uns beides nun an.

Candidate Journey: Traumreise oder Höllentrip?

Nicht nur auf einer Reise in fremde Länder, auch auf einer Reise durch die Recruiting-Landschaft kann man eine Menge erleben. Und jeder Kontakt hinterlässt Spuren: in den Köpfen und Herzen der Menschen – und oft genug auch im Web. Denn wie im wahren Leben will man von seiner Reise erzählen. So sammelt ein Bewerber an jedem Punkt, an dem er dem Unternehmen begegnet, Eindrücke, die sich zu einem Gesamtbild verdichten: Diese Firma ist summa summarum richtig für mich – oder auch nicht. Dabei ist dessen Meinung immer subjektiv, häufig verallgemeinernd, manchmal unfair, vielleicht sogar falsch – aber es ist seine Meinung und er gibt sie – gefragt und ungefragt – weiter. Solche Erfahrungsberichte beeinflussen dann die Vorentscheidungen Dritter.

Wer sich also für die meistversprechenden Talente attraktiv machen will, für den ist das Entwickeln einer Candidate Journey heute ein Muss. Diese wird, und das ist der springende Punkt, aus der Perspektive des Bewerbers betrachtet. Wer nämlich als solcher mit Unternehmen interagiert, ärgert sich über vieles: den Spamfaktor von Active Sourcing, die mangelnde Nutzerfreundlichkeit einer Website, das nicht mobiloptimierte Bewerbungsformular, altertümliche Stellenbeschreibungen, geschönte Fakten, endlose Reaktionszeiten, standardisierte Interviews, respektloses Verhalten, nicht eingehaltene Versprechen und vieles mehr. Ursache dafür sind Verfahren aus der Vergangenheit, Methodenhörigkeit, Ignoranz, unangebrachte Arroganz und ein Mangel an Bewerberorientierung. Vor allem, wenn es dabei um Young Professionals geht, gibt es nur eine Gruppe von Menschen, die sagen kann, wie man sie tatsächlich für sich gewinnt: die Young Professionals selbst. Betriebe, die sich nicht auf die Erwartungen der »Jungen« einstellen können, werden sie und ihr Potenzial niemals gewinnen.

Um sich für die Zukunft zu rüsten, werden Candidate Journeys also am besten in Zusammenarbeit mit den jüngeren Mitarbeitern eines Unternehmens entwickelt. Dabei wird durchleuchtet und sichtbar gemacht, wo und wie die Bewerber suchen, was sie erwarten, welche Erfahrungen sie während des Bewerbungsprozesses machen wollen, welche Erlebnisse sie tatsächlich haben (Candidate Experience, CX) und wie ihre Reaktion darauf ist. So können neue und für potenzielle Bewerbergruppen wichtige Herangehensweisen gefunden und dann durch geeignete Interaktionen genutzt werden. Die wichtigsten Ein- und Ausstiegspunkte während einer Journey können ermittelt und angepasst werden. Vorhandene Touchpoints können optimiert und veraltete ausgemerzt werden, irrelevante Touchpoints lassen sich ignorieren oder deaktivieren. Auf diese Weise kann man auch eine Menge Kosten sparen. Schließlich können mögliche Wirkungszusammenhänge zwischen den einzelnen Touchpoints erkannt und Synergie- und Kannibalisierungseffekte aufgedeckt werden.

Woher das Konzept der Candidate Journey überhaupt stammt? Ursprünglich kommt es aus dem Marketing und dort aus dem E-Commerce. Beschrieben wird anhand einer Customer Journey der Weg eines Kunden vom ersten Gewahrwerden über die Informations-, Kauf- und Nutzungsphase bis zum möglichen Weiterempfehlen. Wer die Spitzengruppe der Leistungsträger für sich gewinnen will, sollte den Kollegen auf der Kundenseite also öfter mal über die Schulter schauen. Marketingähnliche Recruiting-Kreativität ist zunehmend gefragt. Vakanzen müssen kunstfertig verkauft und Bewerber wie Kunden angesprochen werden, damit sie sich tatsächlich umworben fühlen.

Augmented Reality, Algorithmen, Chatbots, Dashboards, Predictive Analytics, Content Sourcing, Relationship Management: Viele Themen, mit denen die Personaler im Zuge der digitalen Transformation nun konfrontiert sind, beschäftigen Sales & Marketing schon seit Jahren. Passende Mittel, Wege und Lösungen wurden dort längst gesucht und gefunden. Diese lassen sich nicht selten fast eins zu eins auf den HR-Bereich übertragen. Zudem korrelieren viele Facetten: Wo es den Mitarbeitern mies geht, da haben auch die Kunden nicht viel zu lachen. Servicewüsten entstehen durch Führungswüsten. Herrscht schlechte Stimmung, wird selten eine gute Dienstleistung daraus. Nur begeisterte Mitarbeiter können Kunden begeistern.

Die Bewertung der Bewerber entscheidet

Meist ist es ein Mix aus positiven Erfahrungen an mehreren Interaktionspunkten, der schließlich zur Zusage eines Bewerbers führt. Bei jedem Recruiting ist eine grundlegende Entscheidung also die, auf welche Maßnahmen man sich konzentrieren soll, welche sich neu kombinieren lassen, welche vernachlässigt werden können, welche gestrichen werden müssen und welche womöglich noch fehlen.

Danach ist zu prüfen, ob das, was an den einzelnen Touchpoints tatsächlich passiert, enttäuschend, okay oder begeisternd ist. Hierzu werden die faktischen wie auch die emotionalen Erlebnisse, die ein Bewerber an einem Interaktionspunkt hat oder haben könnte, beleuchtet. Dabei gibt es für die Unternehmen unglaublich viele Möglichkeiten, es sich auf immer und ewig mit ihm zu vermasseln. Und es gibt noch mehr Möglichkeiten, einen Fan fürs Leben zu gewinnen. Deswegen ist eine Bewertung durch die Bewerber vonnöten. Zwei Ebenen sind dabei zu betrachten:

1. Die Wichtigkeit eines Interaktionspunktes sowie dessen Empfehlungspotenzial – aus Sicht des Bewerbers. Hierdurch lassen sich sowohl die unnötigen als auch die Supertouchpoints ermitteln.
2. Die Qualität dessen, was aus Bewerbersicht an den einzelnen Touchpoints passiert. Hierdurch lassen sich die Lovepoints und die Painpoints ermitteln.

Um beides zu messen, werden am besten die kürzlich eingestellten Mitarbeiter und, soweit möglich, auch abgesprungene Kandidaten befragt. Etwa zehn bis 20 Personen reichen zum Start. Hier die Fragen im Wortlaut:

- »Auf einer Skala von 0 bis 10: Wie wichtig ist Ihnen dieser Punkt?«
- »Auf einer Skala von 0 bis 10: Würden Sie das, was an diesem Interaktionspunkt passiert ist, weiterempfehlen?«

Nach jeder Antwort stellen Sie am besten gleich noch ein paar wertvolle Zusatzfragen:

- »Was ist der wichtigste Grund für die Bewertung, die Sie gerade abgegeben haben?«
- »Was lief aus Ihrer Sicht besonders gut?«
- »Was hat Sie daran gehindert, uns den Höchstwert zu geben?«
- »Haben Sie dazu eine schnell umsetzbare Idee?«

Mit solchen Fragen kommen Sie sofort ganz nah an die wichtigsten Bewerbermotive heran. Vor allem die Spitzen und die Täler sind dabei von Interesse. Vermeintliche Kleinigkeiten können aus Bewerbersicht herbe Enttäuschungen oder unakzeptable Missstände sein. Solche kritischen Ereignisse müssen schnellstens gefunden und ausgemerzt werden. Lovepoints hingegen müssen verstärkt und gepampert werden. Vor lauter Fehlerorientiertheit werden nämlich *die* Dinge, die die Menschen besonders lieben und die von daher eine wunderbare Wirkung entfalten, oft viel zu wenig beachtet. Auch die Supertouchpoints, die in besonderem Maße auf die Reputation und das überlebensnotwenige Weiterempfehlen einzahlen, lassen sich so bestimmen.

Natürlich gibt es viele weitere Fragen, um (potenzielle) Mitarbeiter in die Analyse mit einzubinden. Eine sehr ergiebige Frage, beispielsweise an verschiedene Altersgruppen gestellt, ist unter anderen diese: »Wenn Sie hier HR-Chef wären, was würden Sie als Erstes verändern? Was müsste schleunigst weg? Und was brauchen wir dringendst?«

Unser Favorit ist in diesem Zusammenhang die »Gewissensfrage«, und die geht so: »Stellen Sie sich vor, Sie wären unser Unternehmensgewissen. Was würden Sie uns zu … sagen?« Zugegeben, es erfordert hier und da Mut, solche Fragen zu stellen. Aber der Lerngewinn ist gewaltig. Sie erfahren eine Menge darüber, was die Menschen sich wünschen, was sie vermissen, und was sie wirklich bewegt. Sie wollen keine schlafenden Hunde wecken? Die Hunde schlafen nicht! Sie toben sich nur woanders aus, zum Beispiel auf Meinungs- und Bewertungsportalen.

In sieben Schritten zur Candidate Journey

Jeder Bewerbungsprozess erwächst aus einer Abfolge von Interaktionen, die sich im Idealfall in eine gemeinsame glanzvolle Zukunft bewegt. So hat sich die Methode des »Candidate Journey Mapping« als besonders hilfreich erwiesen. Dazu wird eine typische Bewerberreise in Form einer Reiseroute visualisiert. Eine Candidate Journey kann zum Beispiel aus folgenden Stationen bestehen: Onlinerecherche – Vorauswahl – Kontaktaufnahme – erstes Vorstellungsgespräch – Vertiefungsgespräche – Endauswahl – Vertragsabschluss – Wartezeit bis zum ersten Tag der Zusammenarbeit – (Weiterempfehlung) – (vorzeitiger Absprung). Wie dies optisch aussehen kann? Am besten lassen Sie die Mitarbeiter ein passendes grafisches Konzept dazu erstellen.

Beim Entwickeln einer Candidate Journey sind insgesamt sieben Schritte zu gehen:

Schritt 1: Legen Sie zunächst fest, welches Szenario Sie für welchen Bewerbertyp untersuchen wollen. Zum Beispiel: Ein Hochschulabsolvent bewirbt sich um seine erste Stelle. Definieren Sie dazu gegebenenfalls prototypische Personas, um von den Aspiranten ein besseres Bild zu gewinnen. Das Personas-Konzept, das ebenfalls aus dem Online-Marketing kommt, wird gleich im Anschluss erläutert.

Schritt 2: Identifizieren Sie alle Interaktionspunkte, die in diesem Szenario eine Rolle spielen könnten. Unterteilen Sie die Bewerberaktivitäten hierzu chronologisch in einzelne Phasen. Das hilft, den Überblick zu behalten. Ordnen Sie die relevanten Touchpoints danach den einzelnen Phasen zu. Obertouchpoints wie zum Beispiel die Karriereseite des Unternehmens können in Untertouchpoints zerlegt und so sehr detailliert betrachtet werden. Analysieren Sie in diesem Schritt auch das öffentliche Feedback über Sie als Arbeitgeber.

Schritt 3: Stellen Sie die einzelnen Bewerbungsphasen und die dazugehörigen Touchpoints in ihrer zeitlichen Abfolge als Grafik dar. Beobachten und befragen Sie dazu auch die Bewerber. Illustrieren Sie, soweit möglich und rechtlich erlaubt, quasi wie bei einem Reisebericht, was an den einzelnen Touchpoints passiert: durch Videos, Fotos, episodische Begebenheiten oder Sprechblasen-Statements. Markieren Sie die laut Bewerberangaben besonders wichtigen Touchpoints.

Schritt 4: Jede Erfahrung, die ein Mensch macht, wird sozusagen mit einem emotionalen Plus oder Minus markiert, dementsprechend im zerebralen Erfahrungsspeicher abgelegt und schließlich als »Like« oder »Dislike« geäußert. Analysieren Sie deshalb das, was aus Sicht der Jobsuchenden an den einzelnen Touchpoints passiert, im Einzelnen so:

- Was ist enttäuschend? (= Was wir keinesfalls tun dürfen.)
- Was ist okay? (= Unser Minimum-Standard, die Null-Linie der Zufriedenheit)
- Was ist/wäre begeisternd? (= Was wir bestenfalls tun können.)

Fahnden Sie insbesondere auch nach den schon erwähnten Lovepoints und Painpoints, also den Höhen und Tiefen einer Bewerbererfahrung, indem Sie ausgewählte Personen dazu befragen. Dabei geht es sowohl um die Prozess- als auch um die Beziehungsebene.

Schritt 5: Erarbeiten Sie danach gemeinsam, was Sie tun können, um die Bewerbererlebnisse an jedem Punkt zu verbessern, reibungsloser und unbeschwerter zu gestalten. Definieren Sie dazu das Soll, wie also eine optimale Touchpoint-Reise zum Traumjob tatsächlich aussehen könnte. Um dabei in die Begeisterungszone zu gelangen, kann man gar nicht genug außergewöhnliche Ideen haben. Wer an den einzelnen Touchpoints Großes bewirken will, nutzt hierzu am besten die »Weisheit der Vielen«, also die kollektive Intelligenz der Mitarbeiter.

Schritt 6: Setzen Sie die verabschiedeten Maßnahmen schnellstmöglich um. Favorisieren Sie dabei die Quick Wins, also Maßnahmen, die schnelle Erfolge erzielen. Im Nachgang einer Aktion wird das tatsächliche Vorgehen nochmals betrachtet. Die Fragen klingen dann so:

- »War das wow?« – War es also begeisternd, verblüffend, überraschend, außergewöhnlich gut?
- »War das okay?« – War es also nur den Erwartungen entsprechend, belanglos, beliebig, indifferent?
- »War das gar nichts?« – War es also enttäuschend, empörend, frustrierend, potenziell imageschädigend?

Begeisterung heißt immer: Erwartung plus x. Die Referenzpunkte liegen dabei auf Höhe der besten und schlechtesten subjektiven Erfahrungen, die man je auf diesem Gebiet gemacht hat. Sie werden auch durch die Versprechen des Unternehmens befeuert.

Schritt 7: Monitoren Sie Ihre Erfolge. Legen Sie dazu geeignete Kennzahlen fest. Meist ist es ein passender Mix aus mehreren Touchpoints, der für eine Zusage schließlich den Ausschlag gibt. Eine Eins-zu-eins-Messung, die zeigt, welcher Touchpoint am Ende der entscheidende war, ist schon allein aus diesem Grund gar nicht möglich. Zumindest sollte man aber eruieren, welcher Punkt im Vorfeld für die Bewerbung ausschlaggebend war. Dies geschieht, indem man den Kandidaten folgende Frage stellt: »Wie sind Sie eigentlich *ursprünglich* auf uns aufmerksam geworden?« An besonders wichtigen Touchpoints sollte zudem die Weiterempfehlungsbereitschaft gemessen werden. Die Frage dazu haben Sie weiter vorne schon kennengelernt.

Wie man Candidate Personas erschafft

Jede Bewerberreise kann annähernd aus den gleichen Hauptstationen bestehen, im Detail jedoch ist der Weg vom Interessenten bis zum potenziellen Botschafter bei jedem Kandidaten verschieden. Auch die Erwartungen, die ein Talent an den Recruitingprozess hat, können je nach Situation sehr differieren. Vor allem in größeren Organisationen kann es deshalb äußerst sinnvoll sein, Candidate Personas zu entwickeln und deren prototypische Candidate Journey darzustellen.

Candidate Personas sind fiktive Stellvertreter einer Bewerbergruppe, die deren charakteristische Eigenschaften, Erwartungshaltungen und Vorgehensweisen in sich vereinen. Sie ersetzen das anonyme Zielgruppengemenge durch eine menschliche Gestalt, in die man sich gut hineindenken kann. Personas beinhalten sowohl fachliche als auch persönliche Komponenten. Idealerweise werden sie mit einem Vornamen, einem Gesicht, ihren Kenntnissen, einem prototypischen Werdegang und einem Privatleben versehen. Sie haben Ziele, Werte, Ansichten und prototypische Verhaltensweisen, Interessen, Vorstellungen, Vorbehalte, Befürchtungen und Ängste. Durch eine solch emotional basierte Vermenschlichung wird sichergestellt, dass die Bewerber nicht nur zum Job, sondern auch zur Unternehmenskultur passen.

Personas werden entwickelt, indem man die entsprechenden Mitarbeiter im Unternehmen oder passende Talente von außerhalb dazu befragt, seinen gesunden Menschenverstand nutzt und ergänzend recherchiert. Ein Workshop, bei dem man sich wie die Profiler mit detektivischem Gespür an das treffsichere Kreieren von Personas macht, bringt über den vielfältigen Nutzen hinaus richtig viel Spaß. Deren »Steckbriefe« werden idealerweise an die Bürowand oder auf Pappfiguren gepinnt, um so mit beinahe echten Menschen kommunizieren zu können. Auf diese Weise wird auch unterstützt, dass alle dasselbe Bild von einer Zielperson vor Augen haben, wenn sie an Recruitingprojekten arbeiten, stimmige Texte formulieren oder Kanäle für die Kandidatenansprache bestimmen.

Und immer kann man sich gemeinsam fragen, was die Persona wohl von einer Sache hält, und wie sie sich auf ihrer Reise durch die Unternehmenslandschaft an den einzelnen Touchpoints gerade fühlt. Außerdem helfen Personas zum Beispiel den Mitarbeitern, die immer nur indirekt mit Bewerbern zu tun haben, den Menschen hinter dem Aktenzeichen zu sehen, individueller vorzugehen und den »Nerv« der entsprechenden Zielpersonen zu treffen. So verschafft man sich insgesamt einen Vorteil gegenüber den Unternehmen, die Kandidaten weiterhin nach »Schema F« behandeln.

Candidate Journeys in Workshops entwickeln

In einem eintägigen Workshop mit allen Mitarbeitern, denen Jobsuchende auf einer solchen Reise begegnen, lassen sich Candidate Journeys exemplarisch entwickeln. Auch »Betroffene«, also Kollegen, die erst vor Kurzem eingestellt worden sind, und natürlich einige Millennials sollten unbedingt teilnehmen können. Am besten beginnt man den Tag mit folgenden Aufgabenstellungen, die in vier Kleingruppen bearbeitet werden:

1. Was ich als Bewerber anderswo ganz gewiss nicht erleben möchte.
2. Was mich als Bewerber ganz besonders begeistern würde.
3. Typische positive Erlebnisse eines Bewerbers bei uns im Recruiting-Prozess.
4. Typische negative Erlebnisse eines Bewerbers bei uns im Recruiting-Prozess.

Anschließend wird eine prototypische Candidate Journey entwickelt. Diese wird am besten als Reise bildlich dargestellt. Sie zeigt, was ein Bewerber an den einzelnen Etappenzielen so alles erlebt. Es wird also nicht nur geschrieben, es wird wie bei einer Collage auch gemalt und geklebt.

Ausgewählte Geschichten, beispielhafte Bewerbermeinungen und symptomatische Bewertungen aus Online-Portalen werden angeheftet. Enttäuschungs- und Begeisterungsfaktoren werden gelistet. Don'ts und Dos werden dokumentiert. Das Ganze wird am besten auf Pinnwände übertragen, so dass man alles für den Projektfortgang mit in seine Abteilung nehmen und weiter bearbeiten kann. Alternativ lassen sich auch weiße Tafeln (Whiteboards) oder Multimediawände nutzen.

Im Anschluss an die Visualisierung wird eine Prioritätenliste der zu bearbeitenden Touchpoints erstellt. Nach einer Erfassung der dortigen Ist-Situation wird eine gewünschte oder notwendige Soll-Situation definiert und ein Maßnahmenplan entwickelt. Dieser wird in den angepeilten Zeitlinien ausgeführt. Im Anschluss daran wird das Ergebnis anhand passender Messgrößen geprüft, dokumentiert und optimiert.

Ist die Methodik erst mal bekannt, kann sie nach diesem Muster auf weitere Prozesse im Unternehmen übertragen werden. Zum Beispiel lässt sich so auch der Onboarding-Prozess, also Ankommen und Einarbeitung der neuen Mitarbeiter, optimie-

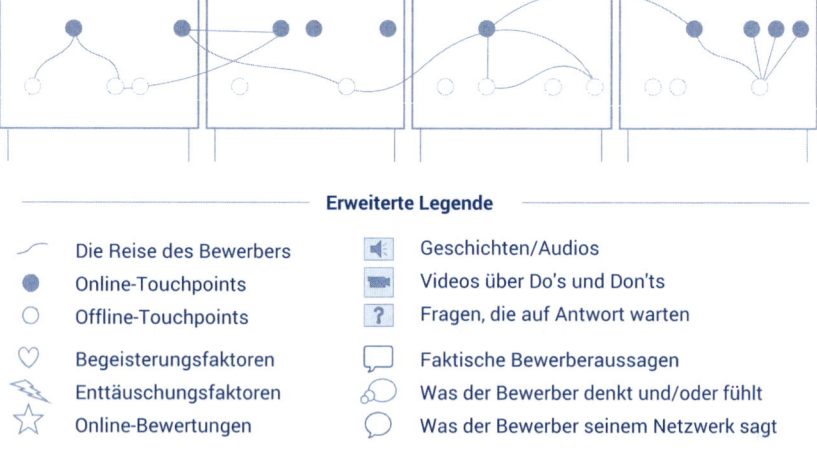

Erweiterte Legende

⌒	Die Reise des Bewerbers	🔊	Geschichten/Audios
●	Online-Touchpoints	📼	Videos über Do's und Don'ts
○	Offline-Touchpoints	?	Fragen, die auf Antwort warten
♡	Begeisterungsfaktoren	🗩	Faktische Bewerberaussagen
⚡	Enttäuschungsfaktoren	🗩	Was der Bewerber denkt und/oder fühlt
☆	Online-Bewertungen	🗩	Was der Bewerber seinem Netzwerk sagt

Abbildung 5: Eine prototypische Candidate-Journey, detailliert dokumentiert

ren, was vor allem aus Sicht der Millennials in vielen Organisationen dringendst notwendig ist. In fortschrittlichen Firmen werden zudem bereits die unterschiedlichsten Employee Journeys entwickelt, was das Bleiben guter Mitarbeiter unterstützt. Schließlich lässt sich ein reibungsloser Offboarding-Prozess, im Rahmen dessen Mitarbeiter das Unternehmen verlassen, durch ein entsprechendes Journey-Konzept gut unterstützen.

#minus50: Bürokratie-Ballast ade

Mehr Digitalisierung, mehr Automatisierung, mehr Agilität, mehr Flexibilität, mehr dies und mehr das – so schallt es aus allen Ecken. Doch damit sich das notwendige Mehr überhaupt bewältigen lässt, muss man sich zunächst von Altlasten trennen. Das gilt sowohl für strategisches Tun als auch im Tagesgeschäft. Fakt ist: Die Leute ersaufen in Bürokratie. #minus 50 setzt genau an diesem Punkt an und will sagen: Fünfzig Prozent weniger Administration, Formularwesen und Bürokratie sowie halb so viele Regelwerke, Reportings und Genehmigungsverfahren – das wäre schon mal ein Start. Wie sich das bewerkstelligen lässt? Entschlackungsprogramme starten!

Ganz ohne Strukturen und Regeln geht es natürlich nicht, schon allein deshalb ist plus/minus 50 eine vernünftige Zielzahl. Überschaubare Statuten und einleuchtende Funktionsroutinen sichern ein notwendiges qualitatives Leistungsniveau. Und sie helfen, böse Fehler zu vermeiden. Solche Prozesse sind kluge Prozesse. Dumme Prozesse hingegen verplempern wertvolle Zeit. Und sie sorgen für Stillstand.

Wenn ein Handbuch zum Gesetzbuch wird, sind die Mitarbeiter vor allem damit beschäftigt, den vorbestimmten Arbeitsabläufen akribisch zu folgen – selbst wenn das der größte Blödsinn ist. Und die ihnen Vorgesetzten begreifen sich als Hüter der Vorschriftensammlung. Verkrustung ist damit vorprogrammiert. Initiativlosigkeit und Konformität stellen sich ein. Zudem sorgen solche Systeme für Selbstvermehrung: Jeder Ausrutscher hat eine weitere Vorschrift zur Folge, quasi als kollektives Bestrafungsprogramm für das Missgeschick einer einzelnen Person. Am Ende wird das Ganze derart komplex, dass alles wie in einem Panzer erstarrt. Also: »Entregeln« Sie! Werden Sie wendig, pfiffig und schlank.

Entschlackungsprogramme setzen an vielen Punkten an. Zum Beispiel stehen in klassischen Organisationen jeden Herbst Business Reviews, Budgetierungsprozesse und Planungsexzesse auf dem Programm, durch die über Wochen die halbe Firma in Lähmung verfällt. Wetten auf die Zukunft wandern die Silos rauf und runter. Unten setzt man die Zahlen so niedrig wie möglich an, weil alle wissen: Ganz egal, wie fundiert die aufwendigen Ausarbeitungen sind, oben legt man bei Kaffee und Kuchen nochmal x Prozent auf die Zielzahlen drauf. Zugleich werden die veranschlagten Budgets kräftig gekürzt. Macht kann eben machen, was sie so will. Alsbald beginnt über das gesamte Unternehmen hinweg ein nervenaufreibendes Rechnen, Rödeln und Schachern, um alles auf die festgelegten Perioden herunterzubrechen.

Die einzige Gewissheit in unseren schnellen Zeiten ist allerdings die, dass Plan und Wirklichkeit bereits am zweiten Tag des neuen Geschäftsjahres auseinanderdriften. Und was macht ein braver Manager dann? Er folgt nicht der Wirklichkeit, sondern dem Plan. Er sucht nicht nach dem bestmöglichen Tun, sondern nach vielversprechenden Tricks, um eine Punktlandung hinzubekommen. Denn er wird ja an der Planerfüllung gemessen, sogar bonifiziert. Und jeden Freitag ist Märchenstunde. Der Wochenbericht muss geschrieben werden. Wurden die vorgedachten Wochen-, Monats-, Quartals- und Jahresergebnisse nicht erreicht, startet alsbald eine umfangreiche Abweichungsanalysen- und Erklärungsbürokratie. Erfolgstheater wird gespielt. Sündenböcke werden gesucht. Geht's noch? Sowas ist reine Zeitverschwendung. Die Vergangenheit lässt sich nicht ändern. Über die Kosten, die das alles verschlingt, ohne zu irgendeiner Wertschöpfung beizutragen, wollen wir hier gar nicht reden.

Derartige Planspiele sind nicht nur abstrus, sie sind auch sehr riskant. Wer nämlich mit gesenktem Kopf nur noch auf seine Dashboards starrt, sieht den Feind nicht einmal kommen. Und wenn die ganze Organisation vor allem mit sich selbst beschäftigt ist, bleibt keine Zeit für die Kunden. In einem auf rigider Kontrolle aufgebauten System können auch keine Innovationen entstehen. Wer dafür belohnt wird, dass er Vorgaben erfüllt und vorgezeichneten Wegen akribisch folgt, wird sich niemals an Neues wagen. Außerdem arbeitet jeder gerne für Sinn, aber niemand arbeitet gern für Reportings, die sowieso kein Mensch liest. Am Ende honorieren die Unternehmen nicht maximale Machbarkeiten, sondern List, Lug und Betrug. Und alle wissen Bescheid.

»Das Verhalten komplexer Systeme ist nicht vorhersehbar«,[4] sagt denn auch der Organisationsexperte *Niels Pfläging*. Schnelle Zeiten sind nicht auf Jahre im Voraus planbar. Strategie kann die Zukunft nicht disziplinieren. Die Fehlerlücke zwischen Eigenprognose und realer Entwicklung wird immer größer. Der Zeiten, in denen die Vergangenheit einfach fortgeschrieben werden konnte, sind lange vorbei. Vor Überraschungen ist niemand sicher. In digitalen Zeiten lauern »Schwarze Schwäne« (*Nassim Nicholas Taleb*), also höchst unwahrscheinliche Ereignisse, an jeder Ecke. Wir wissen nicht, ob sie kommen oder wann sie kommen, aber wenn sie kommen, dann kommen sie schnell. Dafür braucht es Wenn-dann-Szenarien, eine dynamische Taktik, flexible Ziele, ergebnisoffene Prozesse und Optionen für verschiedene Zukünfte auf Abruf. Denn »Schwarze Schwäne« warten nicht auf Budgetierungstermine. Und »Weiße Schwäne« schon gar nicht. Die größten Chancen liegen oft genau neben dem Plan – was man im falschen Eifer herkömmlicher Planungsprozesse nicht einmal sieht.

Auf Monsterjagd mit »Kill« a stupid rule

Entschlackungsprogramme gehören vor allem in den tagtäglichen Ablauf, weil bei zunehmender Arbeitsdichte und steigender Komplexität kaum noch Raum für das Wesentliche bleibt. Überregulierung und ein ausuferndes Berichtswesen sind Zeitfresser par excellence. Und ständig werden den sowieso bereits überlasteten Mitarbeitern weitere Projekte aufgebrummt. Doch vor dem Obendrauf muss erst was unten weg. Wer die Zukunft erreichen will, tut sich eben leichter mit wenig Gepäck. Regeln, Standards und Normen von früher sind dabei nur hinderlich. Sie lähmen das Vorankommen, frustrieren die Mitarbeiter und verärgern die Kunden.

Die entscheidende Frage ist demnach nicht: »Was brauchen wir noch?«, sondern sie lautet zunächst: »Was muss weg?« Und hiernach stellt sich die Frage: »Was muss anders werden?« Die Mitarbeiter wissen übrigens längst, was das so ist. Die Liste des Leidens ist meist ellenlang. Zum Start fängt man am besten dort an, wo sich schnell was bewegen lässt. Dies ist auch deshalb sehr hilfreich, weil erste Erfolgserlebnisse dann zügig sichtbar werden. Neben unliebsamen Gewohnheiten, rigiden Prozessen, überflüssigem Papierkram, antiquierten Routinen, lästigen Arbeitsabläufen, unnötigen Verfahren, bremsenden Vorschriften und sonstigen Bürokratiemonstern kann man sich übrigens von vielen weiteren Monstern trennen:

1. Schreibstil-, Textbaustein- und Floskelmonster
2. Kundenverärgerungsmonster
3. Meeting-, Powerpoint- und eMailmonster

Für all diese Zwecke empfehlen wir das »Kill a stupid rule«-Programm. Ursprünglich wurde es von US-Banker *Vernon Hill* entwickelt. Er belohnte jeden Mitarbeiter mit 50 Dollar, der eine bestehende Vorschrift ausmachte und abschaffen half, die daran hinderte, die Kunden der Bank glücklich zu machen.

Eine ideale »Kill a stupid rule«-Ausgangsfrage ist diese:

> »Kill« a stupid rule! Von welchen untauglichen Standards, Regeln und Verfahren und von welchem administrativen Blödsinn sollten wir uns schnellstmöglich trennen?

Am besten machen Sie gleich einen Schnelltest, um sich von der Wirkung dieses Vorgehens zu überzeugen. Bitten Sie im Rahmen eines Abteilungsmeetings die Anwesenden, sich zu zweit zusammenzusetzen und innerhalb von zehn Minuten so viele »stupid rules« wie nur möglich zu finden und auf Haftzettel oder Moderatorenkärtchen zu schreiben. Gruppieren Sie diese nun an einer Pinnwand. Wahrscheinlich werden Sie sich wundern, wie auf einmal die Funken sprühen und was da so alles zusammenkommt. Um hiernach rasch in den Exzellenzbereich vorzudringen, stellen Sie die folgende Frage:

> Was ist die allerbeste Idee, wie wir es stattdessen machen können?

Diese Frage muss exakt so gestellt werden, weil sonst erfahrungsgemäß meist nur Allerweltslösungen vorgeschlagen werden. Wieder wird zu zweit gearbeitet, unter Umständen auch in einer anderen Zusammensetzung. Jedes Team sucht sich eine Regel an der Pinnwand aus und macht sich konkret an die Arbeit. Aus eigener Erfahrung können wir sagen: Die Leute werden unglaublich schnell fündig. Das meiste Wissen steckt nämlich schon im Unternehmen, es müsste nur herausgekitzelt werden. Die so lange gelebte Praxis, Konzepte im »obersten Stock« auszuhecken, um sie dann nach unten durchzudrücken, führt – vor allem bei der jungen Generation – zu Unlust und Frust. Und weil viele Konzepte aus dem Elfenbeinturm kommen, wo man weit weg von der Praxis ist, erweisen sich diese sehr oft als Flop.

Millennials als Monsterkiller

Grundsätzlich gilt: Wer unternehmerisch handelnde Mitarbeiter will, muss diese auch unternehmerisch handeln lassen. Geplante Aktionen werden dann nicht nur praxisorientierter und facettenreicher, sondern auch engagierter umgesetzt. Denn nichts wird mehr vordiktiert, sondern alles in Eigenregie entwickelt. Und am Ende steht dann der »Mein-Baby-Effekt«: Was man selbst geschaffen hat, lässt man nicht mehr im Stich.

Was dieses Mitarbeiter-Involvement im Einzelnen bringt:

- Durch das systematische Einholen von Meinungen und fachlichem Rat kommen mehr Ideen zusammen – und Entscheidungen stehen auf einer breiteren Basis.
- Hierarchie-, bereichs- und generationsübergreifendes Konsultieren schafft eine Kultur der Wertschätzung, der Transparenz und des Vertrauens.
- Es stärkt zudem das Verständnis für die Arbeit der anderen, auch über Abteilungsgrenzen hinweg. Und es bereitet den Boden für Partnerschaft.
- Alle in den Prozess Involvierten lernen voneinander. So vergrößert sich das Wissen und Können im gesamten Unternehmen.
- Involvierte Mitarbeiter fühlen sich besser, ihre Arbeitsfreude steigt, sie zeigen mehr Verantwortungsbereitschaft und erzielen bessere Ergebnisse.
- Wer sich als Teil des Entscheidungsprozesses sieht, wird, wenn nötig, dazu bereit sein, auch unangenehme Entscheidungen mitzutragen.

Eines ist ebenfalls sicher: Die Beschäftigten wollen beteiligt werden. 84 Prozent der im Rahmen einer *Haufe*-Studie befragten knapp 12 000 Mitarbeiter aus Unternehmen in Deutschland, Österreich und der Schweiz wünschen sich mehr Mitsprachemöglichkeiten bei Unternehmensentscheidungen. 77 Prozent wären motivierter, wenn sie mehr einbezogen würden. Und 73 Prozent glauben, dass die eigene Firma erfolgreicher wäre, wenn sich die Mitarbeiter stärker einbringen könnten.[5]

Hierbei können die Millennials der Voraustrupp und damit die Speerspitze sein. Sie können zum Sprachrohr der älteren Kollegen werden, die Veränderungen längst ebenfalls wollen, dies aber nicht zu sagen wagen, weil das in der Gehorsamskultur der Vergangenheit unüblich war. Gerade junge High Potentials sind für die Jagd nach altem Bürokratiefirlefanz bestens geeignet. Sie haben (hoffentlich!) moderne Methoden der Zusammenarbeit im Rahmen ihres Studiums gelernt. Und im Zuge von Praktika, die sie gerne in jungen Firmen machen, wurden sie mit zeitgemäßen Formen der Arbeit und einem schlanken, hierarchiearmen Umfeld vertraut.

Schicken Sie also ein paar forsche Millennials mit Tablet-Computern – oder wenn so was nicht da ist, mit einem Klemmbrett – und folgendem Auftrag durchs Unternehmen:

> »Kill« a stupid rule! Von welchen untauglichen Standards, Regeln und Verfahren und von welchem administrativen Blödsinn sollten wir uns schnellstmöglich trennen?
>
> Sammelt das zusammen mit Verbesserungsvorschlägen bei den Kollegen mal ein.

Damit klar ist, dass die Bürokratiemonsterjäger mit einem Auftrag und als Bote der Geschäftsleitung unterwegs sind, können sie ein entsprechendes Zeichen tragen. Uns gefällt zum Beispiel das Propeller-Basecap, also eine Kappe mit Propellerflügeln obendrauf. Das tragen bei *Google* die Noogler, das sind neue Mitarbeiter, während ihrer Einarbeitungszeit. Natürlich werden alle über diese Aktion im Vorfeld informiert.

Eine weitere Methode, um auf Monsterjagd zu gehen, ist die Sprechblasenmethode: Man malt zwei Sprechblasen, die sich gegenüberstehen. In die eine kommt die Aussage eines hypothetischen Dritten, die andere ist leer, damit der befragte Mitar-

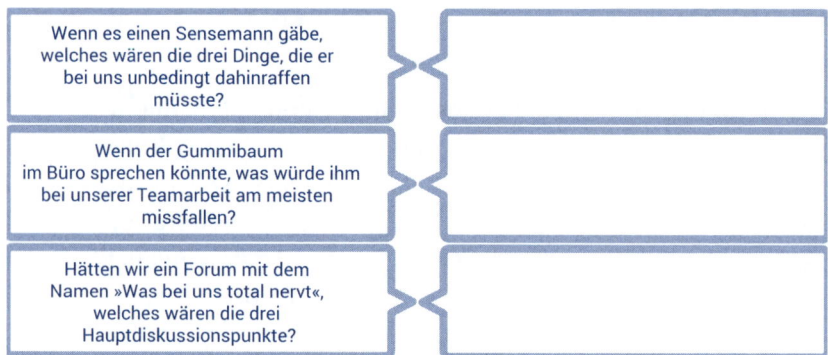

Abbildung 6: Die Sprechblasenmethode mit drei Beispielsätzen

beiter seine Antwort dort einsetzen kann. In Abbildung 6 finden Sie drei Beispiele dafür. Dieser Ansatz hat etwas Verspieltes und fordert die Kreativität geradezu heraus. Junge Leute werden ihn lieben. Allerdings können Scherzkekse damit auch ihr Online-Unwesen treiben. Neben Offenheit muss bei dieser Methode deshalb folgende Regel gelten: Diskretion. Das schreiben Sie so: »Nur für interne Zwecke. Ziel dieser Aktion ist es, dass wir gemeinsam ein Hochleistungsteam werden.« Am besten geben Sie dieses Projekt komplett in die Hände eines talentierten Millennials, der mutig ist und noch keine Scheuklappen trägt.

Millennials schätzen Aufgabenstellungen, an denen sie sich genauso intuitiv ausprobieren können, wie sie es mit digitalen Anwendungen tun. Diese erschließen sich ihnen mit Leichtigkeit. Ohne Scheu, etwas kaputt zu machen, schrauben sie daran genauso enthusiastisch herum wie frühere Generationen an ihren Autos. Werden Informationen benötigt oder muss Wissen aufgebaut werden, um an ein neues Thema heranzugehen, dann fragen sie nicht ihre Führungskraft, sondern starten eine Online-Recherche (»Das steht doch alles bei *Google*.«). Wer ständig vernetzt ist, sucht auch im Netz. Und die, für die das Browsen, also das Herumstöbern im Web, ein permanenter Zeitvertreib ist, sind im Finden sehr flott. Warten, bis der Chef seine Sprechstunde hat oder zwischen all seinen Meetings eine freie Minute findet, kommt für sie nicht in Betracht. Sie wollen nicht in ein Vorschriftenkorsett reingepresst werden, sondern an spannenden Projekten wachsen. Sie lassen sich nichts befehlen, sondern wollen verstehen und angemessen beteiligt werden. Als Erfüllungsgehilfen sind sie deshalb nicht zu gebrauchen. Wenn ihnen was nicht passt, das wurde schon deutlich, machen sie sich ruckzuck von dannen – und dann ihr eigenes Ding. Vielleicht bleibt der untere Durchschnitt. Doch mit denen kann man keine überdurchschnittlichen Dinge vollbringen. Es ist die Zukunft, die solche Arbeitgeber damit verlieren.

Wie ein »Kill« a stupid rule-Workshop gelingt

Damit die Beschäftigten untereinander und gegenüber den Kunden in herausragender Weise agieren, braucht es drei Komponenten: das Können, das Wollen und das Dürfen. Wo diese drei Komponenten zusammenkommen, entsteht die höchste Leistung.

Oft genug ist jedoch nicht das Können oder Wollen, sondern das Dürfen der wahre Knackpunkt. Ohne die Freiheit des Dürfens ersticken Wollen und Können im Keim. Eingezwängt in eine Zwangsjacke aus Regeln, Standards und Normen ist es den

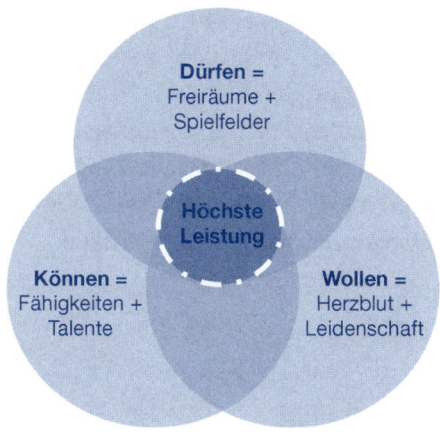

Abbildung 7: Das Zusammenspiel von Können, Wollen und Dürfen

Mitarbeitern einfach nicht möglich, Probleme unkompliziert und kundenfreundlich zu lösen, selbst wenn sie es wollten. Von »Oben« wird ihnen detailliert vorgeschrieben, wie sie vorzugehen haben und was sie sagen sollen. Außerhalb der vorgedachten Prozesse agieren? Verboten! Man traut ihnen, den Praktikern, nicht zu, im Sinne der Kunden *und* des Unternehmens zu handeln. Deshalb werden Entscheidungen von denen getroffen, die das noch weniger können: von Theoretikern im Elfenbeinturm. Und genauso kommt das bei den Kunden auch an: reglementiert, uninspiriert, gequält, 08/15, Schema F. Die Möglichkeitsräume, in denen Mitarbeiter eigenverantwortlich handeln dürfen, müssen demnach vergrößert werden. Wer sich nämlich entfaltet, braucht Freiraum und Platz.

Das Ziel ist ein selbstverantwortliches Optimieren der innerbetrieblichen Prozesse in sich selbst organisierenden Teams. Mit externer Hilfe und zusätzlichen Impulsen, Anregungen, Hinweisen und Beispielen lässt sich die kreative Power der Mitarbeiter am besten entwickeln. Zu diesem Zweck schlagen wir heute fast nur noch partizipative Großgruppenanlässe vor. Immer mehr Unternehmen haben inzwischen auch den Mut, diesen Weg gemeinsam mit ihren Mitarbeitern zu gehen. Wieso Mut? Ein Großgruppenworkshop bedeutet Basisdemokratie. Und Kontrollverlust. Man legt nächste Schritte in die Hände seiner Mitarbeiter, ohne zu wissen, wohin diese steuern. Doch der Zugewinn ist gewaltig. Es geht gleichsam ein Ruck durch die gesamte Organisation. Neue Perspektiven, neue Gedanken, neue Beziehungen und neue Kommunikationsnetze entstehen. Die Suche nach einer gemeinsamen Zukunft schweißt alle zusammen. Und die Lust am Umsetzenwollen ergibt sich ganz wie von selbst. Bei den alten Verkündungsprogrammen hingegen bleibt alles im kraftlosen Müssen.

»Die Zukunft des Business ist Schwarm-Business«, sagt MIT-Professor Peter Gloor in der GDI Impuls 3/2016. Der Soziologe *James Surowiecki* hat in seinem Weltbestseller *The Wisdom of the Crowds* schon vor Jahren anhand vieler Beispiele gezeigt, dass eine Gruppe in aller Regel »klüger ist als ihr gescheitestes Mitglied«. Allerdings nur dann, wenn ihre Zusammensetzung inhomogen ist. Denn homogene Gruppen, also solche mit gleichartigen Mitgliedern, neigen zur Konformität, zum Konsens und zum Griff nach Routinen. Der Zugewinn einer inhomogenen Gruppe ergibt sich aus den unterschiedlichen Denkweisen ihrer Mitglieder und einer damit verbundenen Experimentierfreudigkeit. Kluge Entscheidungen kann die Gruppe aber immer nur dann treffen, wenn sie in ihrer Meinungsbildung unabhängig ist, wenn jeder Teilnehmer Zugang zu allem entscheidungsrelevanten Wissen hat und wenn er seine Meinung frei äußern kann. Dauerbefehle von oben hingegen, Abteilungskonformismus und das Schweigen der Lämmer machen eine Organisation »schwarmdumm« (*Gunter Dueck*). Und das wiederum führt zum Abschied von jeder Vortrefflichkeit.

Bei einem Großgruppen-Event hingegen entfesselt sich Schwarmintelligenz. Perspektivenvielfalt, Co-Kreativität und gegenseitige Befruchtung lassen Ideen geradezu sprudeln. Gemeinsam kommt man weiter als ganz allein. Und nur, wer viel würfelt, der würfelt am Ende auch Sechser. Um dieses Potenzial abzuschöpfen, können an einem einzigen Tag um die 50 bis 100 Mitarbeiter strukturiert sowie hierarchie- und abteilungsübergreifend an die zu bearbeitenden Themen herangeführt werden. Im Rahmen einer kompakten Tagesveranstaltung entstehen umsetzungsreife Konzepte, die idealerweise noch vor Ort durch Gruppenentscheid abgesegnet werden und danach sofort in die Umsetzung gehen. Sie müssen also nicht erst die üblichen Gremien und Instanzenwege durchlaufen.

In einem »Kill« a stupid rule-Tagesworkshop geht es um folgende Aufgabenstellung:

> Wie wir uns von hinderlichen, unwirksamen, kundenun-
> freundlichen, zeitraubenden, überholten Standards, Regeln
> und Verfahrensweisen trennen können, bestehende Vorge-
> hen vereinfachen/verbessern und mehr Zeit für das Wesent-
> liche gewinnen.

Im Folgenden beschreiben wir den Ablauf einer solchen Veranstaltung. Prinzipiell eignet sie sich für alle möglichen Aufgabenstellungen, vor allem dann, wenn es um optimierbare Arbeitsbedingungen oder um mehr Kundenorientierung geht.

Großgruppen-Events Schritt für Schritt

Am Vormittag steht ein Impulsvortrag zu den Themenfeldern
auf dem Programm, die am Nachmittag weiter bearbeitet werden sollen. Solche Impulse von außen sorgen für den Blick über
den Tellerrand und »verrückte« Perspektiven, so dass die Teilnehmer nicht nur aus Vorhandenem, sondern auch aus Neuem
schöpfen können. Als Vortragende verstehen wir uns dabei als
Querdenker, die neue Sichtweisen einbringen, psychologische
Hintergründe darlegen, von den Besten des Fachs erzählen, vor
Irrwegen warnen, auch unangenehme Wahrheiten zur Sprache
bringen und hartnäckige Widerstände sachte lockern. Solches
Querdenken ist zwar dringend nötig und offiziell auch erwünscht, aber für Interne meist viel zu gefährlich.

Am Nachmittag schlagen die Teilnehmer Themen vor, an
denen sie gemeinsam arbeiten wollen. Die Millennials spielen
in solchen Arbeitsgruppen eine besondere Rolle. Mit noch
wenig verstelltem Blick spüren sie verstaubte Verfahren und
überholte Prozesse am ehesten auf. Zudem haben sie meist den
Mut, diese auch infrage zu stellen. Ferner sind sie mit zeitgemäßen Lösungen und passenden Social Collaboration Tools, also
Programmen für eine unkomplizierte Zusammenarbeit, in aller
Regel bestens vertraut.

Sind mehrere Hierarchieebenen anwesend, arbeiten die Top-führungskräfte in einer eigenen Arbeitsgruppe. Hierarchie bremst nämlich den Arbeitsfluss, und Kontrolle killt Kreativität. Schon die pure Anwesenheit eines Oberen erzeugt bei vielen Menschen Stress, wie Untersuchungen zeigen. Und ihr Macht-wort lässt alle verstummen. Nur wenn die Leute unter sich sind, können auch die abwegigsten Ideen mutig und unbefangen dis-kutiert werden. Und nur in einer autoritätsfreien Umgebung werden selbst die unangenehmsten Themen rückhaltlos offen-gelegt. Mitarbeiter geben ihre Gedanken auch nur dann preis, wenn sie glauben, dass diese Wertschätzung erfahren. Und wenn sie wissen, dass Fehler kein Beinbruch sind. Evolution und Innovation entstehen durch Versuch und Irrtum. Natür-lich kann, indem Macht und Verantwortung an die »Vielen« abgegeben werden, das Ergebnis in unvorhersehbare Richtun-gen gehen. Doch insgesamt sind die Chancen weit größer als das Risiko. Denn die Teilnehmer gehen mit einem solchen Ver-trauensvorschuss erfahrungsgemäß äußerst sorgfältig um.

Bei der jeweiligen Aufgabenstellung geht es um ein konkretes Konzept, das im Detail so ausgearbeitet werden soll, dass es ide-alerweise sofort umsetzbar ist. Um optimale Ergebnisse zu er-zielen ist es wichtig, die Teilnehmer gut zu instruieren. Am bes-ten visualisiert man die dazugehörigen sieben Schritte auf einer Flipchart wie folgt:

1. Beschreiben der derzeitigen Ist-Situation
2. Definition der erwünschten Soll-Situation
3. Erstellen eines detaillierten Maßnahmenplans
4. Fixieren von Zeitplan und Verantwortlichkeiten
5. Kalkulation des erforderlichen Budgets
6. Messinstrument(e) zur Erfolgskontrolle
7. Ideenspeicher für weitere kreative Ideen

Es muss unter anderem darauf geachtet werden, dass die Ar-beitsgruppen nicht zu lange in der Ist-Phase verharren. Für diese sollte man maximal fünf Minuten ansetzen, damit die Zeit nicht mit Jammerei und Horrorstorys aus der Vergangenheit vertrödelt wird.

Das schließlich erarbeitete Konzept wird auf Pinnwänden oder per Beamer visualisiert.

Jeder Präsentation folgt eine kurze Frage- und Bereicherungs-phase. Eine erste Stimmungslage wird per Daumen-hoch- oder Daumen-runter-Votum sondiert. Danach wird mit einem vor-definierten Mehrheitsschlüssel über die Umsetzung entschie-den. Dieser Mehrheitsschlüssel sollte bei mindestens 80 Pro-zent, aber nie bei 100 Prozent liegen, damit mutig entschieden wird und nichts im Konsens des Mittelmaßes verendet. Der Chef hat dabei nie das erste, sondern höchstens das letzte Wort. Er ergänzt nur noch Aspekte, die fehlen *und* für ihn von strate-gischer Bedeutung sind.

Die getroffenen Entscheidungen werden in einem Maßnah-menplan festgehalten und im Anschluss an die Veranstaltung Schritt für Schritt umgesetzt. In einem Ideenspeicher werden die Ideen gesammelt, die zwar auch vielversprechend sind, aber zunächst noch nicht weiterverfolgt werden. Themen, die sich als besonders komplex erweisen oder bei denen eine Entschei-dung Nichtanwesender notwendig ist, werden zeitnah im An-schluss an die Veranstaltung weiterbearbeitet. Die verabschie-deten Maßnahmen sind allerdings keine Dogmen, an die man sklavisch gebunden ist. So wie man die Segel neu setzt, wenn der Wind aus einer anderen Richtung weht, so sind einmal ge-troffene Entscheidungen bei Bedarf zu justieren. Doch all das ist von nun an sehr leicht. Denn der Spirit eines gelungenen Groß-gruppenworkshops wird sich auf die tägliche Arbeit übertragen. Und er hält in den Unternehmen lange an. Über Abteilungs-grenzen hinweg entwickelt sich, wenn man diesen Prozess wei-ter nährt, eine selbstverantwortliche, bereichsübergreifende, hierarchieungebundene deutlich agilere Zusammenarbeit.

Wie sich dieser Prozess nähren lässt? Dazu richten Sie am besten eine interne collaborative Plattform ein, die für alle Mitarbeiter zugänglich ist. Solche interaktive Software, die auch dem Wissensmanagement dient, ist idealerweise eine Mischung aus Wiki, Blog und Bewertungsportal. Das Miteinander im gesamten Unternehmen wird hierdurch eine neue Qualität erreichen. Die Effizienz wird erhöht, das Wir-Gefühl wird steigen, alles Trennende wird zurückgedrängt. Erfolge können sichtbar gemacht und angemessen gewürdigt werden. Die Führungscrew kann Schnellumfragen starten oder Abstimmungsprozesse einleiten und so Entscheidungen auf eine breitere Basis stellen.

Verbesserungsaktivitäten lassen sich sogar in ganz großem Stil organisieren, zum Beispiel im Rahmen von Innovation Jams. Das sind Onlineveranstaltungen, die auf speziellen Jam-Plattformen über einen Zeitraum von ein bis drei Tagen stattfinden. Bei *IBM* wurden dazu bereits um die 150 000 Mitarbeiter, Kunden und Partner global involviert. Onlinegestützt diskutieren die Teilnehmer in moderierten Foren und bringen ihre Ideen ein. Software kanalisiert die Themen über Bewertungen, Rankings und Diskussionshitze. Bei der deutschen *Telekom* fand so ein Jam mit 2 500 Mitarbeitern statt. Um zwei Fragestellungen ging es dabei: Wie verbessert der Bereich seine Zusammenarbeit? Und: Welche neuen Geschäftsideen lohnt es sich zukünftig weiterzuentwickeln? Innerhalb von 72 Stunden wurden 170 konkrete Ideen generiert.[6]

Reverse Mentoring: Wenn der Junior den Senior coacht

In diesem Teil haben wir uns bislang damit befasst, wie Sie als Unternehmen attraktiv für die junge Generation werden und sich mit ihr gemeinsam in schnellen Schritten zukunftsfit machen. Nun ist das Mentoring an der Reihe. Ein Mentor nimmt die Rolle eines erfahrenen Beraters ein, der mit seinem Wissen die Entwicklung eines Tandempartners, Mentee genannt, unterstützt. Der Begriff geht auf eine Figur der griechischen Mythologie zurück: Ein Freund *Odysseus'* namens *Mentor* war der Erzieher von *Telemach*, dem Sohn des antiken Helden.

Mentoring wird eingesetzt, um den Wissenstransfer zwischen Erfahrenen und weniger Erfahrenen zu fördern und zu begleiten. In den gängigen institutionalisierten Mentoring-Programmen werden Mentor und Mentee in aller Regel von einer organisationsinternen Koordinationsstelle einander zugeteilt und im Mentoringverlauf unterstützt. Bei neueren Ansätzen bilden sich die Tandems in Eigenregie, manchmal auch informell oder organisationsübergreifend.

Da sowohl Expertise als auch Erfahrung im Mentoring eine große Rolle spielen, mentort bei der klassischen Variante der Dienstältere eine noch weniger kundige jüngere Person. Diese soll umfassende Einblicke in vordefinierte Bereiche erlangen, um sich schnell und ohne Umwege weiterentwickeln zu können. Im Gegensatz zum Training, das auf ein spezifisches Thema fokussiert und nach einer vorgesehenen Zeit als abgeschlossen gilt, ist der klassische Mentor ein zeitweiser oder zunächst zeitlich unlimitierter Begleiter und »väterlicher« Berater auf dem zu gehenden Weg.

Mentoring unterscheidet sich von der klassischen Unternehmensberatung und auch vom professionellen Coaching wie folgt: Bei der klassischen Unternehmensberatung werden betriebliche Lösungen von externen Anbietern als Dienstleistung zugekauft und implementiert. Demgegenüber wird beim Coaching die Entwicklung eigener Lösungen favorisiert. Hilfe zur Selbsthilfe nennt man das auch. Dies geschieht in aller Regel durch strukturierte Gespräche zwischen einem Coach und einem Coachee. Dabei fungiert der Coach als neutraler, kritischer Dialogpartner. Inhaltlich geht es meist um die Entwicklung persönlicher Kompetenzen und/oder Karriereperspektiven, um Anregungen zur Selbstreflexion und/oder um die Überwindung von Konflikten mit Mitarbeitern, Kollegen und/

oder Vorgesetzten. Externes Coaching wird in aller Regel nach Stunden abgerechnet. Internes Coaching hingegen und ebenso die Methode der kollegialen Beratung[7] sind kostenfrei.

Auch beim Mentoring geht es nicht um monetäre Aspekte. Der Mentor erfüllt eine altruistische Aufgabe und gewinnt seine Befriedigung aus der Entwicklung des Mentees, dem er jenseits des Tagesgeschäfts hilft, dessen Ziele zu erreichen. Grundsätzlich gibt es unternehmensexterne und -interne Mentoringkonzepte. Sie passen sehr gut in den Kontext der Sharing-Ökonomie und zu den Millennials, denen es ja immer auch darum geht, die Welt zu einem besseren Ort zu machen. Dabei haben nicht nur die »Jungen« den »Alten« eine Menge zu sagen, zunehmend gilt das vor allem umgekehrt. Was liegt da näher, als auf *die* Millennials zurückzugreifen, die bereits im Unternehmen sind. An dieser Stelle rückt das Reverse Mentoring auf den Plan.

Wie das Reverse Mentoring ganz genau funktioniert

Beim Reverse Mentoring drehen sich die Rollen des klassischen Mentoring um: Der Junior coacht den Senior auf *den* Themengebieten, die Jung besser kann als Alt. Zugeschrieben wird das Konzept *Jack Welch*, dem langjährige CEO des Mischkonzerns *General Electric*. Schon Ende der 1990er-Jahre erkannte er, dass sein Managementteam noch viel über das damals junge Internet zu lernen hätte, um nicht auf der Strecke zu bleiben. So forderte er seine Führungskräfte auf, interne Mentoren zu finden, um sich von diesen mit dem Web vertraut machen zu lassen. *Welch* ging, so heißt es, dabei mit gutem Beispiel voran.

Vornehmliches Ziel des Reverse Mentoring ist es, die digitale Fitness im Unternehmen insgesamt zu erhöhen, altgewohnte Kommunikations- und Arbeitsweisen an die Erfordernisse der digitalen Ära anzupassen sowie ältere Kollegen, Führungskräfte und das Topmanagement mit der Lebenswelt der Millennials vertraut zu machen. »Wir wollen mit dem Programm eine Brücke zwischen jungen und älteren Mitarbeitern bauen und deren Zusammenwirken verbessern. Wenn jede Generation in ihrer Ecke verharrt, entstehen keine Neuerungen«, erklärt *Christine Jordi*, Head of Diversity and Inclusion beim Schweizer Finanzinstitut *Credit Suisse*. Dort trafen sich seit 2012 jeweils bis zu 34 Tandems insgesamt sechs Mal im Rahmen eines halbjährlichen Durchgangs. »Zu den von den Teilnehmern gewählten Topthemen im Reverse-Mentoring-Programm zählen der Umgang mit Veränderungen, Innovationen und effektive Zusammenarbeit«, ergänzt die Personalexpertin.[8]

Die Grundvoraussetzungen, damit das Angehen gut klappt: Es darf keine Konkurrenzsituation und keine hierarchische Abhängigkeit bestehen, Zuverlässigkeit, Integrität, Offenheit und Ehrlichkeit sind ein Muss. Zudem braucht es Freiwilligkeit auf beiden Seiten, verbunden mit absoluter Diskretion. Die Akteure müssen menschlich zueinander passen und auch Vertrauen und Respekt füreinander besitzen. Sie betrachten sich als gleichwertig und begegnen sich auf Augenhöhe.

Die wesentlichen Erfolgsfaktoren bei der Einführung des Reverse Mentoring:

- *Das Matching*: Das Mentoring-Tandem sollte abteilungs- und hierarchieübergreifend zusammengesetzt sein. In größeren Unternehmen übernimmt meist eine koordinierende Stelle, etwa die Personalentwicklung, das Matching. Dazu können zum Beispiel Speed Datings durchgeführt werden. Wie bei der Partnersuche gilt es dabei herauszufinden, ob man zusammenpasst. Die Teilnehmer lernen sich in einem etwa fünfminütigen Gespräch kennen. Danach wechseln sie Tisch für Tisch zum jeweils nächsten potenziellen Partner. Am Ende ziehen alle Bilanz und entscheiden, mit wem aus der Runde sie das Reverse Mentoring durchführen möchten.
- *Die Themen*: Die Tandems setzen ihre Schwerpunkte selbst und bestimmen Umfang und Frequenz der Treffen. Neben dem konkreten Umgang mit vernetzter Software, mit Apps,

mit sozialen Netzwerken, dem Web und neuen Technologien kann es auch um die Einstellung und Haltung der jungen Generation im Allgemeinen gehen. Ferner können Arbeitswelt und Lebensweise der Millennials sowie Zeitgeist und angesagte Trends zur Sprache kommen. Schließlich können spezifische Themen wie eine verbesserte Talentsuche, zeiteffiziente Collaborationstools, digitale Workflow-Konzepte oder aktuelle Facetten des Online-Marketings besprochen werden.

- *Professionalität*: Der Mentor braucht nicht nur eine hochgradige fachliche Expertise, sondern auch Verständnis, Einfühlungsvermögen, Kommunikationstalent und diplomatisches Geschick. Er muss zwar gut erklären können, seinen Mentee-Partner vor allem aber selbst machen lassen, wenn es um digitale Anwendungen geht. Da der Mentor in aller Regel jung ist, ist ein Vorabtraining in Sachen Mentoring-Methodik überaus sinnvoll. Dieses kann von einem erfahrenen Mentor gegeben werden. Bei größeren Programmen bieten sich dazu auch gemeinsame Workshops an.

- *Hochrangige Mentees gewinnen*: Damit das Programm intern angenommen wird, braucht es Popularität. Stellt sich als Erstes ein Mitglied der Geschäftsleitung als Mentee zur Verfügung, folgen dem naturgemäß auch andere Führungskräfte. So wurden bei der österreichischen *Bank Austria* in der ersten Programmrunde den acht Vorständen der Bank acht Millennials zugeordnet. In der zweiten Runde kamen 30 Manager der zweiten und dritten Führungsebene mit jungen Mitarbeitern zusammen, die zu dem Zeitpunkt nicht älter als 35 Jahre waren. Diese gehörten entweder dem Talentpool der Bank an oder nahmen an dessen Graduate-Programm teil.[9]

- *Die Einstellung der Mentees*: Der Mentee benötigt nicht nur ein starkes Interesse an den dargebotenen Themen, sondern auch persönliche Souveränität. Psychologische Barrieren sind nicht zu unterschätzen. Sich von einem Jüngeren etwas sagen zu lassen, ist nicht immer ganz leicht. Generationen-konflikte haben viele Facetten, die zum Teil auch durch reine Biochemie erklärt werden können. Einerseits gibt es den Vater-Sohn-Komplex, der ja auch bei Unternehmens-nachfolgethemen eine ursächliche Rolle spielt. Findet das Reverse Mentoring geschlechterübergreifend statt, ist zudem zu beachten: Für ein ausgeprägtes Alphagehirn sind jüngere Frauen vor allem eins: Beute oder Beta. Beide Facetten müssen im Rahmen der Mentee-Vorbereitung, auch wenn vielleicht unangenehm, klipp und klar angesprochen werden, damit das Programm nicht unglücklich verrutscht.

- *Das Procedere*: Das Programm kann zeitlich unlimitiert oder als fest umrissenes Projekt laufen. Entsprechende Software-Programme können bei der Abwicklung helfen. Der organisatorische Aufwand umfasst die Konzeption als solche, die Erstellung eines Leitfadens, die Durchführung interner Marketingmaßnahmen, die Auswahl und Qualifizierung geeigneter Mentoren, die Akquise und Sensibilisierung der Mentees, Kick-off-Veranstaltungen, Follow-up-Maßnahmen, das Messen und die Dokumentation der Erfolge sowie das Streuen von Erfolgsgeschichten in internen und externen Medien. Zudem kann eine Mentoren-Community gegründet werden.

Reverse Mentoring bringt Vorteile für alle

Bislang haben vor allem Konzerne und Großunternehmen wie *IBM, Henkel, Merck, Bosch, Continental, Lufthansa*, die *Deutsche Telekom* und, wie schon erwähnt, die *Credit Suisse* und die *Bank Austria* Reverse-Mentoring-Programme aufgelegt, aber zum Beispiel auch das *Generalsekretariat des Eidgenössischen Departements für Wirtschaft, Bildung und Forschung (WBF)*. In den USA arbeiten *Procter & Gamble, United Health, Target, Deloitte, PwC, Cisco* und viele andere schon damit. Das Konzept eignet sich natürlich auch für mittelständische und kleinere Unternehmen, die KMU. Diese stehen genauso wie die Großen vor den vielfältigen Herausforderungen durch die digitale Transformation. Und sie müssen sich mit den neuesten gesellschaftlichen Entwicklungen ebenfalls auseinandersetzen.

Beim Pharma- und Chemieunternehmen *Merck* wurde ein Reverse-Mentoring-Programm bereits im Jahr 2010 ins Leben gerufen. *Waltraud Hellmann*, Leiterin für HR Service Level Management und Customer Experience, war eine der ersten Mentees in diesem Programm. Ihr sei es darum gegangen, »die Hemmschwelle vor der neuen Technik zu überwinden und nicht nur die Risiken zu sehen«, erläutert sie. »Ich wollte auch die damit verbundenen Chancen erkennen, für mich persönlich, aber auch als Führungskraft im Unternehmen.« Mit den neuen Begriffen sei sie sich stellenweise vorgekommen »wie bei einem Sprachtraining«, erzählt sie weiter. Auch eine Reihe von Vorurteilen habe sich nicht bestätigt, etwa jenes, dass nahezu jeder in der jungen Generation bedenkenlos *Facebook* & Co. nutze und dabei nur wenig Wert auf Datenschutz lege. »Heute bin ich sicherer im Umgang mit Web-2.0-Anwendungen und nutze zum Beispiel eine Community für meinen Job.«[10]

Positive Berichte wie diese sorgen dafür, dass die Berührungsängste mit Reverse Mentoring schwinden und die Vorteile für alle Beteiligten sichtbar werden. Dies sind:

- *Mehrwert fürs Unternehmen*: In den meisten Organisationen gibt es einen anhaltenden Lernbedarf für digitale Nachzügler. Das hat mit Vorbehalten, mit persönlichem Desinteresse, aber auch mit der rasanten Entwicklung der Digitalwirtschaft und den knappen Zeitbudgets in den oberen Etagen zu tun. Der Dialog zwischen Jung und Alt zu unterschiedlichen Ansätzen und Standpunkten über Generationen und Hierarchien hinweg kann die Unternehmenskultur insgesamt befruchten und das Verständnis füreinander verbessern. Der Wissenstransfer wird optimiert und die Lernpyramide auch mal auf den Kopf gestellt. Zudem wird eine größere Aufgeschlossenheit für Zukunftsthemen erreicht und der digitale IQ im gesamten Unternehmen gesteigert. Werden neben den eigenen Digitalprofis auch Ehemalige in das Programm involviert, finden diese womöglich den Weg zurück ins Unternehmen. Schließlich kann Reverse Mentoring ein Alleinstellungsmerkmal für das Employer Branding sein und sollte deshalb aktiv vermarktet werden.

- *Mehrwert für den Mentor:* Die Mentoren, die aus dem Kreis der Auszubildenden, Berufseinsteiger und High Potentials rekrutiert werden können, erfahren durch ihren Einsatz eine hohe Wertschätzung. Sie bekommen Sichtbarkeit im Unternehmen, verbreitern ihre fachlichen und zwischenmenschlichen Kompetenzen, erweitern ihr persönliches Netzwerk, gewinnen direkten Zugang zur Unternehmensspitze und pushen damit auch ihren Karriereweg. Sie erlangen Verständnis für die andere Seite und Respekt vor dem, was in früheren Jahren unter ganz anderen Umständen geschaffen worden ist. Ferner erhalten sie detaillierte Einblicke in das klassische Management und sammeln während ihrer Mentorentätigkeit einen Erfahrungsschatz, der für jede Art von Projektarbeit von Nutzen sein kann.

- *Mehrwert für den Mentee*: Natürlich kann man private Internetnutzungsfragen mit den eigenen Kindern besprechen, wenn diese im passenden Alter sind – und sich den Eltern gegenüber offenbaren wollen. Im Reverse Mentoring hingegen geht es vor allem um den betrieblichen Kontext. Es ist ein sanftes Programm, das gegenüber klassischen Weiterbildungskonzepten viele Vorteile bietet. So können unter vier Augen auch solche Fragen zur Sprache kommen, die man in einer Trainingssituation vor versammelter Mannschaft nie stellen würde, um sich keine Blöße zu geben. Zudem kann die digitale Medienkompetenz individuell und punktuell verbessert werden. Etwaige Technologieblockaden, die oft auf Unsicherheit basieren, können gelöst, Veränderungsängste abgebaut, festgefahrene Gedankengebäude gelockert und Generationenvorurteile beseitigt werden. Der Mentee kann von der unverstellten Wahrnehmung der jungen Kollegen profitieren und neue Sichtweisen gewinnen. Schließlich kann es auch darum gehen, wie die Millennials geführt werden wollen, um so die eigenen Leadership-Kompetenzen zu optimieren.

Im Rahmen einer Studie der *Hochschule RheinMain* ging es um die Kernanforderungen an Führungskräfte im digitalen Zeitalter.[11] Die fünf gravierendsten Mängel waren:

- Offene Kommunikation (35 %)
- Sicherer Umgang mit sozialen Medien (30 %)
- Regelmäßiges offenes Feedback (29 %)
- Transparenz (28 %)
- Offenheit für Kritik (26 %)

Genau bei der Verbesserung dieser Punkte können coachende Millennials eine sehr große Hilfe sein. Zudem ist das Reverse Mentoring ein hervorragendes Tool, um eine lernende Organisation aufzubauen. Sie nutzt vorhandenes Wissen, ganz egal, wo es herkommt, um fit für die Zukunft zu werden. Standesdünkel sind dabei unangebracht.

Das Reverse Mentoring als Kulturbefruchter

Das klassische Mentoring entspringt der alten Top-down-Denke. Es impliziert ein ungleiches Gönner-Schützling-Verhältnis, Protegé werden die Mentees dort oft auch genannt. Das Reverse Mentoring hingegen entspricht dem Sharing-Ansatz von Geben und Nehmen, bei dem am Ende beide Seiten profitieren. Denn im Idealfall kann sich ein Tandempaar gegenseitig coachen, also gleichzeitig voneinander und miteinander lernen. Junges Wissen und wertvolle Managementerfahrungen werden dabei getauscht. Solche Perspektivwechsel schärfen den Blick für alternative Lösungsmodelle, erweitern den Horizont und sorgen für neue Vorgehensweisen. Kollektives Wissen wird angezapft, bereichert, professionalisiert und freigiebig weitergereicht.

»Beim Reverse Mentoring geht es darum, in der Hierarchie eines Unternehmens gezielt von unten nach oben Wissen und Erfahrungen weiterzugeben«, bekräftigt *Michael Heuser*, Professor für Internationales Management an der *Fachhochschule der Wirtschaft in Paderborn*. »Dabei lernen nicht nur Individuen, sondern die Organisation als Ganzes.«[12] Ganz abgesehen davon ist das Reverse Mentoring eine sehr kostengünstige Form der freiwilligen Mitarbeiterentwicklung.

Darüber hinaus wird das gegenseitige Verstehen gefördert. Denn so, wie es den »Alten« nicht leichtfällt, sich in die junge Welt hineinzudenken, so fällt es den Juniors mitunter schwer, zu verstehen, warum die Seniors so ticken, wie sie es tun. »Jungspunde« neigen ja ganz allgemein gerne dazu, alles anders zu machen, quasi das Rad ständig neu zu erfinden und die nützliche »alte Weisheit« einfach zu ignorieren. So führt mangelnde Wertschätzung für das Lebenswerk früherer Generationen nicht selten zu Unverständnis und Zwist. Allerdings sind die Young Professionals ausgesprochen lernbereit, wie wir schon hörten. Zudem sind sie an klassischem Mentoring sehr interessiert. Über zwei Drittel könnten sich Unterstützung durch einen Mentor vorstellen. Zwei von zehn Millennials wünschen sich diesen sogar explizit.[13]

Doch zurück zum Reverse Mentoring. Wir empfehlen einen Abschlussworkshop mit allen Beteiligten des Programms, um das Gelernte auf das gesamte Unternehmen zu übertragen. Dabei bieten sich vor allem folgende Themen an:

- Arbeitsorganisation
- Führungsverhalten
- Recruitingmethoden
- Online-Marketing
- neue Geschäftsmodelle

So können Mentees zu internen Multiplikatoren für »junges« Gedankengut werden und gemeinsam mit den Youngstern frischen Wind in die Bude bringen. Genau das ist jetzt wichtiger als jemals zuvor. Mit verkalkten Konzepten aus prädigitalen Wirtschaftszeiten kommt nämlich niemand mehr weit. Ein zaghaftes Auffrischen von Bestehendem reicht ebenfalls nicht. Vieles muss einer schöpferischen Unruhe und manches einer schöpferischen Zerstörung (*Joseph Schumpeter*) preisgegeben werden, um sich für den Wettbewerb der Zukunft zu rüsten. Weitermachen wie bisher ist keine Option. Ein Re-Start ist dran. Noch vor den technologischen Innovationen sind zuallererst Managementinnovationen dringend vonnöten. Ein Umbau der Unternehmensorganisation und neue Führungsmodelle stehen fast überall an. So kann das Reverse Mentoring zugleich Befruchter, Bahnbrecher und Verbindungsglied für *die* Themen sein, um die es nun auf unserer nächsten Etappe geht.

ETAPPE 5 –
BIG WINS: SCHNELLSTRASSEN
IN DIE NEXT ECONOMY

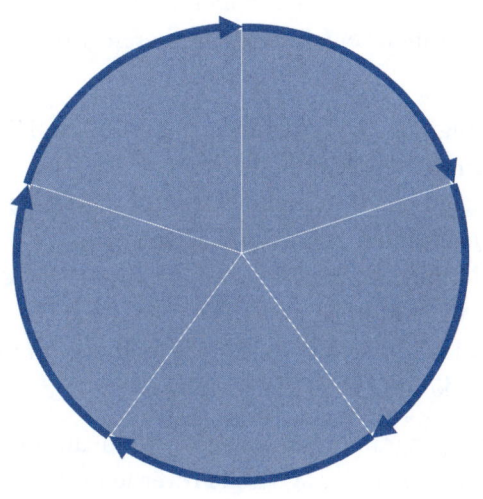

Visionären Jungunternehmern gelingt es in kürzester Zeit, ganze Branchen aufzumischen und die Existenz konservativer Organisationen infrage zu stellen. Quasi über Nacht »ge-ubert« zu werden, ist nicht länger utopisch. Wie man sich davor schützt? Selbst dann, wenn Sie derzeit erfolgreich am Markt agieren: Starten Sie zügig einen Prozess mit dem Ziel, sich von innen heraus neu zu erfinden. Dabei geht es nicht nur um die Digitalisierung in der Produktion und anderen Unternehmensbereichen, sondern vor allem und vorab um Ihre Arbeits- und Organisationsmodelle.

Zunächst bedeutet das, überholte Strukturen infrage zu stellen. Sodann geht es darum, Verbindungsbrücken zwischen Jung und Alt sowie zwischen Alt und Neu zu bauen, die es möglich machen, an der Next Economy teilhaben zu können. Folgende vier Themenkomplexe halten wir in diesem Kontext für hochrelevant:

1. Ein Redesign der Unternehmensorganisation: Hierzu stellen wir ein neues Denkmodell vor.
2. Ein Redesign der Unternehmenskultur: Die Arbeit mit dem Haufe-Quadranten kann dabei helfen.
3. Ein »Kill«-the-Company-Workshop: Ihre Chance, neues Handeln ins Unternehmen zu tragen.
4. Miteinander-Initiativen: Wie junge und alte Unternehmen zusammenkommen.

Ein Mammutprogramm, ja, das aber wohl unumgänglich ist. Denn die Spielregeln der Wirtschaft werden nie mehr die alten sein.

Das Redesign der Organisation

In den üblichen Organigrammen, den Schaubildern einer Unternehmensorganisation, sieht es aus wie anno dazumal. Der Chef thront ganz oben, darunter, in Kästchen eingesperrt, seine brave Gefolgsmannschaft. Die Mitarbeiter kommen in solchen Organigrammen nicht einmal vor. Sie werden wie Fußvolk verwaltet, als Humankapital ökonomisiert und in unvernetzt nebeneinanderher agierenden Silos organisiert. Selbst Firmen, die sich Kundenorientierung groß auf die Fahne schreiben, haben den Kunden nicht mal im Organigramm. Wie will man da von Customer Centricity reden? Sie wird zwar gelobt, aber nicht gelebt. Und im Zentrum steht sie schon gar nicht.

Pyramidale Top-down-Organigramme sind ein reines Selbstverherrlichungsprogramm der Führungsspitze. Sie konzentrieren sich auf Macht und nicht auf den Markt. Solche Organigramme haben übrigens militärische Wurzeln. Sie zementieren Hierarchiedenke, Starrheit und Konformität. Doch von Soldaten, die in Reih und Glied marschieren, bekommt man nichts, was aus der Reihe tanzt. Solche Ordnungssysteme sind wie die Monokulturen in unseren Wäldern: ungesund und auf Dauer nicht überlebensfähig. Sie haben im digitalen Sturm nicht den Hauch einer Chance. Bringen Sie deshalb Lebendigkeit in die Bude! Und Schwarmintelligenz in Ihr Organigramm! Wenn man Menschen in Kästchen sperrt, macht man sie bewegungsunfähig. Und wenn man sie nach einem starren Regelwerk tanzen lässt, werden sie zu Marionetten.

Lassen Sie Ihre Leute also aus den Kästchen frei! Machen Sie aus eckig und kantig rund und bunt! Kreise sind eine wesentliche Komponente dezentraler Organisationen. Doch auch die derzeit diskutierten neuen Modelle haben ein entscheidendes Manko: Der Kunde, auf den alles unternehmerische Handeln zielt, also das »Wofür« einer Organisation, kommt nicht darin vor. Scharen Sie Ihre Leute besser um Kundengruppen und um Kundenprojekte. So stellen Sie sicher, dass Ihr Unternehmen nicht zum Selbstzweck verkommt und dass Customer Obsession tatsächlich realisiert werden kann.

Wenn Sie den unternehmerischen Umbau sogleich lostreten wollen: Sie brauchen ein Bild, das visualisiert, wie Sie – weit weg

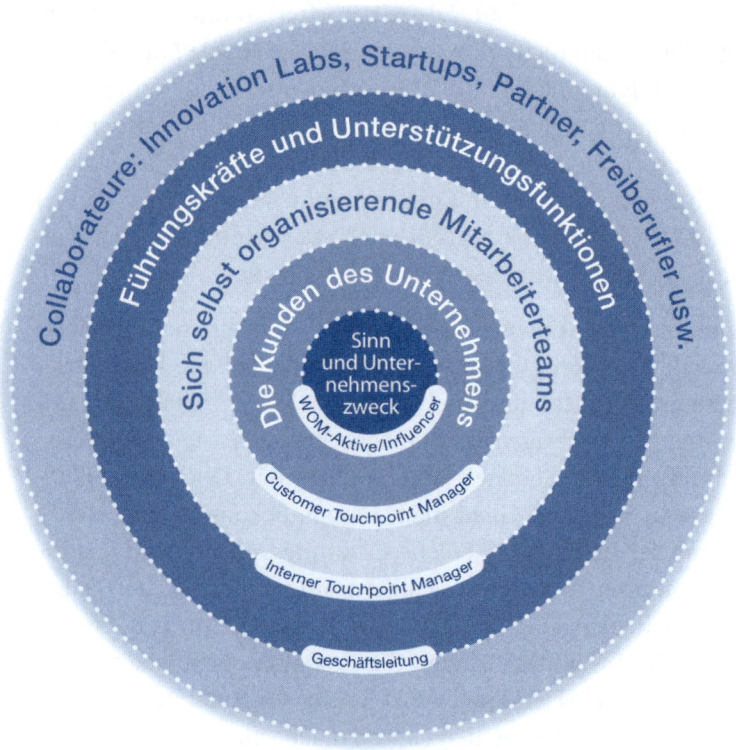

Abbildung 8: Die Grundidee einer Unternehmensorganisation für heute und morgen.

von Top-down-Strukturen – Ihre Organisation in Zukunft aufstellen wollen. Erst, wenn die Menschen ein Bild vor Augen haben, können sie sich auch eine Vorstellung machen – und dann dementsprechend agieren.

Wie ein solches Organigramm aussehen kann? Es gibt *keine* Schablone. Schablonen sind praktisch, weil man damit immer die gleiche Form malen kann. Genau deshalb passt das hier nicht. Denn jedes Unternehmen ist anders und muss dementsprechend auch sein ganz eigenes Schaubild finden, das sich logischerweise im Verlauf der Geschäftsentwicklung verändert. Abbildung 8 zeigt deshalb kein Organigramm, sondern die Grundidee einer Unternehmensorganisation für heute und morgen.

Ganz egal, wie Ihr eigenes Bild am Ende aussehen mag, ein solcher Ansatz tritt dann *hoffentlich* die richtigen Fragen los: Was bedeutet das alles für uns? Was wollen und müssen wir organisatorisch, hierarchisch, menschlich verändern, damit sich dieses Bild nun mit Leben füllt? Wie können wir uns abteilungs- und hierarchieübergreifend organisieren, um aufblitzende Marktchancen zu erkennen und ertragreich zu nutzen? Welche neue Art von Führung wird dazu gebraucht? Und welches Arbeitsumfeld?

Die nötige Basis: Sinn und Unternehmenszweck

Die Hauptaufgabe eines Unternehmens der Zukunft? Es ist die, einen Beitrag zur Lebensqualität respektive zum beruflichen oder geschäftlichen Erfolg seiner Kunden zu leisten. Die Stichworte dazu: alles so einfach wie möglich, alles so schnell wie möglich, am besten überall, jederzeit und sofort. Erfolg entsteht hierbei nicht länger auf Kosten Dritter oder der Umwelt, sondern indem das Dasein der Menschen verbessert wird.

Jede Form von Führung muss deshalb heute mit folgenden Fragen beginnen:

- Welche Auswirkungen hat unser Wirtschaften auf Gesellschaft und Umwelt?
- Welchen Beitrag leisten unsere Produkte/Services für eine lebenswerte Zukunft?
- Wie schaffen wir einen Heimathafen für unsere Mitarbeiter?
- Wie schaffen wir einen Sehnsuchtsort für unsere Kunden?

Dabei geht es um Habenwollen, Mitmachenwollen, Emotionen und Sinn – eingebettet in eine sich zunehmend technologisierende Welt. »Im Zuge der Digitalisierung fehlt die BeSIN-Nung«, mahnt der Autor und Blogger *Michael Rajiv Shah*. Sinn und das damit verbundene Glückserleben entstehen, wenn befähigte Mitarbeiter möglichst konkrete Aufgaben erledigen können, bei denen sie sich als wesentlich erleben. Wir Menschen sind beseelt von dem Wunsch, einen Beitrag zu leisten, und fürchten die Vorstellung, ein bedeutungsloses Leben gelebt zu haben. Es gibt uns Genugtuung, uns auf eine im Rahmen unserer Fähigkeiten liegende Art und Weise weiterentwickeln und entfalten zu können. Jeder von uns ist als einzigartiges Individuum mit einem mächtigen Gestaltungswillen geboren worden, um ein Leben voller Sinn zu führen – und nicht, um ein fremdbestimmtes Rädchen im Getriebe der Unternehmen zu sein.

Vor allem Millennials verlangt es nach Sinn, wie die vorherigen Seiten sehr deutlich gezeigt haben. Sie wollen Selbstwirksamkeit spüren und nicht zum Spielball Dritter werden. Sie wollen Spuren hinterlassen und Teil von etwas Bedeutsamem sein. Der Kampf um die besten Outperformer wird also nicht nur durch Geld entschieden, sondern immer mehr auch durch Sinn. Und wenn sie mehrere Jobangebote haben, entscheiden sich viele für das mit dem Sinn-Plus. Diese Grundeinstellung befruchtet inzwischen den kompletten Arbeitsmarkt. Zunehmend wünschen sich die Menschen, dass alles Berufliche zu einem bereichernden und in hohem Maße befriedigenden Teil ihres Lebens wird. *Das* wird das »New Normal« sein. Denn Arbeitszeit ist Lebenszeit.

So gilt es zunächst, den Sinn und Zweck des Unternehmens zu definieren. Das hat mit den Leitbildern von früher, gerne Mission Statements genannt, wenig zu tun. Die sind Kommunikationsprosa für die Öffentlichkeit, an die intern sowieso niemand glaubt. Toptalente und auch die Kunden erwarten heute, dass ein Unternehmen hehrere Ziele verfolgt als Marktführerschaft und Maximalrenditen. Sie wollen wissen, welchen Nutzwert ein Anbieter für die Welt und die Menschen bietet. Diesen Nutzwert, den Daseinssinn, das Warum eines Unternehmens nennen wir im Englischen »Purpose«. Bei der österreichischen Biomarke *Sonnentor* klingt das Purpose-Statement zum Beispiel so: »Wir von Sonnentor glauben fest daran, dass in der Natur die besten Rezepte für ein schönes und langes Leben liegen. Dafür arbeiten wir. Davon leben wir. Und wir glauben, dass die biologische Landwirtschaft die einzige Alternative zu den Folgen von Monokultur und Überproduktion ist. Der Kreislauf, das immer Wiederkehrende, das sich ständig erneuernde Leben ist unser Grundprinzip. ...«[1]

Das Lebenselixier: WOM von »wissenden Dritten«

Wir leben in einer Empfehlungsökonomie. Mundpropaganda ist die mit Abstand wichtigste Werbeform. »Wissende Dritte«, also Menschen, die aus eigener Erfahrung glaubhaft berichten, werden zunehmend eine Hauptrolle spielen. Und das nicht nur auf der Mitarbeiterseite, wie wir schon sahen. Auf der Kundenseite ist WOM von noch viel größerer Schlagkraft. Bis zu 90 Prozent aller Kaufvorentscheidungen fallen heute im Web. Als Botschafter sind uns berichtende Käufer eine große Hilfe, weil ihre helfende Hand den Zaudernden wohlwollend führt. Eine wesentliche Herausforderung für jeden User ist heute die, Informationen zu ignorieren und die Spreu vom Weizen zu trennen. Deshalb fragen wir rum: »Wer hat das schon gekauft? Welche Erfahrungen habt ihr mit ... gemacht? Ist das seriös?« Wie ein menschlicher Algorithmus können Empfehler Komplexität reduzieren, Streuverluste minimieren und Passendes für uns vorsortieren.

Empfehler sind die Verbindungsbrücken zwischen dem Unternehmenszweck und potenziellen Kunden. Wir finden sie in unserem physischen Umfeld wie auch in der virtuellen Realität: in privaten Netzwerken, in Business-Networks, im Social Web, auf Bewertungsplattformen und »Frag Mutti«-Portalen. Ihre »Likes« oder »Dislikes« sind Blinker im Informationsgestrüpp. Sie sind sozusagen das rettende Ufer, ein unverzichtbares Bindeglied zwischen Gewohntem und Ungewissheit. Und da, wo das Weiterempfehlen gut funktioniert, da klappt es auch mit dem Geldverdienen.

Wer heute erfolgreich sein will, muss nicht mehr länger Reichweite machen, indem er möglichst *viele* Menschen anspricht.

Vielmehr sollen es die Richtigen sein. Und unter den Richtigen gilt es, die Besten zu finden. Das sind die, die selbst konsumieren *und* als Influencer agieren. Influencer sorgen nicht nur für Glaubwürdigkeit, sondern auch für ein perfektes Entree. Zudem stärken sie die Reputation eines Anbieters, verhelfen Produkten und Marken zum Durchbruch und sichern so den Erfolg.

Ein Großteil des Influencing findet nach wie vor offline statt. Doch die digitalen Influencer sind mächtig im Kommen. Denn der hohe Vernetzungsgrad und die rasante Schnelligkeit des Cyberspace machen das onlinebasierte Influencing besonders interessant. Zu unterscheiden sind dabei zwei Typen:

- *Der Multiplikator*: Solche Typen sind vor allem an Menschen interessiert, kennen Gott und die Welt und lieben die Abwechslung. Sie sind begeisterungsfähig, kreativ, kommunikativ, wahnsinnig umtriebig und extrem gut vernetzt. Sie haben Kontakte zu ganz unterschiedlichen Personengruppen und pflegen sie gut. Ihre Hinweise können sich so wie ein Lauffeuer verbreiten. Multiplikatoren erzielen damit Breite und schnelle Hypes. Die im Web aktiven Multiplikatoren werden in hoher Zahl Inhalte weiterleiten, Interessantes teilen, Meldungen retweeten, Kommentare schreiben, Bewertungen abgeben, an Umfragen teilnehmen, Videos hochladen und einbetten. Sind sie Fan einer Marke, verbreiten sie deren News auf allen ihnen zur Verfügung stehenden Kanälen wie wild. Ihre Motivation: Sie wollen Spaß, auf ihre Weise die Welt mitgestalten, ihrem Netzwerk als Tippgeber dienen – und sich auch ein wenig wichtig fühlen. Wer dabei virtuos in selbstgemachten Videos auftritt, kann Internet-Berühmtheit erlangen. Der Einfluss auf junge Menschen ist groß. »Wenn ich eine Marke nicht kenne, will ich immer zuerst wissen, was andere in meinem Netzwerk darüber denken«, sagt *Sofia*, 19 Jahre. Hierbei folgt sie vor allem solchen Multiplikatoren, die in ihrer Welt eine große Rolle spielen. Diese findet sie vor allem auf *YouTube, Facebook* und *Instagram*.

- *Der Meinungsführer:* Solche Typen sind vor allem an Informationen interessiert. Sie haben reiches Detailwissen auf ihrem Fachgebiet und beraten andere gern. In ihrem Umfeld werden sie als Experten geschätzt. Ihre Meinung wird selten infrage gestellt. Vorbehaltlos hängt man an ihren Lippen und folgt ihren Hinweisen nahezu blind. Meinungsführer erzielen somit Tiefe und können als wirksame Beeinflusser und hocheffiziente Empfehler fungieren. Sie wissen um ihre Macht und sind anspruchsvoll. Sie pflegen ihre Reputation und wollen umworben werden. *Nie* lassen sie sich für Minderwertiges vor den Karren spannen. Die im Web aktiven Meinungsführer sind sehr stark verlinkt, weil ihre fundierten Botschaften gerne weiterverbreitet werden. Als Meinungsmacher haben sie sich einen relevanten Platz in ihrer Online-Gemeinde gesichert. Ihr Einfluss ist groß, da sie es auch zu einiger Medienpräsenz bringen und in der Presse oft als Zitategeber fungieren. Vor allem A-Blogger und prominente YouTuber haben in diesem Kontext einen sehr hohen Stellenwert. So hat es *Gronkh* alias *Erik Range*, dem man beim Online-Gaming zuschauen kann, mit seinen Let's-play-Videos auf über 4,5 Millionen Abonnenten gebracht (Stand Februar 2017). Und das ist jetzt nur ein Beispiel von vielen.

Wie man passende Influencer findet und für sich gewinnt? Das und viel mehr zum Thema WOM finden Sie in *Das neue Empfehlungsmarketing*.[2]

Die allmächtigen Kunden: Chance oder Gefahr?

Kundenwünsche steuern die Unternehmen. Und Märkte werden von den Spielregeln der Kunden diktiert: Sie kaufen, reden dann darüber und bringen andere Menschen zum Handeln. Jetzt sind es die Unternehmen, die zuhören sollten. Denn die

Kommunikationshoheit ist zu den Käufern gewandert. Möglich wurde dies durch das mobile Web, das eine digitale Informationsschicht über die Offline-Sphäre legt und die Kunden mit allem Online-Wissen (fast) überall und in Echtzeit vernetzt. In dieser neuen Realität werden Interessenten kaum mehr den vorgezeichneten Kanälen der Anbieter folgen. Vielmehr steuern sie die ihnen genehmen Touchpoints selbstbestimmt an.

Customer Touchpoints entstehen überall da, wo ein (potenzieller) Kunde mit einem Unternehmen und seinen Mitarbeitern beziehungsweise seinen Produkten, Dienstleistungen, Plattformen und Marken in Berührung kommt, sei es vor, während oder nach einer Transaktion. Sie sind immer dort, wo die Kunden einem begegnen: im Zickzack zwischen realer und virtueller Welt, »social« und »mobile« vernetzt. Und in den »Momenten der Wahrheit« (*Jan Carlzon*) zeigt sich dann, was die Versprechen eines Anbieters tatsächlich taugen. Manche Unternehmen werden schon bald allein deswegen zumachen müssen, weil niemand mehr Geschäfte mit ihnen machen will. Attraktiv für Kunden zu sein, ist die einzige Chance. Wer stattdessen Service zusammenstreicht oder kundenwirksame Mitarbeiter entlässt, um attraktiv für die Anteilseigner zu sein, wird die Next Economy nicht überleben.

Vor allem die Jungunternehmen haben verstanden, wie viel Macht dabei speziell die Digital Natives haben. Mit ihren Aktionen können sie über Leben und Tod eines Anbieters entscheiden. Sind ihre Erfahrungen positiv, teilen sie diese wie wild, damit andere sie ebenfalls machen können: »Schaut mal, was ich gesehen habe, vielleicht gefällt es euch auch.« Wer aber in ihren Augen versagt, wird nicht nur abserviert, sondern auch vorgeführt. Und wen sie hassen, den machen sie nieder.

»Kauft bloß nicht bei …, die haben mich voll über den Tisch gezogen«, so rufen sie zum Kaufboykott auf. Und ihr ganzes Netzwerk folgt diesem Schlachtruf, um vor Schaden sicher zu sein. Gemeinsam schwört man sich, nie mehr dorthin zu gehen.

So liebt und hasst die Jugend das, was ihre Netzwerke lieben und hassen. Ihre Loyalität gilt nicht mehr dem Anbieter oder der Marke, sondern dem eigenen Netzwerk. Gemeinsam ziehen sie von einer Marke zur nächsten. Dabei ist es sehr einfach, sie als Kunden zu verlieren. Bloß weil ein Anbieter gerade uncool ist. Oder weil er sie ungefragt mit Werbung nervt. Oder weil seine ethische Haltung fragwürdig ist. Peng, aus und vorbei.

Mit dem selbstzentrierten alten Marketing kommt man deshalb nicht mehr sehr weit. Das fragt nämlich so: »Was bieten *wir* dem Markt und den Kunden wann, wo und wie an, damit *wir* noch erfolgreicher werden?« Das Touchpoint Management hingegen fragt so: »Was will/braucht/begehrt der Kunde, und wie können wir helfen, ihn glücklich respektive erfolgreich zu machen?« Das Instrument, das dazu verwendet wird, ist der Prozess des Customer Touchpoint Management mit seinen vier Schritten.

Dieser Prozess ermöglicht es, so zu denken, wie die Kunden es tun, denn das allein zählt. Einem Kunden ist es schlichtweg

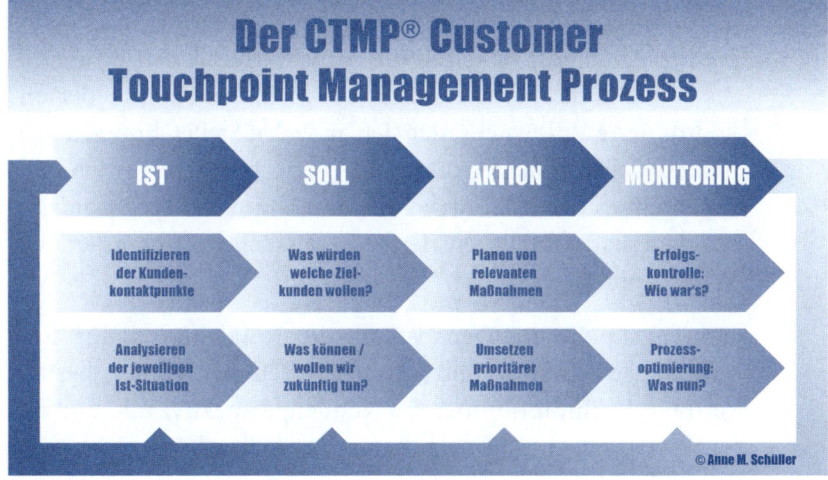

Abbildung 9: Der Prozess des Customer Touchpoint Management (Kundenkontaktpunkt-Management) mit seinen vier Schritten

egal, was hinter den Kulissen passiert, wer wofür zuständig ist, und warum etwas klappt – oder auch nicht. Durch Verlassen des Unternehmensstandpunktes gelangt man zu einer Priorisierung derjenigen Touchpoints, die die jeweiligen Kunden bevorzugen, zu ihrem verbesserten Zusammenspiel und zu einer Optimierung ihrer Wirkungsweise. In *Touchpoints. Auf Tuchfühlung mit den Kunden von heute*[3] und in *Touch.Point.Sieg.*[4] können Sie alles zum Thema lesen.

Bote des Kunden: der Customer Touchpoint Manager

Der Customer Touchpoint Manager ist Bote für Kundenbedürfnisse und Advokat für Kundeninteressen im eigenen Haus. Seine Kernaufgabe ist es, an den externen Touchpoints des Unternehmens, also den Berührungspunkten mit Produkten, Services, Plattformen, Marken und Mitarbeitern, eine hochprozentige Kundenfokussierung zu ermöglichen.

Sein Ziel ist die Transformation des gesamten Unternehmens hin zu einer kundenorientierten Organisation, die wie aus einem Guss funktioniert. Die immer noch vorherrschenden Silostrukturen sind mit einer vernetzten Kundenwelt nicht kompatibel. Abteilungsziele und die damit verbundenen Eigeninteressen verhindern synchronisierte Aktivitäten. So muss der unkoordinierte Wildwuchs, der sich an vielen Stellen breitgemacht hat, zunächst gesichtet und dann zügig beseitigt werden. Danach geht es um das Entwickeln und Umsetzen synchronisierter, dauerhaft kundenzentrierter, verlässlicher und rentierlicher Wertschöpfungsprozesse.

Ein Touchpoint Manager ist mit den kundenrelevanten Entwicklungen draußen und drinnen im Unternehmen bestens vertraut. Er nimmt immer die Kundenperspektive ein, und das wird so akzeptiert, auch wenn es schon mal unbequem ist. Geht es um kundenbezogene Entscheidungen, hat er das erste und das letzte Wort. Und er hat ein Vetorecht. Er setzt sich mit Herzblut für die Kundeninteressen ein und koordiniert deren

Belange. Er ist Knotenpunkt und Drehkreuz für alle Touchpoints, die er vertritt. Da jede Abteilung, ganz unabhängig von ihrer Kernaufgabe, auch in Kundenthemen involviert ist, arbeitet er crossfunktional mit allen eng und gleichberechtigt zusammen.

Ein Touchpoint Manager ist Generalist. Er hat eine ausgereifte Persönlichkeit mit hohem Erfahrungswissen. Er ist gleichzeitig verbindlich und empathisch, aber auch analytisch und strukturiert. Schon allein deshalb ist dies keine Juniorstelle. Der Stelleninhaber sollte vielmehr interdisziplinär arbeiten können und sich sowohl im Kundenbeziehungsmanagement als auch in IT-Themen gut auskennen. Keinesfalls darf er ein Machtmensch sei, der seine persönlichen Ansichten unbedingt durchboxen will. Vielmehr ist er Visionär und Stratege für alles, was die Kundenseite betrifft.

Seine internen Botschafter sitzen im mittleren Management. Vor allem diese muss er für das Bewältigen seiner Aufgabe gewinnen. Mit deren Hilfe und einem fortwährenden Einbeziehen aller Mitarbeiter kann er sich an das notwendige Neudesign machen. Sein Arbeitstool ist das Customer Touchpoint Management.[5]

Ein Touchpoint Manager benötigt absolute Rückendeckung von ganz oben. Sein organisatorischer Platz hat auch mit der Unternehmensgröße zu tun. In kleineren Betrieben kann eine Teilzeitstelle reichen. In Betrieben mittlerer Größe bekleidet er abteilungsübergreifend eine eigene Funktionsstelle, die an die Geschäftsleitung angedockt ist. In Großorganisationen wird ein abteilungsunabhängiger Chief Touchpoint Officer benötigt. Er ist die rechte Hand des CEO, womit die Kundeninteressen dann auch wirklich an erster Stelle stehen.

Die neue Workforce: Mitarbeiter oder Abarbeiter?

Die Arbeitsbeziehungen haben sich in den letzten Jahren grundlegend gewandelt. Sie sind globaler, digitaler und auch weiblicher geworden – und all das auf hohem Niveau. Neben einer Kernbelegschaft in herkömmlichen Arbeitsverhältnissen gibt es zunehmend eine Zusammenarbeit mit Externen ohne klassischen Arbeitsvertrag. Es gibt mehr befristete Arbeitsverträge, höhere Teilzeitquoten, mehr Minijobs, mehr outgesourcte Bereiche. Gegenseitige Abhängigkeiten und damit verbundene Loyalitäten lösen sich hierdurch immer mehr auf. Der stationäre Arbeitsplatz wird im Zuge dessen zurückgedrängt. Wissensarbeiter haben ihr Büro in der Tasche dabei. Und ihr Hirn kann überall tätig sein. Fernanwesenheit, eine mobile Arbeitskultur, flexible Arbeitszeiten, virtuelle Teams, Homeoffice und Officehome haben Hochkonjunktur. So stehen Leadership-Personen zunehmend vor der Herausforderung, nicht anwesende und nicht angestellte Mitarbeitende zu führen und so schnell wie möglich produktiv zu machen. Um anpassungsfähig zu bleiben, wird dezentraler, vernetzter und modularer organisiert.

Bei all dem stellt sich eine entscheidende Frage: Sind Ihre Mitarbeiter Anweisungsabarbeiter, Nebeneinanderherarbeiter, Gegeneinanderarbeiter oder Miteinanderarbeiter? In unserer zunehmend virtuellen Arbeitswelt gehört es zu den wichtigsten Aufgaben der Führungsriege, Zugehörigkeit und Zusammenhalt unternehmensweit zu fördern. Dass Konfrontation, interner Massenwettbewerb, das Verteidigen von Hoheitsgebieten und der dauernde Kampf um Ressourcen die besten Ergebnisse bringen, sind Kopfgeburten vereinsamter Alphatierchen in den Zentren der Macht. Genau das Gegenteil ist nämlich der Fall: Wissensarbeit kann nur durch Collaboration reiche Früchte tragen. Team-Konzepte und sich selbst steuernde Einheiten, bei denen abteilungsübergreifend (!) alle auf ein gemeinsames Ziel hinarbeiten, werden dazu gebraucht.

Hierfür müssen zunächst die alten Ziel- und Incentivemodelle auf den Friedhof, wie zum Beispiel das nach wie vor sehr verbreitete Management by Objectives (MbO). Es stammt von *Peter Drucker*, dem Grandseigneur der Managementkunst und stammt aus dem Jahr 1954 (!), ist also tief in der Command & Control-Ära verhaftet. Jeder Mitarbeiter bekommt dabei seine eigenen Ziele, meist sind das Jahresziele, die bei Erreichen Boni einbringen. Solche festen Ziele sind nicht mit den Zielen der Kollegen abgestimmt, oft konkurrieren sie sogar miteinander. Was dann passiert, ist nur allzu logisch. Jeder verfolgt seine Eigeninteressen, man arbeitet unabgestimmt gegeneinander, nicht selten verbunden mit Tricks und Tücken, um an die Boni zu kommen.

Demgegenüber verfolgt ein neues Konzept namens OKR gemeinsame Ziele, gemeinsame Wege und den gemeinsamen Erfolg. OKR steht für Objectives & Key Results. Gemeinsame Workshops und Gemeinschaftsboni sorgen dafür, dass jeder die Ziele der anderen kennt und mitunterstützt. Neben einer deutlich höheren Produktivität entsteht so auch ein starkes Wir-Gefühl. Und das ist in einer sich weiter zerfasernden Unternehmenslandschaft zunehmend wichtig.

Menschen wollen stolz sein können auf die Kohorte, für die sie sich entschieden haben. Dann springt ein wenig von deren Glanz auch auf einen selbst über. Und indem wir offenbaren, zu wem wir gehören, grenzen wir uns gegenüber anderen ab. Erfolgreiche Unternehmen bieten also nicht nur Identifikationspotenzial, sie dienen auch der Selbsterhöhung. Dabei scheint es Männern viel mehr noch als Frauen wichtig zu sein, solche Zugehörigkeit öffentlich sichtbar zu machen. Auch den Millennials ist das sehr wichtig. Die Zutaten für ein perfektes Wir-Gefühl sind also:

* Erfolge, die sich feiern lassen
* sichtbare Zeichen der Zugehörigkeit

- Rituale, die zusammenschweißen
- Geschichten, Mythen, Legenden
- Wahrnehmung durch die Öffentlichkeit

Ein gutes »Wir-Gefühl« entwickelt sich vor allem durch gemeinsame Erlebnisse, durch erzielte Ergebnisse und die Gewissheit, Teil einer starken Gemeinschaft zu sein. Dies trägt der Mitarbeiter durch positive Erzählungen schließlich nach draußen. Sind die Verbindungen hingegen schwach, dann beginnen die Leute sehr schnell, sich stabilere, besser funktionierende Gruppen zu suchen – in einer anderen Organisation.

Klimamacher: der interne Touchpoint Manager

Es gibt Betriebe, da möchte man am liebsten Maschine sein. Die wird nämlich tipptopp in Schuss gehalten, damit sie immer ihre volle Leistung bringen kann. Und wie ist das mit der Belegschaft? Wer Großes von ihr will, der braucht sie in Bestform. Dazu braucht es Gesundheit an Körper, Geist und Seele, ein heiteres Arbeitsumfeld und Bürolandschaften, in denen sich jeder wohlfühlen kann. Damit und mit vielen Details mobilisiert man die Selbststeuerungskräfte entfesselter Teams und akkumuliert die »Weisheit der Vielen« über alle Abteilungsgrenzen hinweg.

Um das zu unterstützen, wurde ein neues Berufsbild geschaffen: der interne Touchpoint Manager. Als Bindeglied zwischen Organisation, Mitarbeitern und Führungskreis ist er für unternehmenskulturnahe Themen und das Wohlergehen der Menschen zuständig. Er sorgt sich um die körperliche, geistige und seelische Fitness der Mitarbeiterschaft, damit ihre Performance auf Höchststand bleibt.

Diese Funktion ist crossfunktional, also nicht an eine Abteilung gebunden. Sie hat sowohl strategische als auch operative Komponenten. Von daher ist sie viel mehr als nur ein bisschen Mitarbeiterstreicheln. In Zeiten von Talente-Knappheit und Social

Media-Gerede kann sie über die Zukunft eines Unternehmens maßgeblich mitentscheiden. Insofern benötigt ein interner Touchpoint Manager die volle Unterstützung der Geschäftsleitung, da sein Weg holprig ist und er sich nicht immer nur Freunde macht. Denn wer als atmosphärischer Interessenvertreter der Mitarbeiter unterwegs ist, deckt zwangsläufig Missstände auf.

Ein interner Touchpoint Manager ist Advokat der Mitarbeiter und Vermittler zwischen Hierarchien und Bereichen. Sein mögliches Aufgabenfeld:

- Büroorganisation und Büroleben,
- Mitarbeiterevents und Sozialprojekte,
- Sportangebote und Gesundheitsprogramme,
- Initiieren von Mitarbeiterbefragungen,
- Prävention von Mitarbeiterfluktuation,
- Involvement bei der Mitarbeiterauswahl,
- Onboarding- und Offboarding-Begleitung,
- Exit-Interviews und Ehemaligen-Betreuung,
- Betreuung von Arbeitgeberbewertungsportalen,
- Kummerkasten, gute Seele, Mediator,
- Innerbetriebliches Ideenmanagement sowie
- Vernetzung aller über Abteilungsgrenzen hinweg.

Der interne Touchpoint Manager hat eine ausgereifte Persönlichkeit, die gleichzeitig verbindlich und feinfühlend, aber auch analytisch und ordnend ist. Der Stelleninhaber sollte interdisziplinär arbeiten können und sowohl mit Führungs- als auch HR-Themen bestens vertraut sein. Er benötigt psychologische Kenntnisse und Coaching-Kompetenz. Er ist Moderator, Netzwerker, Kommunikator, Diplomat und Atmosphärendesigner in einer Person. Er muss leidenschaftlich vom Nutzen seiner Funktion überzeugt sein, um überzeugen zu können. Mithilfe des Collaborator Touchpoint Management[6] lässt sich diese Aufgabe systematisieren und meistern.

In der Digitalwirtschaft gibt es übrigens ähnliche Funktionen mit vergleichbaren Aufgabenstellungen, zum Beispiel den Feel-good-Manager in größeren Startups, den Community-Manager in Coworking Spaces und den Head of Company Culture in Vorreiter-Organisationen wie etwa dem Online-Schuhversender *Zappos*.

Das Management: Zahlen- oder Menschenversteher?

Noch immer wird in den Unternehmen viel zu viel Management betrieben – und viel zu wenig Menschenführung gelebt. Sogar Mitarbeitergespräche werden »gemanagt«, also per Checkliste nach starren Vorgaben geführt. In einer sich zunehmend digitalisierenden Welt ist dies dann auch die größte Gefahr: dass nämlich überall dort, wo Technokraten das Sagen haben und Kennziffern regieren, die Menschlichkeit auf der Strecke bleibt.

Auslöser dieser Fehlentwicklung sind die Wirtschaftsunis und ihre BWL-Fakultäten. Sie bringen Zahlenmenschen hervor, die derart verzwirbelt reden, dass kaum einer sie wirklich versteht. Von Mitarbeiterführung haben sie kaum was gehört. Analysieren, Planen und Kontrollieren stehen jahrelang auf dem Programm. Und alles kommt mit den gleichen uniformen Methoden daher: ein scheinbar unhinterfragt alternativloses Managementarsenal, mit dem man früher mal siegreich war, weil völlig andere Wirtschaftssysteme angesagt waren. Doch mit den Werkzeugen aus dieser vordigitalen Zeit lässt sich Komplexität nicht nur *nicht* steuern, sie machen alles sogar noch komplexer. Deshalb sind Old-School-Unternehmen auch so leicht angreifbar.

Wer sich blind auf Analysen verlässt, verliert seine eigene Urteilskraft. Und wer sich auf Zahlen fokussiert, denkt nur noch in Zahlenkategorien. Solange es um die reine Vermessung von Leistungen geht, wird man sich nicht mit Herz und Seele befassen. Aber Menschen sind kein bürokratischer Vorgang. Und sie sind keine Datenpakete. Was wirklich zählt, nämlich Vertrauen,

Freiraum, Anerkennung, Werte und Sinn, ist nicht zählbar. Soll Großes gelingen, tut man sich leichter, wenn man seine Mitarbeiter zu »Fans« und »Followern« macht. Es sind die emotionalisierenden Themen, mit denen man die volle Power seiner Leute gewinnt. Ein Redesign der Führungskultur steht also an. Egozentrische Alphas werden nicht mehr gebraucht. Ganz andere Führungsstile rücken nach vorn: Möglichmacher, Katalysatoren und kundenfokussierte Leader sind nun vonnöten. Dafür kommen *ausschließlich* Menschenversteher infrage. Den anderen ist die Führungslizenz sofort zu entziehen. Was zeichnet diese Leadertypen nun aus?

- *Der kundenfokussierte Leader:* Kundenfokussierung bedeutet, alle Ressourcen des Unternehmens auf *das* zu konzentrieren, was für dessen Fortbestand am wichtigsten ist: durch und durch loyale Immer-wieder-Kunden und aktive positive Empfehler. Alle Führungskräfte haben demnach die Aufgabe, ein Umfeld zu schaffen, das den Mitarbeitern ermöglicht, für die Kunden ihr Bestes zu geben – und dies auch zu wollen. Ziel ist die kundenzentrierte Organisation. Die Schlüsselfragen, die sich ein kundenfokussierter Leader dazu stellt: »Interessiert mich das Wohl unserer Kunden wirklich? Wie oft spreche ich über die Bedeutung der Kunden für die Firma? Lebe ich Kundenfokussierung selbst sichtbar vor? Fordere ich von den Mitarbeitern regelmäßig kundenfreundliche Verbesserungsvorschläge ein? Wie stelle ich sicher, dass in der gesamten Organisation täglich Kunden-Rückmeldungen eingeholt werden?« Kundenfokussierung heißt heute vor allem auch, sich intensiv mit den Auswirkungen der zunehmenden Digitalisierung auf das Kundenleben zu befassen und die sich daraus ergebenden Schritte frühzeitig einzuleiten.
- *Der Möglichmacher:* Möglichmacher (Enabler) sorgen für optimale Rahmenbedingungen und schaffen ein anspornendes Leistungsumfeld. Sie nutzen vor allem ihr Organisationstalent. Dabei sind sie zupackend, nahbar und konse-

quent. Sie wissen genau: Mitarbeiter bringen – so wie Spitzensportler – nur unter optimalen Bedingungen ihre Höchstleistung. Zu diesem Zweck müssen die jeweils individuellen Arbeitsmotive und Talente aller Beschäftigten ermittelt sowie zwischenmenschliche und organisatorische Motivationshemmer identifiziert und weggeräumt werden. Arbeitsplatz und Aufgabe werden an die Fähigkeiten der Stelleninhaber angepasst – und nicht umgekehrt. Möglichmacher sehen sich als Potenzialentwickler und nicht als Exekutierer der Unternehmensstrategie. Sie sind Dienstleister für ihre Mitarbeiter-Kunden. Sie stellen die erforderlichen Ressourcen bereit, sie übertragen die für die Aufgabenstellung notwendige Entscheidungsgewalt, und sie übertragen Ergebnisverantwortung. Denn Höchstleistungen können nur in Möglichkeitsräumen entstehen. Und Kreativität braucht Spielwiesen. Freudiges Zulassen beflügelt schöpferische Denkprozesse, um Wege ins Neuland zu wagen.

- *Der Katalysator:* Der Katalysator ist eine Inspirationsfigur, die andere für Ideen entflammt, Impulse setzt, Prozesse in Gang bringt und sich dann zurückzieht. Verantwortung und Monitoring verbleiben im Mitarbeiterteam. Ein Katalysator führt, indem er einen passenden Rahmen vorgibt, das Arbeitsgeschehen moderiert und Vorschläge macht. Er führt hingegen *nicht* über strikte Anweisungen und harsche Kontrollen. Er steckt das Spielfeld ab, in dem seine befähigten Leute dann spielen können – nicht zu groß, aber auch nicht zu klein, abhängig von Aufgabe und Mitarbeitertypologie. Er schafft Orientierung, gibt die Anforderungen vor und sorgt für einen reibungslosen Prozessablauf. Nur im Notfall greift er steuernd ein. Wenige Spielregeln bestimmen, was geht und was nicht. Das Vorgehen eines Katalysators ist unkompliziert, offen, ehrlich, vertrauensvoll und agil. Unmittelbare Feedback-Schleifen sichern ein zügiges Voranschreiten der Projekte. Die wichtigsten Gebote eines Katalysators sind Eigenverantwortung, verbindliche Absprachen und

Verlässlichkeit. So schaffen Katalysatoren beste Voraussetzungen für das Erzielen von Spitzenleistungen in Hochleistungsteams. Sie legen eine perfekte Basis für die Selbstorganisation ihrer Leute, für Top-Performance und wirtschaftlichen Erfolg.

Wie solche Führungskräfte kommunizieren? Gut, dass Sie fragen. Nicht fordern und anweisen stehen im Vordergrund, sondern einladen und wünschen. Das sagen sie zum Beispiel so: »Machen Sie etwas Großartiges daraus, ich lasse Ihnen freie Hand. Suchen Sie sich ein paar Weggefährten, die Ihnen auf der Reise zum Ziel helfen können. Lassen Sie uns öfter über das reden, was Sie gerade tun. Und wenn Sie mal einen Rat brauchen, kommen Sie baldmöglichst vorbei. Es gibt immer auch Baustellen und Sackgassen, in die man besser nicht hineingerät.« Sogar in schlechten Zeiten senden sie zunächst Appelle wie diesen: »Wir wollen Ihnen keine Vorgaben machen, wo Sie sparen sollen. Sie wissen alle von zu Hause, wie man einen Haushalt führt.« Und dann laden sie die Mitarbeiter zu einem Ideenfeuerwerk ein.

Die Geschäftsleitung: Treiber des Wandels

Die Geschäftsleitung ist die Verbindungsbrücke zwischen dem Unternehmen und der Öffentlichkeit. Sie hat die Aufgabe, ihre Organisation in die Zukunft zu führen und ihren Fortbestand dort zu sichern. Nicht die Technologie, sondern der Mensch muss dabei im Vordergrund stehen. #ADCD, also Agilität, Digitalisierung, Collaboration und Disruption muss sie intern verankern und so ihr Unternehmen transformationsfähig machen. Denn fortan leben und arbeiten wir in permanenter Transformation. Zudem braucht es eine Strategie, die neben Evolution auch Revolution integriert. Die Friedhöfe der Ökonomie sind voll von Unternehmen, die das nicht hinbekamen. Selbst die jüngste Wirtschaftsgeschichte zeigt, dass Firmen sich fast immer dafür entscheiden, die bestehenden Einnahmequellen zu schützen. So hat sich Microsoft jahrelang an die immensen Einnahmen aus dem Windows-Geschäft geklammert und dabei das Smartphone- und Tablet-Geschäft quasi verpasst. Doch gibt es auch Ausnahmen.

Vor Jahren hat sich *Nestlé*, der Schweizer Lebensmittelkonzern selbst disrupted, und das kam so: Einer der Ingenieure, *Eric Favre*, hatte zusammen mit seiner Frau in Italien dem Geheimnis eines guten Espresso nachgespürt: Schließlich präsentierte er seinem Arbeitgeber ein Kapsel-System. Zunächst bekam er eine Abfuhr, denn *Nestlé* favorisierte den eigenen *Nescafé*. Völlig verzweifelt wollte *Favre* die Firma verlassen, doch der damalige CEO *Helmut Maucher* ließ ihn am Ende nicht gehen. Er machte ihn vielmehr zum Chef der neuen Firma *Nespresso*. Der Rest der Geschichte ist Kult. Der *Nespresso*-Jahresumsatz wird auf derzeit rund 5 Milliarden Euro geschätzt.

Früher haben die Ingenieure die Unternehmen vorangetrieben, heute tut das die Internetgeneration. Sie verändert die Spielregeln in allen Branchen. So gut wie nichts wird so bleiben, wie es mal war. Schon allein deshalb muss die Geschäftsleitung die hellsten jungen Köpfe zu ihren engsten Beratern machen. Es sind vor allem deren Ideen, die helfen, in Zukunft am Markt zu bestehen. Millennials sind oft auch die Ersten, die spüren, wenn in der Firma was aus dem Ruder läuft.

Es ist zwingend die Aufgabe der Geschäftsleitung, die Grundsatzentscheidung darüber zu treffen, dass die notwendigen Veränderungsprozesse losgetreten werden. Was aber gerne dabei vergessen wird: Zunächst sind die organisatorischen Rahmenbedingungen dafür zu schaffen. Und natürlich trifft die Geschäftsleitung nicht alle diesbezüglichen Detailentscheidungen selbst. Wenn oben nämlich die Sachkenntnis fehlt, werden Entscheidungen falsch. Oder sie dienen, verbunden mit politischen Spielchen, der Macht. »Ich gehe so weit, zu sagen, dass ein Unternehmen, in dem nur der Chef und sonst keiner entscheidet, früher oder später vor der Pleite stehen wird«, sagt *Detlef Lohmann*, CEO eines mittelständischen Betriebs mit 180 Beschäftigten.[7]

Top-down-inside-out, also Ansagen von oben nach unten und dann von drinnen nach draußen, ist passé. Unternehmen der Zukunft denken vom Kunden her. Und sie lassen die Mitarbeiter selbst entscheiden, wo es nur geht. Outside-in-bottom-up heißt dieser Kurs. Dazu müssen Handlungsfelder mit Verbesserungspflicht geschaffen werden, in denen eigeninitiatives Agieren den Vorzug vor Direktiven erhält. In operativen Dingen wissen die Beschäftigten eh selbst am besten, wie etwas funktioniert und was sie dafür brauchen. Mit der Verantwortung, die eigene Entscheidungen mit sich bringen, gehen sie in aller Regel auch sehr sorgfältig um. Leitlinien wie diese helfen dabei: »Jeder tätigt ausschließlich sinnvolle Ausgaben.« Und wenn es um Interna geht, die nicht nach draußen dringen sollen? Die E-Mails von *Google* Mitgründer *Larry Page* beginnen oft so: »We trust you not to forward.« (Wir vertrauen dir, dass du das nicht weiterleitest.) Solche Erwartungssätze haben eine gewaltige implizite Bindungskraft.

Mit den Freiheitsgraden, die Selbstorganisation bringt, haben die meisten Mitarbeiter, nachdem sie, ganz wichtig, sich einüben konnten, gar keine Probleme. Probleme hat damit aber das mittlere Management. »Die Mitarbeiter können das nicht«, hört man von denen. »Wir wollen das nicht«, müssten sie eigentlich sagen. Wenn sich nämlich die Leute selbst organisieren, hat das mittlere Management nur noch wenig zu tun. So sagen 83 Prozent der Mitarbeiter in deutschen Unternehmen, in ihrer Firma werde noch strikt hierarchisch entschieden.[8] Und es kommt noch schlimmer, wie Ergebnisse der *GfWM*-Studie *Der Ruf nach Freiheit* zeigen. 39 Prozent der 2 550 Befragten gaben nämlich zu Protokoll, dass Führungskräfte in ihrem Unternehmen Veränderungen generell blockieren. Weitere 38 Prozent meinen, dass neue Ideen an ihrem Chef abprallen.[9]

Weiß man um diese erschütternden Zahlen, wird klar, weshalb wir hierzulande in vielen Punkten so weit hinterher sind. Gute Vorsätze sind allgegenwärtig. Besserung wird gelobt. Doch es fehlt am Handlungswillen. Manche stehen nur da und schauen zu, wie sich die Businesswelt von Grund auf verändert. Oder sie ahmen die Mutigen nach, um nicht auf der Strecke zu bleiben. Oder sie verstehen gar nicht, auf welchem Stand die Digitalmoderne bereits ist. Letzthin trafen wir einen Ergrauten, der stolz darauf war, dass er sein Bestellwesen gerade von Fax auf E-Mail umgestellt hatte.

Jetzt müssen endlich die Mutigen ran. Und die, die Althergebrachtes in Frage stellen. Darin sind die »Jungen« besonders gut – aber natürlich nicht nur die. Nehmen wir uns ein Beispiel an Wissenschaftler und Weltumsegler *Bertrand Piccard*, Jahrgang 1958. Nach zwei gescheiterten Versuchen gelang es ihm, die erste Nonstop-Ballonfahrt rund um die Erde erfolgreich zu beenden. Und warum? »Ich hatte das Muster, nach dem mein Ballon gebaut war, komplett verändert, während meine Wettbewerber immer wieder mit den gleichen falschen Strategien und Technologien weitergemacht hatten – und jedes Mal aufs Neue aus den gleichen Gründen gescheitert waren.«[10]

Das Ganze: von Collaborateur-Satelliten umkreist

Wissen und Können, das im Unternehmen fehlt und kurzfristig verfügbar sein muss, wird zunehmend über Externe zugekauft. Man umgibt sich mit den jeweils besten Leuten für einen bestimmten Job. So werden Unternehmen zu Drehkreuzen für Knowledge Worker, zu Oasen für digitale Nomaden und von »Collaborateur-Satelliten« umkreist.

Collaborateur-Satelliten gibt es in vielen Varianten. Innovation Labs, Startups und Freelancer haben wir bereits kennengelernt. Auch klassische Lieferanten, Partner, Berater und Agenturen zählen dazu. Immer mehr Clickworker, die sich für Kleingeld verdingen, docken an. In jeder Couleur gibt es spezialisierte Experten, die ihre Talente mit bedürftigen Unternehmen auf Zeit verknüpfen. Sie jonglieren zwischen Projekten, Auftraggebern und Arbeitsorten. Sie organisieren sich in Netzwerken oder mithilfe von Agenturen. Virtuelle Agenten und Stellvertreter-

Avatare stehen ihnen zur Seite. Sie bauen ihre Zelte immer dort auf, wo sie gemeinsam mit Gleichgesinnten etwas von Belang schaffen können. Ist die Arbeit getan, wird wieder abgebaut und man zieht weiter, zu einem neuen Schauplatz für Heldentaten.

Die drei Top-Entscheidungskriterien solcher Projektarbeiter für oder gegen einen Auftraggeber, so Zukunftsforscher *Sven Gábor Jánszky*, sind diese:

- Ist das Projekt eine persönliche Herausforderung?
- Hat das Projekt einen größeren Sinn für die Welt?
- Arbeite ich dort mit exzellenten Menschen zusammen?

Auf die Unternehmen kommen damit ganz neue Management- und Führungsaufgaben zu. Sie müssen lernen, diese freien Mitarbeiter auf Zeit einzubinden, zu motivieren und so zügig wie möglich auf ein Performance-Hoch zu bringen. Gute Briefings und fest installierte Feedbackprozesse spielen dabei eine entscheidende Rolle. Für all das werden die Unternehmen bewertet. Wer bei Bezahlung, Fairness und Arbeitsatmosphäre nicht punkten kann, wird die Spitzengarde der global agierenden Solopreneure gar nicht erst anlocken können. Deshalb ist ein Redesign der Unternehmenskultur in vielen Fällen vonnöten. Wie so etwas aussehen kann? Darüber lesen Sie nun.

Das Redesign der Unternehmenskultur

Der Wettbewerb der Zukunft wird auf dem Marktplatz der Unternehmenskulturen geführt. »Wir müssen nicht mit moralisch und ethisch zurückgebliebenen, unflexiblen und unmenschlichen Organisationen leben. Wir können Organisationen aufbauen, die in ihrem Kern von edler Natur sind, die jeden schöpferischen Impuls wertschätzen, die sich schon verändern, bevor es notwendig wird, die das Herz berühren und die frei von jeglicher Bürokratie sind.«[11] So wunderbar fasst das *Gary Hamel*, einer der weltweit angesehensten Managementdenker, zusammen. »Nur wer erkennt, dass digitale Transformation neben technologischem vor allem kultureller Wandel bedeutet, wird seine Organisation erfolgreich in die digitale Zukunft führen«, ergänzt *Sabine Bendiek*, Chefin von *Microsoft* Deutschland.[12]

Doch die Kluft zwischen alten, analogen und frischen, digitalen Unternehmen könnte größer kaum sein. Am einen Ende der Skala gibt es die, bei denen es zum guten Ton gehört, schlecht drauf zu sein, mit herunterhängenden Mundwinkeln über die Gänge zu schlurfen und Unfreundlichkeiten darzubieten. Gute Laune bei der Arbeit gilt dort als verpönt, und ein Lachen hört man nur selten. Am anderen Ende gibt es lebensfrohe Internetfirmen, die einer Spielewelt mit Erlebnispark gleichen. Unbelastet vom düsteren Geist einer taylorisierten Industrievergangenheit haben sie ganz einfach verstanden, dass Arbeit Spaß machen muss, um gut zu werden.

Basis aller Veränderungsinitiativen ist demnach die Unternehmenskultur. Sie verleiht einer Organisation Persönlichkeit, bestimmt Handlungsweisen und formt interne Prozesse. Damit bestimmt sie auch, wie Ergebnisse zustande kommen. Sie ist das Resultat eines kollektiven Lernprozesses, dessen Pflege nie nachlassen darf. Sie umfasst das Sichtbare und das Unsichtbare, also auch Tabus, geheime Regeln und Normen. Sie determiniert,

* wie die Menschen im Unternehmen miteinander umgehen,
* wie das Verhältnis zu Kunden und Partnern ist,
* wer eingestellt und wer wie befördert wird,
* wie Entscheidungsprozesse ablaufen,
* wie Probleme angepackt werden,
* wie man mit Fehlern umgeht,
* was man aus Ideen macht,
* wie Konflikte und Krisen gemeistert werden,
* was wie kontrolliert wird,
* nach welchen Leistungsmaßstäben man beurteilt wird, und
* wie Erfolge gefeiert werden.

Nicht am Werteplakat und *nicht* im Leitbildgedruckten, sondern am konkreten Verhalten der Führungskräfte lesen die Beschäftigten ab, welche Unternehmenskultur gilt. Denn die Stimmung breitet sich von oben nach unten aus. Die Mitarbeiter nehmen sehr sensibel wahr, worauf die Oberen »abfahren«, was sie gar nicht mögen, was sie schätzen, fördern und belohnen – und wie sie mit kritischen Situationen umgehen. Zudem vervielfältigt sich das Verhalten der Führungscrew durch ihr Tun.

Dabei unterschätzen Spitzenmanager oft, welch katastrophale Folgen schon eine einzige Bemerkung haben kann. Einmal, auf einer großen Managementtagung, stellte sich der CEO eines Messeanbieters vor seine Leute und sagte mit Nachdruck: »ICH WILL EINE 0-FEHLER-KULTUR!« Seitdem erstarrt dort alles in prozesshaften Bahnen. Von einem noch herberen Fall erzählt Executive Coach *Pia Struck* in ihrem Buch *Game Change*. Der CEO eines Pharmariesen hatte im Rahmen einer Jahrestagung die neue Konzernstrategie präsentiert. 500 Führungskräfte waren im Raum. Nach Abschluss seines Vortrags fragte er in die Runde, ob es denn Fragen gebe. Langes Schweigen. Schließlich fasste ein Mitarbeiter Mut und ließ sich das Mikrofon geben. Die sehr pointierte Reaktion des CEO: »EINE DÜMMERE FRAGE KANN ICH MIR KAUM VORSTELLEN.« Welches organisationskulturelle Desaster er mit diesem einen Satz ausgelöst hat, kann sich jeder wohl denken. Mitarbeiter, die so an der Seele verletzt worden sind, kosten die Unternehmen Millionen. Und manchmal sogar das Leben.

Standortbestimmung: Wo stehen Sie heute?

Um der Unternehmenskultur ein Bild zu geben, haben wir den *Haufe-Quadranten*[13] weiterentwickelt und um die Kundendimension ergänzt, siehe Abbildung 10. Zunächst eine kurze Erklärung zu den einzelnen Feldern:

- *Command & Control*: Solche Organisationen sind hierarchisch dominiert. Von oben nach unten fließen Befehle, von

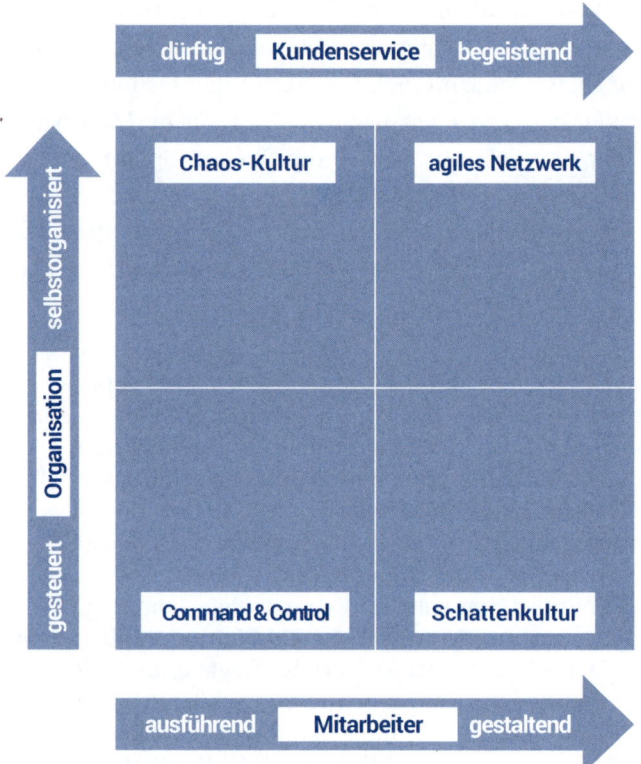

Abbildung 10: Formen der Unternehmenskultur (in Anlehnung an den Haufe-Quadranten)

unten nach oben Berichte. Eigeninitiativen sind unerwünscht. »Betreutes Arbeiten« nennen wir das. Aufgabe der Vorgesetzten ist es dabei vor allem, dafür zu sorgen, dass die Leute spuren. Das macht Führen zwar einfach, aber auch sehr gefährlich, weil es Lethargie und Jasagertum produziert. Die Kunden bekommen Dienst nach Vorschrift, der eher dürftig ausfällt, weil man den Prozessen gehorcht. Wo Mitdenken verpönt ist, macht man es sich mit Nichtdenken bequem. Das autoritäre Kommandieren-Kontrollieren-Prinzip ist höchstens in Einzelfällen heute noch sinnvoll. Den Millennials taugt es gar nicht. Wer sich zukunftsfit und seine Kunden glücklich machen will, sollte es besser hinter sich lassen.

- *Die Schattenkultur*: In solchen Organisationen gibt es zwei Vorgehensweisen: eine offizielle und eine inoffizielle. Dabei tun die Mitarbeiter das, was sie in einer gegebenen Situation für richtig halten. Das kann sowohl positive als auch negative Auswirkungen haben. Informelle Wege werden genutzt, um Dinge voranzubringen oder Prozesse effizienter zu machen. Vorschriften und Verfahrensweisen werden zurechtgebogen, um Marktbedürfnisse besser abzudecken und den Kunden unbürokratisch zu helfen (»Moment, ich muss mal kurz das System austricksen.«). Kulissen werden errichtet, um dahinter in Ruhe arbeiten zu können. Die Führung lebt quasi im Elfenbeinturm, man gaukelt ihr vor, was sie hören will. Das, was formell nicht erwünscht ist, wird hinter vorgehaltener Hand erledigt. Missstände werden vertuscht. Taktische Spielchen werden gespielt. Grauzonen erblühen. Am Ende kann ein Sumpf aus Willkür, Eigennutz, Unregelmäßigkeiten, Günstlingswirtschaft und Intrigen entstehen. Selbst kriminelle Handlungen kommen hier vor.
- *Die Chaos-Kultur*: In solchen Organisationen sind die Mitarbeiter sich selbst überlassen. Verlässliche Strukturen und robuste Prozesse, an denen man sich orientieren kann, gibt es nicht. Das überfordert und überlastet und führt zu dummen Fehlern. Alles ist hektisch und flimmert vor Stress. Führung findet nicht statt. Oder sie ist äußerst entscheidungsschwach. Dies hat zur Folge, dass alles lang und breit ausdiskutiert werden muss, was Zeit verschlingt und frustriert. Jedes Veto, egal, aus welcher Ecke es kommt, führt erst mal zum Stillstand. Die Mitarbeiter sehnen sich nach einer klärenden Instanz, aber es gibt sie nicht wirklich. Reibungslose, verlässliche Serviceleistungen sind unter solchen Umständen nicht möglich. Viele Startups trudeln, wenn sie schnell wachsen, in diese Richtung. Damit man nicht im Chaos versinkt, braucht es ein Set von klaren Regeln der Zusammenarbeit. Zudem müssen die Mitarbeiter Zeit und Raum bekommen, diese einzuüben.

- *Agile Netzwerke*: Sie sind das favorisierte Zukunftsmodell,
  weil sie den ständig neuen, meist unvorhersehbaren Anforderungen der Zukunft besser gewachsen sind. Hier folgen
  die Mitarbeiter den gemeinsam definierten Zielen und übernehmen Verantwortung für die erarbeiteten Ergebnisse. Die
  Führung gibt nur die grobe Marschrichtung vor. Und sie
  schafft einen Rahmen, der kollegiale Selbstorganisation
  möglich macht. Leitplanken statt Handschellen, Empfehlungen statt Vorschriften und Mut zum Versuch sind die Devi-
  sen. »Widersprechen Sie Ihrem Chef« ist ein notwendiges
  Muss. Eigenmotivation, fortwährender Lernwille, hohe Frei-
  heitsgrade, ein Höchstmaß an Flexibilität und umfangreiche
  Mitgestaltungsmöglichkeiten sind die Norm. Statt auf Entscheidungen von oben zu warten, berät man sich – das ist
  Pflicht – mit den Kollegen und entscheidet dann selbst.
  Nicht Konsens, sondern Konsent wird dabei favorisiert.
  Konsent heißt nicht »Ja, ich stimme zu!«, sondern »Ich habe
  keinen schwerwiegenden, begründeten Einwand dagegen«.
  Statt um ein Maximum an Zustimmung geht es also um
  eine Minimierung der Bedenken.

  Die Leistungen jedes Einzelnen sind transparent, werden in
  der Gruppe besprochen und von der Gruppe auch eingefordert. Das Missachten von gemeinsam erstellten Regeln wird
  kategorisch geahndet. Unterstützt durch digitale Workflow-
  Programme und Methoden der Selbstorganisation arbeiten
  abteilungsübergreifende Teams an Kundenprojekten oder
  für Kundengruppen. Man wird nicht für Einzelleistungen,
  sondern für gemeinsame Erfolge bonifiziert. Denn isolierte
  Leistungen gibt es nicht mehr. Alles hängt miteinander zusammen. Einzelboni sind deshalb Unfug. Sie schüren nur
  Egoismen. In gut funktionierenden agilen Netzwerken sind
  die Mitarbeiter hoch motiviert, weil sie gemeinsame Siege
  erringen, sich weiterentwickeln, Selbstbestimmtheit erfahren
  und den Sinn und Zweck ihrer Arbeit in einem Gesamtzu-
  sammenhang sehen. Die Führungskräfte agieren als Mode-

ratoren der Lösungsfindung. Die Kunden erleben in solchen Organisationen einen verlässlichen Service auf hohem Niveau. Nicht für den Chef und die Kennzahlen, sondern für deren Wohl wächst die Mannschaft über sich selbst hinaus.

Nachdem diese vier Typen betrachtet wurden, ist eine Standortbestimmung gefragt. Dies geschieht mithilfe der Mitarbeiter. Denn Führungskräfte neigen vor lauter Wunschdenken meist zu einer viel zu optimistischen Sicht. Am besten zeichnen Sie den Quadranten auf eine Pinnwand und erklären die Kulturformen schriftlich. Danach bitten Sie die Mitarbeiter, sich zu entscheiden, wo sie die eigene Organisation derzeit sehen. Dazu verteilen Sie Klebepunkte. Dann drehen Sie die Pinnwand um und bitten darum, dass jeder seinen Punkt exakt auf die vorgedachte Stelle klebt, ohne sich von den Punkten der Kollegen beeinflussen zu lassen. So kann anonym abgestimmt werden.

Ihre Wunschkultur: Wo wollen Sie hin?

Sie haben den Quadranten-Check mit Ihren Leuten gemacht? Damit haben Sie jetzt einen Status quo. Gemeinsam können Sie nun diskutieren:

• Wie funktionieren wir heute?
• Wie geht es den Mitarbeitern dabei?
• Wie geht es den Kunden damit?
• Wo wollen/müssen wir hin?
• Wie können wir das gemeinsam schaffen?

Um auf diesem Weg zu starten, organisieren Sie am besten einen Großgruppenworkshop, so, wie wir ihn bereits kennengelernt haben. Keinesfalls laden Sie aber, wie allgemein üblich, nur die Führungsriege dazu ein. Es werden Mitarbeiter aus allen Bereichen gebraucht – und natürlich eine Menge Millennials. Sie sind am ehesten willens und in der Lage, die Metamorphose zu schaffen und ziehen so die anderen mit.

Ein entscheidender Punkt: Keine zwei Unternehmen sind gleich. Jede Organisation muss ihre eigene Wunschkultur finden. Blaupausen, die einfach kopiert werden könnten, gibt es nicht. Die Geschäfts- und Aktionsfelder sind ja jeweils verschieden. Größe, Branche, landestypische Gegebenheiten und Eigentumsverhältnisse spielen auch eine Rolle. Allenfalls kann man sich an Pionieren orientieren. Oder man lässt sich von Unternehmen aus der Digitalwirtschaft inspirieren. Sie waren die Ersten, die flott und flexibel immer schneller und besser werden mussten. Deshalb sind Modelle der kollegialen Selbstorganisation dort schon sehr früh entstanden. Sie wurden zunächst in der Projektarbeit eingesetzt und dann auf das gesamte Unternehmen übertragen.

Kleinere Unternehmen können sich komplett umorganisieren. Doch traditionelle Großunternehmen müssen in zwei Richtungen denken: Auf der einen Seite müssen sie Startup-Qualitäten entwickeln, sich also innovativ, schnell und risikobereit am Markt bewegen. Auf der anderen Seite gilt es, die Ertragskraft ihrer Kernaktivitäten zu sichern, um ihren vielfältigen Verpflichtungen nachkommen zu können. Das laufende Geschäft muss die Innovationen mitfinanzieren, solange man nicht allein von letzteren leben kann. In vielen Organisationen werden wir also »Sowohl als auch«-Kulturen erleben.

Die meisten Jungunternehmer erfinden sowohl ihr Geschäftsmodell als auch die damit verbundene Organisationskultur von Anfang an neu. Mit Managementblödsinn aus alten Zeiten mühen sie sich gar nicht erst ab. Selbst neue Jobtitel entstehen, wie etwa so: Intergalactic President oder Head of Business Magic oder Coach & Flow Minister oder Chief Happiness Officer. Oder sie picken sich nur ein paar Dinge ganz gezielt raus und ändern sie passend. Beim schwedischen Musikstreamingdienst *Spotify* arbeiten die Mitarbeiter in Trupps. Mehrere Trupps bilden einen Stamm mit einem Stammesführer.

Wie auch immer Sie Ihren eigenen Transformationsprozess nennen: Nennen Sie ihn bitte nicht Change! Change-Prozesse wurden in vielen Unternehmen derart schlecht aufgesetzt, dass sie zu Hassprojekten verkommen sind. Die Aussitzgefahr ist deshalb sehr hoch, die Kooperationsbereitschaft gering. Veränderungsresistenz liegt natürlich auch in der Persönlichkeit eines Individuums. Unbekanntes ist eine diffuse Bedrohung. Und manche Gehirne sind ungemein gut darin, sich, wenn es um Wandel geht, geradezu apokalyptische Szenen auszumalen. Die Ursache hierfür heißt häufig: Verlustaversion. Sie führt dazu, dass wir am liebsten alles beim Alten belassen und jedweden Besitzstand bewahren. Und je mehr die Führung auf den Umbruch pocht, desto stärker klingt das nach Gefahr. »Die größte Schwierigkeit besteht nicht darin, Leute zu überzeugen, neue Ideen zu akzeptieren, sondern sie zu überzeugen, alte Ideen aufzugeben«, sprach der britische Ökonom *John Maynard Keynes*. Nur können wir jetzt nicht länger warten, bis auch noch der Letzte die Schutzmauern abbaut und seine oje, ojes endlich begräbt. Man kriegt einfach nicht jeden. Und es bleibt keine Zeit, endlos auf die einzureden, die alles Neue kategorisch verteufeln. Nun muss sich wirklich rasch etwas tun.

1 – 2 – 3: Immer den Trittkreisen entlang

Die Menschen sehnen sich danach, in einer anderen Arbeits- und Führungskultur als der gestrigen tätig zu sein. Derzeitige Command & Control-Organisationen bewegen sich deshalb in einem schrittweisen Übergang zunächst am besten in Richtung Kreis Nummer 1 (siehe Abbildung 11).

- *Kreis 1*: In Kreis Nummer 1 finden wir die sich dezentralisierende Organisation. Hybrid wird sie auch manchmal genannt. Das bedeutet: So viel Selbstorganisation wie möglich, so viel zentrale Steuerung wie nötig. Dazu werden Hierarchien verflacht. In Zwischenetappen oder Teilbereichen wird eine zunehmende Selbstorganisation eingeleitet. Erpro-

bungsphasen sind wichtig, damit sich sowohl die Führungskräfte als auch die Mitarbeiter in die neue, noch ungewohn-
te Situation einüben können. Eine sanktionsfreie, fehleroffe-
ne Lernkultur begleitet den Weg. Etappensiege werden gefeiert. Keinesfalls, das sagen alle, die den Umwandlungspro-
zess hinter sich haben, darf das Pendel zu schnell, zu abrupt
oder zu radikal in Richtung Hierarchiefreiheit ausschlagen,
weil das die Menschen überfordert.

»2002 haben wir in einem Eigenversuch geschaut, ob und wozu
wir Führungskräfte brauchen und haben sie kurzerhand für
einen großen Teil der Mitarbeitenden abgeschafft«, berichtet
Elodie Lhuillier, Human Resources Lead bei *Google* Schweiz.
»Schnell wurde aber klar, dass die Hierarchielosigkeit sowohl die
eigene Arbeit als auch die Zusammenarbeit erschwert. Mitarbeitende fanden kein Gehör mehr, vermissten die Führungskraft als
Trainer, Coach, Mentor und Ressourcenbeschaffer. Daher kehr-
ten wir nach wenigen Monaten wieder zu einer Führungsstruktur
zurück und achten seitdem noch mehr auf die Führungskräfte-
auswahl und -entwicklung«, erzählt sie weiter.[14]

- *Kreis 2*: Von Kreis Nummer 1 aus wird die nächste Stufe
  und damit Kreis Nummer 2 angepeilt: Das ist die unter-
  stützte Selbstorganisation. Sie ist ein wirklich gangbarer
  Mittelweg für die meisten. Auch Schatten- und Chaos-Or-
  ganisationen bewegen sich am besten dorthin. »Die Aufgaben ersetzen zunehmend die hierarchische Struktur im Unternehmen. Immer weniger Aufgaben werden nun erteilt,
  immer mehr gemeinschaftlich verteilt«,[15] erläutert der Ma-
  nagementexperte *Andreas Zeuch*. Entscheidungen und die
  Verantwortung dafür verbleiben im Team. Die Führung
  achtet vor allem darauf, dass nichts Operatives zu ihr zu-
  rückdelegiert wird. Nur noch in Ausnahmefällen und in
  strategischen Kontexten greift sie direktiv ein. Ansonsten ist
  sie vor allem fördernd tätig. Sie sorgt für ein angenehmes
  Arbeitsumfeld, für perfekte Rahmenbedingungen und für
  umfassende Weiterbildungsmöglichkeiten. Ein Hauch von

Schattenwirtschaft und eine Prise Chaos dürfen ruhig verbleiben. Denn wirklich Neues entsteht meist aus dem selbstmotiviert-kreativen Ordnen von Chaos.

Wie das zu schaffen ist? Jeder Beschäftigte ist auf seine Weise mitverantwortlich für Betriebsklima und Unternehmenskultur. Mit allem, was wir tun oder auch lassen, wirken wir naturgemäß darauf ein. Netzwerke sind lebendige Organismen. Drückt oder zieht man an einer Stelle, bewegt sich das gesamte System. Jeder kann, soll und muss sich also einbringen, wenn es um Verbesserungsmaßnahmen geht. Die Internetgeneration versteht das eh wie von selbst. Sie ist mit Netzwerkmechanismen bestens vertraut. Deshalb fühlt sie sich in Organisationen, die sich in Kreis-2-Ökosystemen bewegen, auch so wohl. Mit direktiven Linienorganisationen kommt sie nicht klar. Von daher sind die Klagen des klassischen Managements, die Nachwuchskräfte ließen sich so schlecht führen, nur zu logisch. Allerdings ist es nicht die junge Generation, sondern das veraltete Management, das sich ändern muss.

- *Kreis 3*: Nicht für alle, nur für manche Organisationen erstrebenswert ist die Situation in Kreis Nummer 3: die selbstgesteuerte Selbstorganisation. In diesem Kreis finden wir vor allem gut aufgestellte Unternehmen aus der IT- und Internetszene. Startups gehen quasi immer mit sich selbst steuernden Einheiten ins Rennen. Sie können allerdings schnell in Richtung Chaos driften, sobald sie größer werden, weil notwendige Strukturen und klare Prozesse fehlen. Ihnen dient der Kreis Nummer 3 dazu, den Fokus zu behalten, ihre Kräfte auf ihr Kerngeschäft zu konzentrieren und sich nicht an den Rändern zu verlaufen.

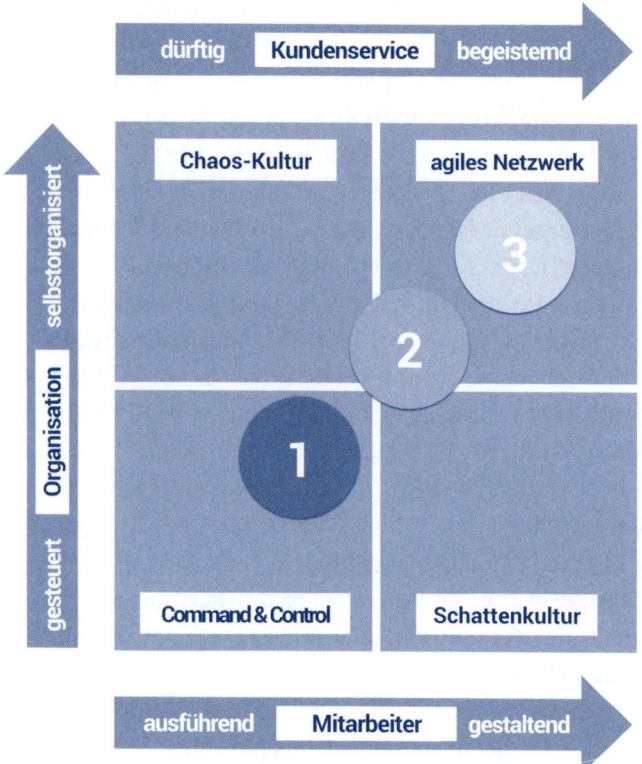

Abbildung 11: Formen der Unternehmenskultur (in Anlehnung an den Haufe-Quadranten)

Die Praxis: Inspirationsquellen gibt es genug

Sich selbst steuernde Organisationen sind extrem hierarchie-flach, aber nicht führungslos. Die Geschäftsleitung ist Reprä-sentant nach außen und gibt die großen Ziele vor. Über den Weg dorthin entscheiden die Mitarbeitergruppen selbst. Dies geschieht in einer Wertewelt aus Partizipation, Vertrauen, Hei-terkeit, Transparenz, Eigenverantwortung und Freiwilligkeit. Hierzu richtet man Projektmärkte ein, damit sich jeder dort einbringen kann, wo seine Talente den meisten Nutzen stiften.

Größere Organisationen operieren meist zweigeteilt, weil das die einzelnen Aufgabenstellungen so erfordern. Das heißt: Verschiedene Einheiten sind komplett selbstorganisiert, andere agieren klassisch. Im nichtklassischen Teil entstehen Schwarmorganisationen, die sich, ohne in Hierarchien eingebunden zu sein, für bestimmte Themen oder Projekte verknüpfen. »Wir stellen uns vor, dass wir kurzfristig, innerhalb von einem halben Jahr oder Jahr, rund 20 Prozent der Mitarbeiter auf eine Schwarmorganisation umstellen«, sagte zum Beispiel *Dieter Zetsche*, Vorstandsvorsitzender der *Daimler AG*, in einem Interview mit der *FAZ*.

Auch für einen Teilbereich von *Haufe-Umantis* wurde das Swarming eingeführt. »Rund 60 Mitarbeiter organisieren sich komplett selbst in Schwärmen – jeder Einzelne entscheidet alle drei Monate für sich, in welchen Projekten er aktuell den größten Beitrag zur Wertschöpfung und zum gemeinsamen Erfolg leisten kann«, erzählt der von der Belegschaft des Unternehmens demokratisch gewählte CEO *Marc Stoffel*. »Feste Abteilungen wurden in diesem Geschäftsbereich abgeschafft, auch den klassischen Manager gibt es nicht mehr. In den Schwärmen wird gemeinsam über das Vorgehen abgestimmt, immer aus der Perspektive heraus: Was hilft unserem Kunden dabei, erfolgreicher arbeiten zu können?«[16] Nach wie vor gibt es bei *Haufe-Umantis* aber auch Bereiche mit einer gemäßigten Top-down-Struktur.

Sich selbst organisierende Teams können beeindruckende Produktivitätssprünge erzielen. Der Autor *Jeff Sutherland* fand heraus, dass agile Teams dreimal so erfolgreich sind wie andere, die nach überkommenen Methoden agieren. Bei der IT-Verbundgruppe *Synaxon* verdoppelte sich der Umsatz innerhalb von fünf Jahren, während die Anzahl der Mitarbeiter lediglich von 140 auf 150 stieg.[17] *Morning Star*, praktisch ganz und gar führerlos organisiert, ist der wohl produktivste Tomatenverarbeiter der Welt. Das Unternehmen erzielt einen Jahresumsatz von 350 Millionen US-Dollar.[18] Die sich selbst organisierenden Zwölfer-Teams des niederländischen Rundum-Altenpflegedienstes *Buurtzorg* erzielen eine um 50 Prozent schnellere Gesundungsquote ihrer Patienten gegenüber den üblichen fragmentierten Pflegekonzepten. Hierdurch spart das Gesundheitssystem der Niederlande jährlich etwa zwei Milliarden Euro ein.[19]

Entgegen dem Branchentrend tut sich *Haufe-Umantis* leicht, IT-Fachkräfte zu finden. Die Mitarbeiterzahl hat sich in den letzten fünf Jahren von 50 auf 150 erhöht. Die Mitarbeiter rühren die Werbetrommel für ihren Arbeitgeber und rekrutieren in ihren eigenen Netzwerken. Über 60 Prozent der neuen Kollegen wurden so eingestellt.[20] Die Mitarbeiterzahl beim Hotelanbieter *Upstalsboom* stieg im Zeitraum vor und nach dem Transformationsprozess um 33 Prozent, der Umsatz um 93 Prozent.[21]

»Sowas geht bei uns nicht«, darf angesichts solcher Zahlen keine Ausrede mehr sein. Positive Erfahrungsberichte von Protagonisten mit sich selbst steuernden Strukturen gibt es mittlerweile aus kleinen, mittleren und großen Organisationen in vielen Ländern und Branchen. Sie können wertvolle Denkanstöße liefern. Doch blind hinterherlaufen und gedankenlos nacheifern sollte man ihnen nicht. Manche Konzepte, wie etwa die Holacracy, sind, auch wenn im Trend, bei Weitem nicht überall tauglich. (Holacracy ist ein soziokratisches Organisationsmodell mit autonomen Mitarbeitergruppen, Holons genannt, und einem sehr komplexen Regelwerk.) Patentrezepte gibt es nicht. Was bei dem einen großartig funktioniert, kann bei einem anderen grandios scheitern. Jedes Unternehmen muss seinen eigenen Weg finden, experimentieren und ausprobieren.

Hier ein paar Beispiele von Neuorganisierern in alphabethischer Reihenfolge, dazu im Quellenverzeichnis die Medien, in denen diese Organisationen beschrieben werden:

- der deutsche Ladesystemhersteller *Allsafe Jungfalk*,[22]
- der niederländische Altenpflegedienst *Buurtzorg*,[23]
- die venezolanische Kooperative *Cecosesola*,[24]
- der US-Funktionstextilhersteller *W. L. Gore & Associates*,[25]
- der österreichische Maschinenbauer *Hammerschmid*,[26]
- der schwäbische Bandsägenhersteller *Hema*,[27]
- das Berliner Jungunternehmen *Dark Horse Innovation*,[28]

- der französische Metallverarbeiter *FAVI*,[29]
- die Augsburger Textilfabrik *Manomama*,[30]
- der kalifornische Konservenhersteller *Morning Star*,[31]
- das dirigentenlose Orpheus *Chamber Orchestra*,[32]
- das Aachener IT-Unternehmen *Osthus GmbH*,[33]
- der kalifornische Outdooranbieter *Patagonia*,[34]
- der brasilianische Mischkonzern *Semco*,[35]
- das schwedische Finanzinstitut *Svenska Handelsbanken*,[36]
- der Touristikanbieter *Traum-Ferienwohnungen GmbH*,[37]
- die deutsche Hotelgesellschaft *Upstalsboom*,[38]
- die texanische Biosupermarktkette *Whole Foods Market*,[39]
- der US-amerikanische Online-Versandhändler *Zappos*,[40]
- und viele andere mehr ...

Darüber hinaus gibt es auf *changeX*, der Online-Plattform für die neue Wirtschaft, unter dem Titel *Die Andersmacher* eine Beitragsserie über Organisationen, die neue Formen der Unternehmensführung eingeführt haben. Bislang sind 18 Beiträge erschienen.[41]

Dramatisch: ›Kill‹ the company

Viele Unternehmen arbeiten inzwischen mit Profi-Hackern zusammen. Ihre gezielten Angriffe auf die Firmen-IT sollen Schwachstellen ausmerzen und Einfallstore für Malware enttarnen. Vergleichbares können Sie auch mit Ihrem Geschäftsmodell tun. Die Standardfrage »Wie können wir die Konkurrenz schlagen?« wird dabei auf den Kopf gestellt. Sie lautet nun so: »Wodurch, an welcher Stelle, wie und warum können uns smarte Jungunternehmer und wilde Startups jäh attackieren?«

Eine der möglichen Methoden ist die Selbst-Disruption. Dabei werden gezielt Produkte in den Markt gebracht, die bestehenden Produkten Konkurrenz machen können. Innovationstreiber *Apple* hat wiederholt den Mut dazu gehabt. So war es beim *iPhone*, das dem *iPod* Marktanteile raubte, und beim *iPad*, das die *Mac*-Verkäufe kannibalisierte. In tradierten Organisationen, in denen Produktmanager regieren und jeder sein eigenes Territorium streng bewacht, weil daran Vorgaben und Zielerreichungsboni hängen, wäre so etwas gar nicht möglich. Dabei kann der Schritt zur Selbst-Disruption eine entscheidende Grundlage sein, um zukünftige Geschäftsfelder zu erschließen, bevor ein Konkurrent das tut. Gerade die großen Vorreiter der Digitalwirtschaft befassen sich ständig mit diesem Thema, um nicht von noch jüngeren, besseren Angreifern disruptiert zu werden.

»Wieso, läuft doch alles prima bei uns«, hören wir oft. Ja, noch! *Nokia* und viele andere haben vor wenigen Jahren dasselbe gesagt. Das Neue kommt heute im Monatsrhythmus daher. Und »früher« war letztes Jahr. Wer sich für unverwundbar hält, hat schon verloren. Nutzen Sie gute Zeiten, damit sie gut bleiben. Bevor Sie also angegriffen werden, sollten Sie sich besser selbst angreifen, zumindest als theoretische Übung. So können Sie Ihre wunden Punkte ausfindig machen, bevor es andere tun. »Kill« the company nennen wir dieses Konzept. Es muss von der Geschäftsleitung gewollt sein und von ihr mitgetragen werden. Wer das scheut, macht sich zum gefundenen Fressen für Poltergeister, Technologiepropheten und Berater aller Couleur, die einem ihre Schubladenkonzepte überzustülpen versuchen.

»Kill« the company geht zurück auf Management Consultant *Lisa Bodell*. Im Rahmen ihres Ansatzes wird der Angriff eines klassischen Wettbewerbers simuliert, um zu neuen Erkenntnissen zu gelangen. Wir haben *Bodells* Basiskonzept weiterentwickelt und an die neue Businessrealität angepasst. Bei uns spielen die Teilnehmer nicht Konkurrenz, sondern Internetkrieger. Und das macht richtig viel Spaß.

Egal, ob Sie für diese Aktion einen kleinen oder großen Teilnehmerkreis wählen, einige junge Wilde müssen dabei sein. So gelingt es, alles über deren Denken und Handeln aus erster

Hand zu erfahren. Strukturelle Schwächen, unzeitgemäße Angebote und mangelnde Technologiekompetenz können durch die Millennial-Brille betrachtet werden. Alles wird infrage gestellt. Heilige Kühe, an die sich tabumäßig niemand herantraut, werden schonungslos angegangen. Befindlichkeiten und »blinde Flecken« werden sichtbar gemacht. Beschwichtigungsrituale, das Kleinreden von Drohpotenzial und einlullendes Blendwerk zählen nicht mehr. Den jungen Wettbewerbern ist all das nämlich völlig egal. Die konzentrieren sich auf ganz genau *das*, was Sie *nicht* tun.

»Kill« the company ist wie eine Freifahrkarte, um es mal so richtig krachen zu lassen. Die Vorstellung vom eigenen Untergang setzt jede Menge Energie frei, sich kühn an egal welches Thema zu wagen. Sie entzündet zudem eine neue Kreativitätsdimension, mit deren Hilfe man sich, was die Zukunft betrifft, in eine bessere Position bringen kann. Zumindest erlangen Sie eine realistische Vorstellung davon, wie gut Sie wirklich im Rennen liegen und wo Ihre nächsten Prioritäten liegen müssen.

Variante 1: zusammen mit den jungen Wilden

Bei diesem Workshop-Format wird das eigene Unternehmen aus der Perspektive eines angriffslustigen Vertreters der Internetgeneration sondiert. Mindestens ein externer Millennial-Profi und viele interne junge Talente sind dabei zugegen. Wenn wir dies organisieren, stehen am Vormittag zunächst zwei Impulsvorträge auf dem Programm:

- *Impulsvortrag 1*: Next Economy – Wie die Zukunft aussehen wird. Hier geht es darum, ein Vorstellungsvermögen zu entwickeln, wie die Welt in fünf oder zehn Jahren aussehen wird und was das fürs eigene Business bedeutet.
- *Impulsvortrag 2*: Disrupt or die – Wo und wie Sie angreifbar sind. Hier geht es darum, welche radikalen Veränderungen sich in den einzelnen Unternehmensbereichen ergeben und wo Ihre Schwachpunkte sind.

Am Nachmittag wird dann gemeinsam entwickelt, wie Sie sich intern (also mit Blick auf die Mitarbeiter) und extern (also mit Blick auf die Kunden) besser für die Zukunft (also die Next Economy) rüsten können.

Idealerweise werden zu diesem Workshop Vertreter aus allen Funktionsbereichen eingeladen. Denn alle Bereiche bieten Einfallstore für gewiefte Jungunternehmer. Dabei können Sie das gesamte Unternehmen, aber auch ausgewählte Produktkategorien, gegebene Dienstleistungskonzepte oder die Arbeitgebermarke unter die Lupe nehmen.

Bitten Sie zunächst alle Teilnehmer, innerhalb von fünf Minuten so viele konkrete Bedrohungen wie möglich, die Ihr Unternehmen zu Fall bringen könnten, auf Haftnotizzettel oder Moderationskärtchen zu schreiben. Formulieren Sie die Ausgangsfrage zum Beispiel so:

> »Stellen Sie sich vor, Sie seien ein Jungunternehmer oder Mitkonkurrent und hätten unbegrenzte Ressourcen. Was würden Sie tun, um uns zu attackieren? An welcher Stelle sind wir verletzlich? Was aus unserer Leistungspalette wird demnächst überflüssig sein? Wo und wie würden Sie ansetzen, um uns vernichtend aus dem Feld zu schlagen?«

Je nach Teilnehmerzahl kommen dabei ganz leicht an die fünfzig potenzielle Gefahrenquellen zusammen. Gruppieren Sie diese thematisch. Dann überführen Sie sie in das Raster aus Abbildung 12, das zum Beispiel auf eine packpapierbespannte Pinnwand gezeichnet werden kann.

Wurde das Gefahrenpotenzial auf diese oder eine ähnliche Weise sichtbar gemacht, kommt nun die entscheidende Frage:

> »Jetzt, wo wir wissen, was die junge Konkurrenz uns anhaben könnte, wie können wir dem ganz konkret entgegenwirken?«

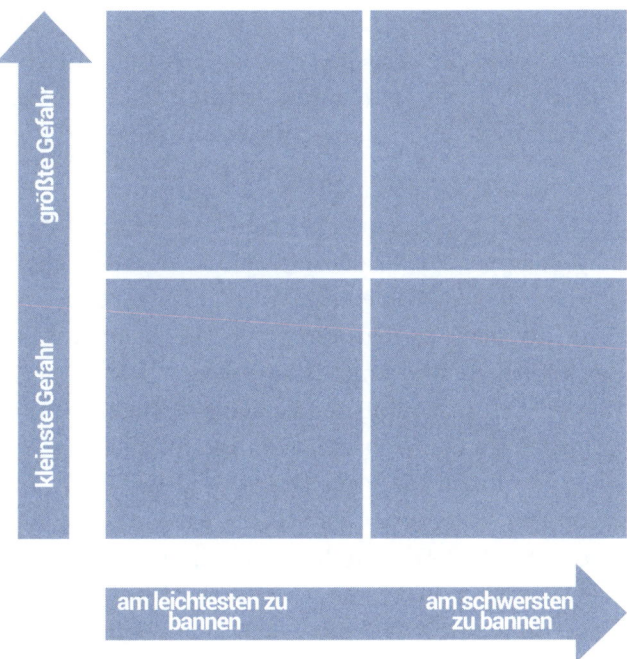

Abbildung 12: Matrix zur Visualisierung von Gefahrenpotenzial für die Zukunft

Dies lässt sich zum Beispiel mit folgenden fokussierenden Fragen weiter präzisieren:

- Für welches Produkt, welchen Service oder welche Innovation würden die Kunden uns ganz sicher verlassen? Und wann würden sie bleiben?
- Welcher Trend hat das größte Potenzial, unser derzeitiges Geschäftsmodell zu entwurzeln? Und was können wir dagegen tun?
- Wenn wir ein Innovation Lab ins Leben rufen könnten, womit sollte sich dieses als Erstes befassen? Was wäre ein »Quick Win« – und was ein »Big Win«?
- Was hindert uns am meisten daran, das Umsetzbare so bald wie möglich in die Tat umzusetzen? Und wie schaffen wir solche Barrieren aus dem Weg?

So kann nicht nur Bedrohungspotenzial rechtzeitig aufgezeigt werden, man kann auch sogleich etwas dagegen tun. In Gruppen werden nun Pläne für die Zukunft geschmiedet. Beim Vorgehen kann man sich am »Kill«-a-stupid-rule-Tagesworkshop orientieren.

Warum die Anwesenheit von jungen Externen dabei so wertvoll ist? Zunächst stärken Externe den hoffentlich zahlreich anwesenden internen jungen Wilden den Rücken. Vor allem aber sind Externe exzellente Sparringspartner. Sie kennen keine Skrupel. Sie brauchen auf Animositäten keine Rücksicht zu nehmen. Sie müssen nicht mit Repressalien rechnen. Und bei Beharrungstendenzen können sie knallhart Paroli bieten: »Bleiben Sie ruhig bei Ihrem klobigen Design und bei Ihren umständlichen Vorgehensweisen. Dann haben wir jungen Wilden umso leichteres Spiel.« Erklärend ließe sich das wie folgt präzisieren: »Leute, wenn es Bedrohungen gibt, wird jemand kommen und Sie bedrohen. Wir Millennials haben einen guten Blick für ungelöste Probleme. Der schnelle Wandel ist quasi ein Heimspiel für uns. Und digitales Knowhow ist unsere Kernkompetenz. Wie können wir das besser gemeinsam nutzen?«

Variante 2: als Arbeitsgruppe oder Projekt

Bei dieser Variante geht es um die Einberufung einer Arbeitsgruppe oder eines Projekts. Noch ein Projekt? Naja, ob man das will oder nicht: Das Projektwesen weitet sich aus, schon allein aufgrund der sich ändernden Arbeitsmodelle. Zudem lieben Millennials die projektbezogene Arbeit. Grundsätzliches über die Projektarbeit steht in unzähligen Büchern. Doch immer wieder stellen wir fest, dass viele Mitarbeiter noch nie in einer Arbeits- oder Projektgruppe mitgewirkt haben. Deshalb hier die wichtigsten Schritte:

- Definition des Projektziels
- Berufung des Projektleiters

- Zusammenstellung des Projektteams
- Festlegung der organisatorischen Parameter

Zunächst wird das Projektziel definiert. Dann wird der Projektleiter berufen. Dies kann auch ein Sachfremder sein. Der Vorteil dabei? Da er von der Materie selbst wenig Ahnung hat, ist er gezwungen, sich mit den Teilnehmern intensiv auszutauschen und dabei auch »dumme« Fragen zu stellen. Durch solche Dialoge werden Zusammenhänge klarer, brachliegendes Wissen wird angezapft, und Hierarchiebremsen werden ausgehebelt. Zumindest zeitweise kann es auch sinnvoll sein, einen Externen als neutralen Moderator hinzuzuziehen, um der eigenen Betriebsblindheit zu entgehen.

Die Zusammensetzung des Projektteams orientiert sich an der Aufgabenstellung. Ideal ist ein guter Mix aus langjährigen und neuen, aus jungen und alten sowie aus männlichen und weiblichen Mitarbeitern. *Anita Woolley*, Professorin an der Carnegie Mellon University in Pittsburgh, hat herausgefunden, dass sich die kollektive Intelligenz einer Gruppe erhöht, wenn mindestens zwei Frauen mit an Bord sind. Auf Gruppen mit ausschließlich weiblichen Mitgliedern traf dies allerdings nicht zu. Gruppen mit sehr klugen, aber zugleich auch sehr dominanten Mitgliedern gehörten, so berichtet sie im Harvard Business Manager, nicht zu den besten. Die verplempern nämlich mit Wortführergehabe viel zu viel Zeit. Mächtige treffen meist auch nicht die besten Entscheidungen, weil ihr Denkapparat von Egointeressen geblendet wird.[42]

Laden Sie zu einem Projekt unbedingt Kollegen aus unterschiedlichen Bereichen ein, damit die unsichtbaren Wände zwischen den Abteilungsgrenzen fallen, die Zuständigkeitsdenke verebbt und die Zusammenarbeit jenseits aller Ressort-Egoismen zukünftig reibungslos klappt. Ziehen Sie zu passenden Projekt-Zeitpunkten Menschen mit einschlägiger Expertise aus anderen Unternehmen und möglichst auch Kunden hinzu, die als Ideenlieferanten und/oder Feedbackgeber fungieren.

Beachten Sie ferner, dass es im Verlauf eines Projektes immer zwei Phasen gibt: die Phase der Ideenfindung und die Phase der Überführung in die Realität. Für beide Phasen benötigen wir unterschiedliche Menschentypen. Im Zuge der Ideenfindung braucht es Querdenker, Visionäre, Zerstörer und Regelbrecher. Sie geben den kreativen Input und entwickeln Vorwärtsdrang. Sie stellen die abwegigsten Fragen, sie denken das Undenkbare und träumen sich optimistisch in die schönsten Luftschlösser hinein. In dieser Phase kann man gar nicht genug verrückte Ideen entwickeln.

Im zweiten Schritt holt man die Geistesblitze und freigesetzten Ideenfunken auf den Boden der Tatsachen zurück. Hierzu muss die Zusammensetzung des Projektteams verändert werden. Denn die Überführung auf ein hohes Niveau der Machbarkeit erfordert einen anderen Menschentyp: den detailverliebten Umsetzer. Diesen Typ nennen wir Haken, den anderen Öse. Ösen sind offen und sehen in allem Neuen ein Eldorado von Chancen, Haken haken sich tief in ein Thema ein und können auch dabei helfen, potenzielle Gefahren gezielt zu umschiffen. Werden sie jedoch zu früh in ein Projekt einbezogen, verhaken sie sich und ersticken verrückte Ideen schon im Keim. Am Ende sollten Haken und Öse perfekt ineinandergreifen.

Lisa Bodell bringt bei ihrem Konzept ganz überraschend sogenannte Ereigniskarten ins Spiel, um die Flexibilität der Teilnehmer anzuregen. Diese repräsentieren unerwartete Szenarien, die einen eiskalt erwischen und sorgfältig erstellte Pläne gefährden können. So muss Team 1 sein Ziel beispielsweise mit der Hälfte des Geldes erreichen, Team 2 in der Hälfte der Zeit und Team 3 mit der Hälfte der Mitarbeiter. »Sie werden staunen, was die Leute sich alles einfallen lassen, denn manchmal bringt die Arbeit unter Einschränkungen sogar noch bessere Ergebnisse hervor«, schreibt die Futurethink-Expertin.[43] Das können wir nur bestätigen. Wir haben Projekte schon scheitern sehen, weil es *zu viel* Budget dafür gab. Dann geht's nämlich als Erstes ans

Geldausgeben. Nutzen Sie besser »Brain statt Budget«. Wenig Geld kitzelt viel Kreativität hervor.

Gemeinsam wachsen: Miteinander-Initiativen

Auf den zurückliegenden Seiten dieser Etappe haben wir vor allem darüber gesprochen, wie Sie den Transformationsprozess innerhalb eines Unternehmens vorantreiben können. Nun geht es um Miteinander-Initiativen zwischen drinnen und draußen: Alt und erfahren trifft auf jung, hungrig, ungeduldig und wild. Wenn man es richtig angeht, kann daraus eine Menge Gutes entstehen:

- Zum einen geht es um gemeinsamen Austausch, wodurch die alte Wirtschaft besser verstehen lernt, wie die junge Wirtschaft tickt – und umgekehrt.
- Zum anderen wird sondiert, auf welche Art etablierte und oft traditionsreiche Industrieplayer mit digitalen Jungunternehmern zusammenarbeiten können.

Auf beiden Gebieten explodiert die Entwicklung gerade, fast so, als befänden sich die Unternehmen auf einer riesigen Aufholjagd. Börsen, Portale, Messen und andere Veranstaltungsformate, die die Möglichkeit schaffen, dass sich beide Seiten treffen können, schießen derzeit wie Pilze aus dem Boden. Mittler, die die Szene gut kennen und passende Partner zusammenbringen, haben ziemlich zu tun. Innovation Labs entstehen allerorts. Und es gibt kaum einen Großkonzern, der noch kein Startup im Portfolio hat. Manche gehen dazu auf eine weltweite Suche. Auch der Mittelstand zeigt sich mehr und mehr interessiert, und das aus gutem Grund: Wer sich mit den jungen Wilden zusammentut, eröffnet sich neue Geschäftsfelder, verschafft sich Zugang zu neuen Technologien, macht sich fit für die Zukunft und sichert so sein Überleben.

Die Digitalisierung schreitet inzwischen derartig schnell voran, dass man ihr nicht mehr mit eigenen Bordmitteln Herr werden kann. Alles ist in ständigem Wandel, manches überschlägt sich sogar. Trotz digitalem Wettrüsten sind traditionelle Unternehmen meist viel zu langsam. Startups und ihre Impulse sind deshalb geradezu unentbehrlich. Sie können Keimzellen für eine Digitalisierung der Geschäftsmodelle und Katalysatoren für den Wandel der Unternehmenskultur sein. Die entscheidenden Unterschiede, das wurde eingangs schon deutlich:

- Jungunternehmer hassen Bürokratie,
- Jungunternehmer lieben ihre Kunden,
- Jungunternehmer sind beweglich und schnell,
- Jungunternehmer denken ihre Geschäftsmodelle von Anfang an digital.

Sie bauen ihre Teams um Kundenprojekte herum. Und sie bauen die Kunden aktiv in die Entwicklung mit ein. Denn eigene Vermutungen führen oft in die Irre. Immer wieder hört man Aussagen wie diese: »Wir waren felsenfest davon überzeugt, dass es eine große Nachfrage nach dem von uns angedachten Produkt geben würde. Durch das Befragen von Testpersonen haben wir aber dann schnell herausgefunden, dass die Leute etwas ganz anderes wollten.« Was nicht dem Kunden dient, ist Verschwendung. Was aus Kundensicht nutzlos ist, wird sofort ausgemustert. Und: Ihr Erfolg hat fast immer mit Software, Daten, Algorithmen, neuesten Technologien, Communitys, Plattformen und Netzwerkeffekten zu tun. Sie beschäftigen sich zuvorderst mit Problemstellungen, die durch digitale Ideen gelöst werden können.

5-Punkte-Programm: Verstehen ist der erste Schritt

Wege zu einem befruchtenden Miteinander zwischen jüngeren und älteren Unternehmen gibt es genug. Die Chancen sind zahlreich, wenn man sie sehen und ergreifen will. Es lauern aber auch Fallstricke an allen Ecken und Enden, weil völlig entgegengesetzte Denk- und Arbeitsweisen aufeinandertreffen. Zunächst geht es also um Verstehen und Annäherung, erst danach um eine mögliche Kooperation. Hier empfehlen wir – vieles ergibt sich aus dem schon Gesagten – folgende Schritte:

1. *Machen Sie eine Startup-Tour:* Das sind Expeditionen zu den digitalen Hotspots in Europa und weltweit, um am eigenen Leib zu erfahren, wie es da abgeht. Solche Reisen werden inzwischen von einigen Veranstaltern organisiert. Natürlich auch ins Silicon Valley, das in manchen Kreisen schon als »Ballermann« für das Topmanagement gilt. Andere berichten von einer Bewusstseinserweiterung. Im Rahmen persönlicher Gespräche lernen die Teilnehmer inspirierende Entrepreneure und deren Vorgehen kennen. Besichtigungen, Vorträge und Diskussionen beleuchten disruptive Technologien, digitale Geschäftsmodelle und aktuelle Trends auf dem Markt. Interessiert? Schauen Sie zum Beispiel mal bei berlin.startupsafary.com, startuptour.de, siliconvalleyinspirationtours.com oder deutschestartups.org vorbei.

2. *Mieten Sie sich in einem Coworking Space ein:* Diese neuen Orte der Arbeit haben Sie weiter vorne schon kennengelernt. Derzeit gibt es weltweit mehr als 8 000 gelistete Coworking Spaces, fast alle in größeren Städten. Dort arbeitet aber nicht nur die digitale Bohème. *Betahaus*-Gründer *Max von der Ahé* berichtet von je einem Drittel Startups, Freelancern und Corporates.[44] Wissbegierde, Offenheit und Wandlungswille sollten ernsthaft vorhanden sein, damit das Ganze sich lohnt. Große Konzerne schicken einzelne Mitarbeiter oder ganze Teams für eine Weile dorthin, damit sie näher an innovative Themen herankommen, mögliche Kooperationspartner kennenlernen und am Gründergeist schnuppern können. Anderswo wird der Coworking-Stil längst in die Unternehmen geholt. Die tristen »Schreibtischfarmen« ehemaliger Großraumbüros werden zu flexiblen, farbenfrohen, inspirierenden, marktplatzähn-

lichen Arbeitslandschaften umfunktioniert. Dabei entstehen Begegnungsorte, an denen weder Silos noch Machtgefüge eine Chance haben.

3. *Besuchen Sie Corporates meet Startups-Veranstaltungen:* Diese finden vor allem in Innovations- und Gründerzentren, aber auch in einigen Coworking Spaces wie etwa der *Factory* oder im *Ahoy* in Berlin und verschiedenen *Betahaus*-Spaces statt. Auch einige *IHKs* bieten derartige Veranstaltungen an. Es lohnt sich in jedem Fall, mal dorthin zu gehen und in die Szene zu schnuppern. Auch Treffen mit Investoren und Acceleratoren stehen dort auf dem Programm. Mit etwas Glück ergeben sich vielleicht schon die ersten konkreten Kontakte für die weitere Zusammenarbeit mit einem passenden Startup.

4. *Machen Sie sich mit den neuen Arbeitswerkzeugen vertraut:* Besuchen Sie dazu ein Seminar über Design Thinking, Scrum oder Kanban. Diese Methoden eignen sich nicht nur für die Digitalwirtschaft. Sie werden inzwischen in den unterschiedlichsten Branchen eingesetzt und unterstützen dort in vielen Bereichen das selbstorganisierte Arbeiten in abteilungsübergreifenden Teams. Design Thinking fördert dabei vor allem kreative Prozesse, während Scrum und Kanban einer flexibleren, agileren, kundenfreundlicheren Arbeitsorganisation dienen. Am besten lässt sich das zunächst dort integrieren, wo junge Leute arbeiten, die diese Werkzeuge schon kennen.

5. *Implementieren Sie ein Innovation Lab:* Solche Labs sind eine Frischzellenkur für gealterte Organismen und ein Jungbrunnen für neue Ideen. Dazu werden möglichst unabhängige, sehr bewegliche Einheiten geschaffen, die sich um Projekte, Innovationen oder Kundengruppen scharen. Sie arbeiten dezentralisiert und selbstorganisiert in eigenen Räumen und mit einer eigenen Leitung. Nur so können sie genauso agil und innovativ handeln wie ein Neuling, sich rasch an verändernde Marktbedingungen anpassen, Wett-

bewerbsvorteile sichern und den Weg in die Zukunft ebnen. Was zu beachten ist, damit alles klappt, steht in Etappe 3.

5-Punkte-Programm: So transformieren Sie Ihr Unternehmen

Der Umbruch ist unaufhaltsam, und das Tempo des Wandels steigt. Die neue Arbeits- und Businesswelt macht neue Formen von Unternehmensorganisation und -kultur unabdingbar. Die richtigen Mitarbeiter und vor allem die richtigen Führungskräfte müssen an Bord. Wer die junge Generation maßgeblich involviert und das mit den Methoden verknüpft, die wir in den beiden letzten Etappen vorgestellt haben, wird seinen Weg machen. Strategisch gesehen geht es natürlich mit den Big Wins los, suchen Sie aber immer auch nach Quick Wins für einen schnellen Start.

1. *Verändern Sie Ihre Unternehmensorganisation:* Dies ist der größte Schritt, den ein klassisches Unternehmen gehen muss: von der Pyramiden- zur Netzwerkorganisation. Und zwar bei laufendem Betrieb. Das erfordert zunächst einen Geschäftsleitungsbeschluss. Danach ist eine Projektgruppe zu installieren, die sich mit den einzelnen Schritten befasst. Quick Wins sind in diesem Fall besonders wertvoll, damit sich das Projekt nicht endlos in die Länge zieht. Als Quick Wins kommen zum Beispiel kleine, agile, selbstorganisierte Einheiten infrage, die sich in passenden Bereichen recht zügig aufbauen lassen. Dabei kann ein »Kill«-the-company-Workshop sehr hilfreich sein, um erste konkrete Schritte zu gehen.
2. *Arbeiten Sie an Ihrer Unternehmenskultur:* Die Unternehmenskultur determiniert die Art und Weise des Miteinanders. Sie ist von daher zwingend gemeinsam mit der Unternehmensumorganisation in Angriff zu nehmen. Ganz wichtig hierbei: Alle Mitarbeiter sind Teil des Systems und arbeiten deshalb an der Unternehmenskultur mit. Ziel ist,

dass alles, was ein Unternehmen vergiftet, schnellstmöglich abgebaut wird, und dass eine zwischenmenschlich-positive Grundstimmung Einzug hält. Sodann sind niedrighierarchische Vorgehensweisen in Angriff zu nehmen. Das rein anweisungsorientierte Führen muss schnellstens verschwinden und zunehmend selbstorganisierten Teamstrukturen weichen. Offenheit für frische Gedanken, vor allem, wenn sie aus den Reihen der jungen Garde kommen, ist ein Muss.

3. *Führen Sie ein Reverse-Mentoring-Programm ein:* Wenn es um digitale Errungenschaften, neueste technologische Trends, das Käuferverhalten der jungen Generation und zeitgemäße Arbeitsbedingungen geht, dann sind die Millennials als Ansprechpartner erste Wahl. Das Reverse Mentoring ist ein sanftes Programm, um das Management und ältere Mitarbeiter an aktuelle Entwicklungen und die Next Economy heranzuführen. Ein gutes Matching von Mentor und Mentee ist überaus wichtig, damit das Ganze reibungslos klappt. Das Reverse Mentoring kann zu vielen Aha-Erlebnissen führen und im ganzen Unternehmen die Lust auf Neues verbreiten.

4. *Implementieren Sie ein #minus50-Programm:* Neben mangelnden Innovationen ist es vor allem ein gewaltiger Bürokratie- und Administrationsapparat, der herkömmliche Unternehmen immer mehr daran hindert, in Zukunft erfolgreich zu sein. Hier lässt sich am schnellsten etwas bewegen. Betrauen Sie gleich morgen die ersten Mitarbeiter damit, behindernde, demotivierende und umsatzzerstörende Regeln, Standards und Verfahren zu identifizieren und abzubauen. Danach organisieren Sie einen »Kill«-a-stupid-rule-Workshop in großem Stil, um alles Unnötige schnellstmöglich zu eliminieren und durch bessere, einfachere, modernere Vorgehensweisen zu ersetzen. Entscheidende Hinweise und tatkräftiger Beistand können dabei von den jungen Mitarbeitern kommen.

5. *Holen Sie sich die besten jungen Talente an Bord*: Nur wer die besten Leute bei sich und nicht gegen sich hat, kann die Zukunft erreichen. Ein gut durchdachter, moderner Recruiting-Prozess ist ganz entscheidend, um sich die besten Talente zu sichern. Beginnen Sie deshalb zügig, eine Candidate Journey zu entwickeln und für die ausgewählten Personas, also prototypische Bewerbervertreter, durchzuspielen. Viele Touchpoints, die Interaktionspunkte mit den Kandidaten, müssen in aller Regel optimiert und an die Bedürfnisse junger Bewerber angepasst werden. Auch hier sind Millennials erste Wahl, um Sie dabei zu unterstützen.

Wie bei jeder Checkliste, bei jedem Programm und all dem, was im Buch für Sie passt, gilt natürlich auch hier: Lesen ist gut, handeln ist besser.

AM ZIEL: WIE GEHT ES WEITER?

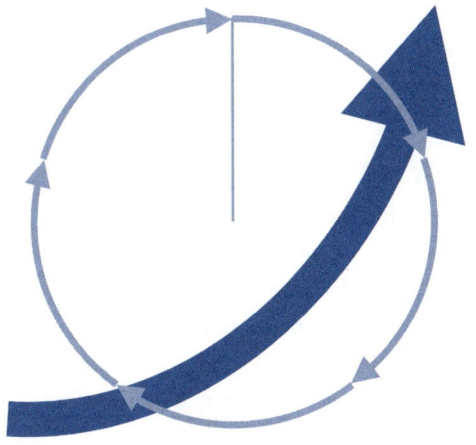

So, da wären wir. Zunächst. Wir haben dieses Buch mit dem Kapitel Aufbruch begonnen. Doch ein endgültiges Ankommen kann es nicht geben. Denn die Wirtschaft – und alles um sie herum – dreht sich weiter. Und das Tempo ist hoch. Wie bauen Sie also Ihre Organisation auf oder um, so dass sie kontinuierlich innovationsstark und damit zukunftsfähig sein kann? Und wie wird Ihnen die junge Generation dabei helfen?

Diese letzten Zeilen sind eine Ermunterung, sich auf die Reise zu machen. Ab und an ist gewiss eine Atempause, ein kurzes, iteratives Innehalten vonnöten: mit einem kurzen Blick zurück, mit einem langen Blick nach vorn und mit vielen Fragen:

• Sind wir agiler, digitaler, collaborativer, disruptiver geworden?
• Und wenn ja, wie haben wir das geschafft?
• Und wenn nein, weshalb nicht?
• Was lief gut und kann weiter ausgebaut werden?
• Was können und müssen wir noch verbessern?
• Haben wir die Millennials bei all dem ausreichend involviert?
• Und schließlich: Wie können wir dies weiter forcieren?

Nichts wird mehr endgültig sein. Alles ist ständig im Fluss. Altes stirbt. Neues wird geboren. Und am Ende wird das Neue das Alte überleben. So ist es immer gewesen. Und so wird es immer sein. Wer dabei auf die Impulse und Initiativen der Millennials setzt, verändert seine Organisation. Nicht mit lautem Getöse, sondern leise, in die richtige Richtung und sehr effizient, um fit für die Zukunft zu sein.

Geben wir der Jugend diese Chance. Es wird sich lohnen.

Danksagung

Dieses Buch wäre nicht möglich gewesen ohne die Hilfe zahlreicher Menschen.

Zuerst möchten wir all den Führungskräften und Meinungsführern weltweit danken, die wir für dieses Buch interviewt haben. Ihre Einsichten und Empfehlungen haben uns sehr inspiriert: Nicola Breyer, Ilker Demirel, Veaceslav Driglov, Florian Eberhart, Christoph Fahle, Robin Farmanfarmian, Emily Fletcher, Laura Fernández Giménez, Professor Andrew Huberman, Klaus Kammermeier, Alan La, Carine Leroy, Charlotte Mercandie, Martin Schlierf, Jon Kjær Nielsen, Philippe Nyssen, Chong Hiu Pun.

Wir sind unseren Freunden und Kollegen äußerst dankbar, dass sie an unsere Arbeit geglaubt und uns stets unterstützt haben, im Kontext des Buches vor allem: Samy Andary, Ylenia Balbinot, Alex Brix, David Brownstein, Lea Bruckhoff, Gunter Dueck, Gahmya Drummond-Bey, Klaus Eck, Ulrich Fandl, Winfried Felser, Hagen Föhr, Pascal Greiner, Marcos Gutiérrez, Tiegisti Habtom, Hans Georg Häusel, Silke Hermann, Angel Hernandez, Kerstin Hoffmann, Simone Janson, Christoph Kattner, Andy Kaul, Jonas Kehrbaum, Sylvia Löhken, Niels Pfläging, Robert Richman, Lars Schäfer, Zaneta Šobolová, Dr. Dan Tarta, Roswitha van der Markt, Laura Vega.

Wir danken auch den Organisationen, die unsere Arbeit unterstützt haben: 12min.me, 99designs, Betahaus, Kairos Society, MOB Barcelona, SAP, Si-Labs, Sofina.

Wir danken Markus Wester vom Wiley Verlag, der sogleich von unserem Buchprojekt begeistert war. Professor Peter Wippermann danken wir für das Geleitwort.

Schließlich danken wir unseren Familien, die uns so viel wertvolles Rüstzeug für unseren Lebens- und Arbeitsweg mitgegeben haben.

In eigener Sache

Ein Buch ist natürlich nie fertig, nur veröffentlicht.

Mit unseren Lesern gemeinsam, den Zuhörern unserer Vorträge und den Teilnehmern unserer Workshops möchten wir das Thema lebendig weiterentwickeln und eine richtige Bewegung daraus machen. So kann das gelingen:

- *Lesen Sie mehr:* Auf der Website zum Buch www.fitfuerdienexteconomy.de finden sie weiterführende Artikel, Erfolgsstorys, Links, Literatur und Videos.
- *Schreiben Sie uns:* Wenn Sie eine tolle Story haben, die die gelungene Zusammenarbeit zwischen »Jung« und »Alt« in den Fokus rückt, schicken Sie uns diese gern zu, damit wir sie weitertragen können. Wenn Sie Ergänzungen zum Thema oder wertvolle Anregungen haben, immer her damit: hallo@fitfuerdienexteconomy.de
- *Buchen Sie uns:* Wenn Sie auf einer Managementtagung oder einem sonstigen Anlass einen Impulsvortrag zum Thema wünschen: sehr gern! Wenn Sie zusammen mit uns im Rahmen eines Workshops das Thema in Ihrem Unternehmen weiterentwickeln wollen: prima! Kommen Sie in beiden Fällen bald auf uns zu. Anne M. Schüller finden Sie unter www.anneschueller.de, Alex T. Steffen finden Sie unter www.alextsteffen.com.
- *Empfehlen Sie uns:* Wenn dieses Buch für Ihren Kollegenkreis, für andere Unternehmen oder für Ihre Netzwerke von Interesse sein könnte, empfehlen Sie es gerne weiter. Wir freuen uns darüber – und der Empfänger sicher auch.

Anmerkungen

Aufbruch – Sind Sie fit für die Zukunft?

1 http://business.financialpost.com/executive/careers/like-it-or-not-millennials-will-change-the-workplace (aufgerufen am 2.12.2016).
2 Ein Prädikat mit Integrationskraft, Wirtschaftswoche 28 vom 8.7.2016.
3 Harvard Business Manager, Spezial Leadership, Dezember 2015.
4 http://berufebilder.de/2016/ende-klassischen-karriere-aufstieg-abstieg-umstieg/ (aufgerufen am 22.11.2016).
5 http://www.2bahead.com/studien/trendstudie/detail/trendindex-20161-trendklima-steigt-aber-jeder-dritte-innovationschef-verhindert-innovation-au/ (aufgerufen am 2.12.2016).
6 Jung und Wild trifft Alt und Erfahren, Wirtschaftswoche 38 vom 16.9.2016.
7 Hamel, Gary: Das Ende des Managements, Frankfurt 2008, Seite 184.
8 http://blog.zukunft-personal.de/de/2016/09/05/das-grauen-hat-in-jedem-managementsystem-andere-erscheinungsformen/ (aufgerufen am 22.11.2016).
9 https://www.haufe.de/marketing-vertrieb/crm/interview-mit-brian-solis-there-is-an-uber-in-every-business_124_376216.html (aufgerufen am 15.11.2016).
10 http://blog.wiwo.de/look-at-it/2016/08/24/digitale-transformation-40-prozent-der-fortune-500-firmen-verschwinden-in-naechster-dekade/ (aufgerufen am 1.12.2016).
11 http://www.bain.com/bainweb/pdfs/cms/hottopics/closingdeliverygap.pdf (aufgerufen am 2.12.2016).
12 https://www.youtube.com/watch?v=O95DBxnXiSo (aufgerufen am 25.11.2016).
13 http://www.faz.net/aktuell/feuilleton/forschung-und-lehre/die-welt-von-morgen/juergen-schmid (aufgerufen am 12.12.2016).
14 http://www.dailymail.co.uk/sciencetech/article-3078611/Our-robot-overlords-100-YEARS-Stephen-Hawking-warns-computers-overtake-humans-century.html (aufgerufen am 2.12.2016).
15 Kurzweil, Ray: Menschheit 2.0. Die Singularität naht, Berlin 2013.

Etappe 1 – Modelle von Business und Unternehmertum

1 http://graphics.wsj.com/billion-dollar-club/ (aufgerufen am 20.11.2016).
2 http://millennialbranding.com/2013/cost-millennial-retention-study/ (aufgerufen am 20.11.2016).
3 http://www.handelsblatt.com/unternehmen/management/interview-90-prozent-sind-mit-ihrem-job-unzufrieden/3128360.html (aufgerufen am 20.11.2016).
4 http://www.duden.de/rechtschreibung/Nachhaltigkeit (aufgerufen am 20.11.2016).
5 https://www.zukunftsinstitut.de/artikel/tup-digital/04-next-economy/01-longreads/nachhaltigkeit-20/ (aufgerufen am 22.11.2016).
6 https://www.nachhaltigkeit.info/artikel/1_3_a_drei_saeulen_modell_1531.htm (aufgerufen am 22.11.2016).
7 http://www.gruenderszene.de/allgemein/startup-stories-teekampagne (aufgerufen am 28.11.2016).
8 https://www.accenture.com/t20150523T052453__w__/us-en/_acnmedia/Accenture/Conversion-Assets/DotCom/Documents/Global/PDF/Strategy_3/Accenture-Global-Consumer-Pulse-Research-Study-2013-Key-Findings.pdf (aufgerufen am 22.11.2016).

9 http://www.finanzfrage.net/frage/
warum-akzeptieren-fast-keine-ge-
schaefte-mehr-kreditkarten (aufgerufen am 24.11.2016).

10 http://www.forbes.com/sites/dan-
schawbel/2015/01/20/10-new-fin-
dings-about-the-millennial-
consumer/#76e411328a87 (aufgerufen am 29.11.2016).

**Etappe 2 – Systeme des Lebens und
Arbeitens**

1 The Cost of Millennial Retention
Study. Millennial Branding GenY
Research Management Consulting.

2 https://www2.deloitte.com/content/
dam/Deloitte/global/Documents/
About-Deloitte/gx-millenial-survey-
2016-exec-summary.pdf (aufgerufen
am 22.11.2016).

3 Fenn, Donna: Upstarts: How GenY
Entrepreneurs Are Rocking the
World of Business and 8 Ways You
Can Profit from Their Success,
McGraw-Hill, 2010.

4 https://www.youtube.com/
watch?v=Lb4IcGF5iTQ (aufgerufen
am 22.11.2016).

5 https://www.youtube.com/
watch?v=oRm6cHNdfJU (aufgerufen
am 22.11.2016).

6 https://hyperloop-one.com/careers
(aufgerufen am 27.11.2016).

7 http://www.sciam-online.at/millenni-
als-die-unterschaetzte-generation/
(aufgerufen am 28.11.2016).

8 https://www.bertelsmann-stiftung.de/
fileadmin/files/Projekte/84_Salzbur-
ger_Trilog/Background_Paper_Salz-
burger_Trilog_20150806.pdf (aufgerufen am 1.12.2016).

9 Möller, Jonathan: Im Führungslabor,
Liquid Leadership, GDI Impuls
3/2016.

10 http://www.saalzwei.de/de/
exklusives/artikel/ich-habe-unterneh-
mer-rueckgrat-entwickelt/ (aufgerufen am 20.11.2016).

11 Die neue Freiheit, Wirtschaftswoche
49 vom 25.11.2016.

12 https://www.linkedin.com/pulse/you-
ready-emotional-people-mash-
ahmed?forceNoSplash=true (aufgerufen am 12.12.2016).

13 http://blog.close.io/think-small (aufgerufen am 25.11.2016).

14 Schön scheitern: Nicht in Österreich
http://diepresse.com/home/
wirtschaft/economist/4949959/
Schon-scheitern_Nicht-in-Osterreich
(aufgerufen am 1.12.2016).

15 http://www.businessinsider.com/the-
edge-office-building-in-amsterdam-
2015-9 (aufgerufen am 1.12.2016).

16 http://karrierebibel.de/work-life-
blending/ (aufgerufen am 1.12.2016).

17 https://www.zukunftsinstitut.de/arti-
kel/tup-digital/03-from-strategy-to-
culture/02-shortcuts/buchrezension-
gegen-das-betriebsystem/ (aufgerufen am 1.12.2016).

18 Cordeiro, Dr. José Luis: Nach der
Singularität: Was geschieht, wenn
Maschinen intelligenter werden als
Menschen? 2b AHEAD ThinkTank,
http://www.2bahead.com/nc/de/tv/
rede/video/nach-der-singularitaet-
was-geschieht-wenn-maschinen-in-
telligenter-werden-als-menschen/
(aufgerufen am 1.12.2016).

**Etappe 3 – Die zukünftige Realität
aus Millennial-Sicht**

1 http://www.apple.com/tv/ (aufgerufen am 1.12.2016).

2 https://www.youtube.com/watch?
v=Kt-rhVU8evI (aufgerufen am
5.12.2016).

3 http://fortune.com/2016/10/19/tesla-
self-driving-tech/ (aufgerufen am
1.12.2016).

4 https://www.welt.de/newsticker/
dpa_nt/infoline_nt/brennpunkte_nt/
article147762711/Weltweit-1-25-Mil-
lionen-Verkehrstote-pro-Jahr.html.

5 https://www.weforum.org/agenda/
2016/09/how-to-become-a-digital-
winner (aufgerufen am 11.12.2016).

6 http://www.modernhealthcare.com/
article/20141229/NEWS/312299953
(aufgerufen am 12.12.2016).

7 https://www.ted.com/talks/enrique_-
penalosa_why_buses_represent_de-
mocracy_in_action (aufgerufen am
1.12.2016).

8 https://www.ipinst.org/2016/05/in-
formation-technology-and-governan-
ce-estonia#9 (aufgerufen am 1.12.2016).

9 https://e-estonia.com/.

10 http://www.iconlifesaver.com/ (aufgerufen am 1.12.2016).

11 Diamandis, Peter und Kotler Steven:
Bold – Groß denken, Wohlstand
schaffen und die Welt verändern,
Kulmbach 2015.

12 http://stm.sciencemag.org/content/8/
337/337ra64 (aufgerufen 1.12.2016).

13 http://news.hiltonworldwide.com/
index.cfm/news/hilton-and-ibm-
pilot-connie-the-worlds-first-watso-
nenabled-hotel-concierge (aufgerufen am 12.12.2016).

14 https://www.weforum.org/agenda/
2016/09/how-to-become-a-digital-
winner (aufgerufen am 12.12.2016).

15 Petry, Thorsten (Hrsg.): Digital Leadership, Freiburg 2016, Seite 405 ff.

16 Petry, Thorsten (Hrsg.): Digital Leadership, Freiburg 2016, Seite 417 ff.

17 https://medium.com/_interkatie/
mangement-buzzwords-decoded-flat-
holocracy-lean-agile-responsive-
936185762493#.50u1yds9t (aufgerufen am 1.12.2016).

18 http://www.wissen.de/video/super-
tanker (aufgerufen am 1.12.2016).

19 https://www.linkedin.com/pulse/
why-good-employees-quit-donn-
carr?trk=v-feed (aufgerufen am
1.12.2016).

20 https://www.weforum.org/agenda/
2016/09/how-to-become-a-digital-
winner (aufgerufen am 17.11.2016).

Etappe 4 – Quick Wins: Trittsteine auf dem Weg in die Zukunft

1 Schüller, Anne M.: Das Touchpoint-
Unternehmen, 3. Auflage 2016.

2 Aufgerufen am 4.12.2016.

3 Suchen und gefunden werden, Digital Lead 04 2016.

4 Pfläging, Niels: Organisation für Komplexität, München 2014, Seite 16.

5 Stoffel, Mark: Demokratie und Agilität bei der Haufe-Umantis AG, in:
Digital Leadership, Seite 386 f.

6 Petry, Thorsten (Hrsg.): Digital Leadership, Freiburg 2016, Seite 330 ff.

7 Siehe dazu von Anne M. Schüller:
Das Touchpoint Unternehmen, 3.
Auflage 2016, Seite 332 ff.

8 Manager lernen von Mitarbeitern,
Bankmagazin 2-3, 2016.

9 Manager lernen von Mitarbeitern,
Bankmagazin 2-3, 2016.

10 http://www.faz.net/aktuell/beruf-
chance/umgekehrtes-mentoring-alt-
lernt-von-jung-11984517.html (abgerufen am 23.11.2016).

11 http://www.humanresources-
manager.de/ressorts/artikel/fueh-
rungskraeften-mangelt-es-digital-
kompetenz-12118 (abgerufen am
18.11.2016).

12 http://www.personal-und-kommuni-
kation.de/wp-content/uploads/2016/
04/Reverse-Mentoring.pdf (abgerufen am 18.11.2016).

13 http://info.monster.de/World-of-
Work-Studie-2016-Millennials-im-
Job/article.aspx (abgerufen am
22.11.2016).

Etappe 5 – Big Wins: Schnell-straßen in die Next Economy

1 https://www.sonnentor.com/de-at/
ueber-uns/geschichte/grundsaetze
(aufgerufen am 23.11.2016).

2 Schüller, Anne M.: Das neue Empfehlungsmarketing, 2. Auflage 2015.

3 Schüller, Anne M.: Touchpoints,
6. Auflage 2016.

4 Schüller, Anne M.: Touch.Point.Sieg.,
2. Auflage 2016.

5 Schüller, Anne M.: Touchpoints,
6. Auflage 2016.

6 Schüller, Anne M.: Das Touchpoint-
Unternehmen, 3. Auflage 2016.

7 Lohmann, Detlef: ... und mittags geh ich heim, Wien 2012, Seite14.

8 https://www.die-akademie.de/presse/entscheidungen-trifft-immer-noch-der-chef-akademie-studie-2016 (aufgerufen am 1.12.2016).

9 http://www.gfwm.de/fachlich/studien/der-ruf-nach-freiheit/ (aufgerufen am 1.12.2016).

10 Harvard Business Manager spezial, Leaderhip, 2015.

11 Hamel, Gary: Worauf es jetzt ankommt, Weinheim 2012.

12 Wirtschaftswoche Global, Schafft das Silodenken ab!, Ausgabe 1 #neuland vom 3.6.2016.

13 Arnold, Hermann: Wir sind Chef, Freiburg 2016.

14 Täglich tausende Bewerbungen, Personal Schweiz, Juni 2016.

15 Wofür brauchen wir Chefs?, ManagerSeminare, Heft 213, Dezember 2015.

16 Sattelberger, Thomas, u.a. (Hrsg.): Das demokratische Unternehmen, Freiburg 2015, Seite 279f.

17 Sattelberger, Thomas, u.a. (Hrsg.): Das demokratische Unternehmen, Freiburg 2015, Seite 95.

18 Kaduk, Stefan, u.a.: Musterbrecher. Die Kunst, das Spiel zu drehen, Hamburg 2013, Seite 155.

19 Struck, Pia: Game Change: Das Ende der Hierarchie, Offenbach 2016, Seite 180.

20 Sattelberger, Thomas, u.a. (Hrsg.): Das demokratische Unternehmen, Freiburg 2015, Seite 283.

21 Zeuch, Andreas: Alle Macht für Niemand, Hamburg 2015, Seite 145.

22 Lohmann, Detlef: ... und mittags geh ich heim, Wien 2012.

23 Arnold, Hermann: Wir sind Chef, Freiburg 2016, Seite 232f.

24 Zeuch, Andreas: Alle Macht für Niemand, Hamburg 2015, Seite 20ff.

25 http://www.changex.de/Article/interview_berger_gore_so_flach_wie_moeglich (aufgerufen am 7.12.2016).

26 Harvard Business Manger Spezial Leadership, Dezember 2015.

27 http://www.changex.de/Article/interview_niebling_mit_gegenseitiger_hilfe (aufgerufen am 7.12.2016).

28 Dark Horse Innovation: Thank God it's Monday, München 2014.

29 Struck, Pia: Game Change: Das Ende der Hierarchie, Offenbach 2016, Seite 149ff. und Seite 180ff.

30 Trinkwalder, Sina: Wunder muss man selber machen, München 2013.

31 Laloux, Frederic: Reinventing Organisations, München 2015, Seite 113ff.

32 Kaduk, Stefan, u.a.: Musterbrecher: Führung neu leben, Hamburg 2013.

33 Osthus, Torsten: Chefsache Empowerment, Wien 2015.

34 Chouinard, Yvon: Lass die Mitarbeiter surfen gehen, München 2007.

35 Pfläging, Niels: Führen mit flexiblen Zielen, Frankfurt, 2. Auflage 2011, Seite 206ff.

36 Pfläging, Niels: Führen mit flexiblen Zielen, Frankfurt, 2. Auflage 2011, Seite 39ff.

37 Demokratisch, praktisch, gut, ManagerSeminare, Heft 227, Februar 2017.

38 Janssen, Bodo: Die stille Revolution, München 2016.

39 Hamel, Gary: Das Ende des Managements, Frankfurt 2008, Seite 104ff.

40 http://uk.businessinsider.com/zappos-ceo-tony-hsieh-on-misconception-about-holacracy-2016-2?r=US&IR=T (aufgerufen am 7.12.2016).

41 http://www.changex.de/Article/serie_unternehmen_die_grundlegendes_anders_machen (aufgerufen am 6.11.2016).

42 Woolley, Anita: Der weibliche Faktor, Harvard Business Manager, August 2011.

43 Bodell, Lisa: Kill the Company: 12 Killer-Tools für die Wiedergeburt Ihres Unternehmens, Frankfurt 2013, Seite 115.

44 Coworking Spaces boomen weltweit, HR Performance 4/2016.

Literaturempfehlungen

Arnold, Hermann: Wir sind Chef, Freiburg 2016

Bärmann, Frank: Social Media im Personalmanagement, Heidelberg 2012

Bartz, Michael, Schmutzler, Thomas: New World of Work, Wien 2014

Bauer, Joachim: Arbeit – Warum sie uns glücklich oder krank macht, München 2013

Bauer, Joachim: Prinzip Menschlichkeit, Hamburg 2006

Bodell, Lisa: Kill the Company: 12 Killer-Tools für die Wiedergeburt Ihres Unternehmens, Frankfurt 2013

Brafman, Ori, Beckström, Rod A.: Der Seestern und die Spinne, Weinheim 2007

Brynjolfsson, Erik, McAfee, Andrew: The Second Machine Age, Kulmbach 2014

Bund, Kerstin: Glück schlägt Geld. Generation Y: Was wir wirklich wollen, Hamburg 2014

Case, Steve: Die dritte Welle: Gewinnerstrategien für die Zukunft der Tech-Branche, Kulmbach 2016

Christensen, Clayton M., u.a.: The Innovator's Dilemma, München 2013

Cole, Tim: Digitale Transformation, München 2015

Dark Horse Innovation: Thank God it's Monday!, München 2014

Diamandis, Peter H., Kotler, Steven: Überfluss – Die Zukunft ist besser, als Sie denken, Kulmbach 2012

Dueck, Gunter: Das Neue und seine Feinde, Frankfurt 2013

Dueck, Gunter: Flachsinn – Ich habe Hirn, ich will hier raus, Frankfurt 2017

Dueck, Gunter: Schwarmdumm – So blöd sind wir nur gemeinsam, Frankfurt 2015

Dziemba, Oliver, Wenzel, Eike: #wir. Wie die Digitalisierung unseren Alltag verändert, München 2014

Eberl, Ulrich: Smarte Maschinen, München 2016

Erberldinger, Jürgen, Ramge, Thomas: Durch die Decke denken, Design Thinking in der Praxis, München, 3. Auflage 2015

Etrillard, Stéphane: Unternehmer-Souveränität, Zürich 2016

Faltin, Günther: Kopf schlägt Kapital, München, 5. Auflage 2014

Faschingbauer, Michael: Effectuation – Wie erfolgreiche Unternehmer denken, entscheiden und handeln, Stuttgart 2010

Ford, Martin: Aufstieg der Roboter, Kulmbach 2016

Gaedt, Martin: Rock your Idea. Mit Ideen die Welt verändern, Hamburg 2016

Giesa, Christoph, Schiller Clausen, Lena: New Business Order, München 2014

Gladwell, Malcom: David und Goliath. Die Kunst, Übermächtige zu bezwingen, Frankfurt 2013

Goleman, Daniel: Soziale Intelligenz, München 2008

Gratton, Lynda: Job Future, Future Jobs, München 2012

Hamel, Gary: Das Ende des Managements, Frankfurt 2008

Hamel, Gary: Worauf es jetzt ankommt, Weinheim 2012

Hentrich, Carsten, Pachmajer, Michael: d.quarks – Der Weg zum digitalen Unternehmen, Hamburg 2016

Herrmann, Brigitte: Die Auswahl, Weinheim 2016

Hofert, Svenja: Agiler führen, Wiesbaden 2016

Hoffmann, Kerstin: Lotsen in der Informationsflut, Freiburg 2017

Hoffmeister, Christian, von Brocke, Yorck: Think new! 22 Erfolgsstrategien im digitalen Business, München 2015

Huffington, Arianna: Die Neuerfindung des Erfolgs, München 2014

Hüther, Gerald: Biologie der Angst, Göttingen, 8. Auflage 2007

Hurrelmann, Klaus, Albrecht, Erik: Die heimlichen Revolutionäre, Weinheim 2014

Jánkzky, Sven Gábor, Abricht, Lothar: 2025 – So arbeiten wir in der Zukunft, Berlin 2013

Janssen, Bodo: Die stille Revolution, München 2016

Johnson, Spencer: Die Mäusestrategie für Manager, München 2000

Johnson, Steven: Wo gute Ideen herkommen, Bad Vilbel 2013

Kaduk, Stefan, u. a.: Musterbrecher. Die Kunst das Spiel zu drehen, Hamburg 2013

Kahneman, Daniel: Schnelles Denken, langsames Denken, München, 15. Auflage 2015

Kawasaki, Guy: The Art of the Start, München 2013

Keese, Christoph: Silicon Deutschland, München, 2016

Keese, Christoph: Silicon Valley, München, 4. Auflage 2013

Knapp, Jake, u. a.: Sprint – Wie man in nur fünf Tagen neue Ideen testet und Probleme löst, München 2016

Kornbacher, Martin: Management Reloaded: Plan B, Hamburg 2015

Kriegler, Wolf Reiner: Praxishandbuch Employer Branding, Freiburg 2012

Kreutzer, Ralf, Land, Karl-Heinz: Digitaler Darwinismus, Wiesbaden 2013

Kurzweil, Ray: Menschheit 2.0. Die Singularität naht, Berlin 2013

Laloux, Frederic: Reinventing Organisations, München 2015

Lanier, Jaron: Wem gehört die Zukunft?, Hamburg 2014

Lause, Markus, Wippermann, Peter: Leben im Schwarm, Reutlingen 2012

Lehky, Maren: Leadership 2.0, Frankfurt 2011

Lipp, Doug: Disney U – How Disney University Develops the World's Most Engaged, Loyal, and Customer-centric Employees, McGraw-Hill, 2013

Löhken, Sylvia: Intros und Extros, Offenbach 2014

Lohmann, Detlef: … und heute leg ich los, Wien 2016

Lohmann, Detlef: … und mittags geh ich heim, Wien 2012

Lyons, Dan: Disrupted – My Misadventure in the Start-Up Bubble, Hachette, New York 2016

Markova Dawna, McArthur, Angie: Collaborative Intelligence – Thinking with People Who Think Differently, Spiegel & Grau, New York 2015

Maurya, Ash: Running Lean – Das How-to für erfolgreiche Innovationen, Heidelberg 2013

May, Jochen: Schwarmintelligenz in Unternehmen, Erlangen 2011

Micic, Pero: Wie wir uns täglich die Zukunft versauen, Berlin 2014

Mockridge, Matthew: Dein nächstes großes Ding, Offenbach 2016

Müller, Eva B.: Innovative Leadership, Freiburg 2013

Nowotny, Valentin: Agile Unternehmen, Göttingen 2016

Och, Andrea, Daniels, Katharina: Lust auf Macht, Wien 2013

Oesterreich, Bernd, Schröder, Claudia: Das kollegial geführte Unternehmen, München 2017

Opaschowski, Horst W.: Wir! Warum Ichlinge keine Zukunft haben, Hamburg 2010

Petry, Thorsten (Hrsg.): Digital Leadership, Freiburg 2016

Pfläging, Niels: Organisation für Komplexität, München 2014

Pfläging, Niels: Führen mit flexiblen Zielen, Frankfurt, 2. Auflage 2011

Pfläging, Niels, Hermann, Silke: Komplexithoden, München, 3. Auflage 2016

Pink, Daniel H.: Unsere kreative Zukunft, München 2008

Qualman, Eric: Socialnomics. Wie Social Media Wirtschaft und Gesellschaft verändern, Heidelberg 2010

Riederle, Philipp: Wer wir sind, und was wir wollen: Ein Digital Native erklärt seine Generation, München 2013

Ries, Eric: Lean Startup, München, 4. Auflage 2014

Sattelberger, Thomas, u.a. (Hrsg.): Das demokratische Unternehmen, Freiburg 2015

Scholz, Christian: Generation Z. Wie sie tickt, was sie verändert und warum sie uns alle ansteckt, Weinheim 2014

Schüller, Anne M.: Touch.Point.Sieg. Kommunikation in Zeiten der digitalen Transformation, Offenbach, 2. Auflage 2016

Schüller, Anne M.: Das Touchpoint-Unternehmen. Mitarbeiterführung in unserer neuen Business Welt, Offenbach, 3. Auflage 2016

Schüller, Anne M.: Touchpoints. Auf Tuchfühlung mit den Kunden von heute, Offenbach, 6. Auflage 2016

Schüller, Anne M.: Das neue Empfehlungsmarketing, Göttingen, 2. Auflage 2015

Schulz, Thomas: Was Google wirklich will, München 2015

Sprenger, Reinhard K.: Radikal führen, Frankfurt 2012

Struck, Pia: Game Change: Das Ende der Hierarchie, Offenbach 2016

Surowiecki, John: Die Weisheit der vielen, München 2007

Symington, Rob, u.a.: Das Escape-Manifest, Offenbach 2014

Trefler, Alan: Der Bauplan für den digitalen Wandel, Weinheim 2015

Trost, Armin: Unter den Erwartungen. Warum das jährliche Mitarbeitergespräch in modernen Arbeitswelten versagt, Weinheim 2015

Van der Markt, Roswitha: Das Ich-
will-mehr-Prinzip, Wiesbaden
2012
Vollmer, Lars: Zurück an die Arbeit, Wien 2016
Wippermann, Peter, Krüger, Jens:
Werte-Index 2016, Frankfurt
2016

Zeuch, Andreas: Alle Macht für
Niemand – Aufbruch der Unter-
nehmensdemokraten, Hamburg
2015

Stichwortverzeichnis

Über die Autoren

Anne M. Schüller

Anne M. Schüller ist Managementdenker, Keynote-Speaker, mehrfach preisgekrönte Bestseller-Autorin und Business-Coach. Sie gilt als Europas führende Expertin für das Touchpoint Management und eine kundenfokussierte Unternehmensführung. Sie zählt zu den gefragtesten Rednern im deutschsprachigen Raum. 2015 wurde sie in die Hall of Fame der German Speakers Association berufen. 25 Jahre lang hatte sie Führungspositionen in Unternehmen verschiedener Branchen inne und dabei mehrere Auszeichnungen erhalten. Seit 2001 ist sie selbstständig tätig. Zu ihrem Kundenkreis zählt die Elite der deutschen, österreichischen und schweizerischen Wirtschaft. Ihr Touchpoint Institut bildet zertifizierte Touchpoint Manager aus.

Sie hält lebendige, hochprofessionelle Impulsvorträge und Keynotes auf Kongressen, Jahrestagungen, Management-Meetings und Mitarbeiteranlässen zu folgenden Themen:

- Fit für die Next Economy: in 10 Schritten zum Zukunftserfolg
- Die Kommunikation der Zukunft: digital, menschlich, emotional
- Kundenbeziehungen meistern in Zeiten der digitalen Transformation

Sie führt Power- und Großgruppen-Workshops zu folgenden Themen durch:

- Touchpoint Management und Customer Journey
- Bürokratie-Ballast entsorgen: »Kill« a stupid rule
- »Kill« the company: Fit für die Next Economy

Weitere Infos: www.anneschueller.de und www.touchpoint-management.de

Alex T. Steffen

© Heiko Ritt

Alex T. Steffen (Jahrgang 1990) ist Unternehmensberater mit Fokus Innovation und Digitale Transformation. Durch seine Keynotes und Workshops hilft er Unternehmen dabei, in Zeiten des Wandels agiler und robuster zu werden. Er hat einen Bachelor of Science in International Business und besitzt Arbeitserfahrung aus sechs Ländern in Europa, Nord- und Südamerika. Alex T. Steffen war Angestellter in analogen Unternehmen und digitalen Startups. Daher kennt er in Bezug auf die Arbeitswelt beide Seiten der Medaille. Als Fellow der Kairos Society treibt er technologische und soziale Innovation voran. Zudem vernetzt er als Organisator von 12min.me Berlin Entscheider der Old Economy mit High Potentials der New Economy.

Als Digitalisierungsexperte begleitet er Transformationsprojekte und hilft Unternehmen dabei, agiler und robuster zu werden. Er hält fundierte Impulsvorträge und frische Keynotes auf

Deutsch und Englisch zu den Themen Innovationsentwicklung und Führung in der neuen Arbeitswelt auf Kongressen, in Innovation Labs sowie auf Management-Veranstaltungen großer und mittelständischer Unternehmen. Seine Themenschwerpunkte sind:

- Game Changer: Millennials effektiv führen
- Methoden der Innovation: Moderne Werkzeuge für Management und Teams
- Fit für die Next Economy: Die Infrastruktur innovativer Organisationen
- Prototypen für Unternehmen: Erfolgsfaktoren für Innovation Labs

Zusammen mit Anne M. Schüller führt er »Kill«-the-company-Workshops durch.

Weitere Infos: www.alextsteffen.com